"十二五"职业教育国家规划教材
经全国职业教育教材审定委员会审定

21世纪高职高专电子信息类规划教材

现代电信网（第3版）

唐纯贞 主编

Electronic Information

人民邮电出版社
北京

图书在版编目（CIP）数据

现代电信网 / 唐纯贞主编. -- 3版. -- 北京 : 人民邮电出版社, 2014.9（2020.1重印）
21世纪高职高专电子信息类规划教材
ISBN 978-7-115-35990-2

Ⅰ. ①现… Ⅱ. ①唐… Ⅲ. ①通信网－高等职业教育－教材 Ⅳ. ①TN915

中国版本图书馆CIP数据核字(2014)第137029号

内容提要

本书主要对电信网的基本概念，各种电信业务网、传输网、用户接入网以及电信支撑网的基本原理、网络结构、核心技术和主要功能等，进行了系统介绍。力求全面、精简、深入浅出、条理清晰、重点突出，使读者既能建立全网的概念，又能对当前的重点网络和业务有一定的了解。

本书可作为高等职业技术院校通信及相关专业的教材，也可作为各类电信工程技术人员、电信市场和管理人员的培训教材或参考书。

◆ 主　　编　唐纯贞
责任编辑　滑　玉
执行编辑　彭志环　杨林杰
◆ 人民邮电出版社出版发行　　北京市丰台区成寿寺路 11 号
邮编　100164　　电子邮件　315@ptpress.com.cn
网址　http://www.ptpress.com.cn
北京九州迅驰传媒文化有限公司印刷
◆ 开本：787×1092　1/16
印张：13　　2014 年 9 月第 3 版
字数：325 千字　　2020 年 1 月北京第 6 次印刷

定价：35.00 元

读者服务热线：(010)81055256　印装质量热线：(010)81055316
反盗版热线：(010)81055315
广告经营许可证：京东工商广登字 20170147 号

前　言

我国的信息化起步于20世纪60年代，到八九十年代进入了大规模的尝试性应用阶段，在2000年～2006年，随着互联网的兴起进入快速建设时期。2006年后由于信息化融合，移动互联网、大数据和云计算等新的技术热点出现，中国电信行业进入规模爆发增长阶段，电信普及程度快速增长。

近20年中国电信行业经历了多次改革，推动电信市场竞争，形成了现在的3家基础电信企业全业务运营竞争的格局。

到今天，除了3家基础电信企业全业务运营商外，中国还有两万多家企业参与到电信增值服务的竞争中。为了进一步提高电信行业全员以及即将成为电信行业从业人员的全网和全业务意识，尤其是对现代电信网和电信业务的认识，笔者编写了这本书。

本书根据教育部职业教育与成人教育司关于“十二五”职业教育国家规划教材选题申报工作的精神，在2009年出版的《现代电信网》（第2版）篇章结构的基础上，进一步完善了各业务网描述的完整性和概念的准确性，特别增加了当前备受关注的移动LTE、光纤到户（FTTH）和NGN等相关内容。

全书共分为6个部分。

在绪论中，概要地介绍电信网的结构及电信业务的分类。

在传输网中，介绍PCM、PDH和SDH等概念，以及光纤传输、微波传输和卫星传输网络。

在电信业务网中，介绍包括固定电话网、分组交换网、帧中继网、数字数据网、综合业务数字网、移动通信网、IP网、智能网、用户接入网等各种电信业务网及电信业务。

在接入网中，介绍了FTTx，EPON，HFC，ADSL，VAST，LMDS等技术。

在电信支撑网中，介绍No.7信令网、数字同步网、电信管理网，以及它们在电信网中发挥的作用。

在电信发展展望中，介绍下一代电信网NGN，以及支撑NGN的九大关键技术，分析当前中国电信行业发展趋势与面临的挑战。

本书由唐纯贞修编。由于时间仓促，再加上作者的学识有限，书中难免存在不足和错误，敬请读者批评指正。

作　者

目　录

绪论……1

0.1　电信网的定义与分类……1
0.2　电信网的结构……2
0.3　电信业务……6
思考题……7

第一篇　传输网

第1章　传输技术基础……9

1.1　传输的基本概念……9
1.2　数字传输的主要性能指标……11
1.3　脉冲编码调制……13
1.4　30/32 PCM的帧结构……14
1.5　准同步数字系列……16
思考题……19

第2章　光纤传输网……20

2.1　SDH概述……20
2.2　SDH光纤传输系统……26
2.3　SDH自愈网……30
2.4　WDM技术……31
思考题……34

第3章　微波地面中继传输系统……35

3.1　微波传输……35
3.2　PDH数字微波传输系统……38
3.3　SDH数字微波传输系统……40
思考题……43

第4章　卫星通信系统……44

4.1　卫星通信概述……44
4.2　卫星通信系统……46
4.3　卫星通信业务……47
思考题……48

第二篇　电信业务网

第5章　公用电话交换网……50

5.1　电路交换的基本原理……50
5.2　电话网的网络结构……52
5.3　电话网的编号方式……55
5.4　PSTN业务……56
思考题……58

第6章　数据业务网……59

6.1　分组交换网……59
6.2　数字数据网……62
6.3　帧中继网……66
思考题……69

第7章　综合业务数字网……70

7.1　窄带综合业务数字网……70
7.2　宽带综合业务数字网……71
思考题……82

第8章　移动通信网……83

8.1　概述……83
8.2　第二代移动通信……88
8.3　第三代移动通信……99
8.4　LTE简介……105
思考题……107

第9章　IP网及IP技术应用……108

9.1　IP网……108
9.2　IP技术应用……116
思考题……123

第10章　智能网……124

10.1　智能网的概念……124
10.2　智能网的结构……125
10.3　智能网的业务……127

思考题 …… 129

第三篇　用户接入网

第 11 章　用户接入网 …… 131
- 11.1　接入网的概念 …… 131
- 11.2　有线用户接入网 …… 134
- 11.3　无线用户接入网 …… 141
- 思考题 …… 145

第四篇　电信支撑网

第 12 章　No.7 信令网 …… 147
- 12.1　No.7 信令系统 …… 147
- 12.2　No.7 信令网的组成及网路结构 …… 153
- 12.3　我国 No.7 信令网 …… 159
- 思考题 …… 162

第 13 章　数字同步网 …… 163
- 13.1　数字同步网的概念及网同步方式 …… 163
- 13.2　数字同步网的同步设备 …… 166
- 13.3　我国数字同步网 …… 172
- 思考题 …… 174

第 14 章　电信管理网 …… 175
- 14.1　电信网管理和电信管理网 …… 175
- 14.2　TMN 的结构 …… 182
- 14.3　我国电信管理网络发展状况 …… 186
- 思考题 …… 189

第五篇　展望

第 15 章　电信发展与展望 …… 191
- 15.1　下一代电信网 …… 191
- 15.2　支撑 NGN 的九大关键技术 …… 194
- 15.3　电信网技术的发展趋势与挑战 …… 196
- 思考题 …… 201

参考文献 …… 202

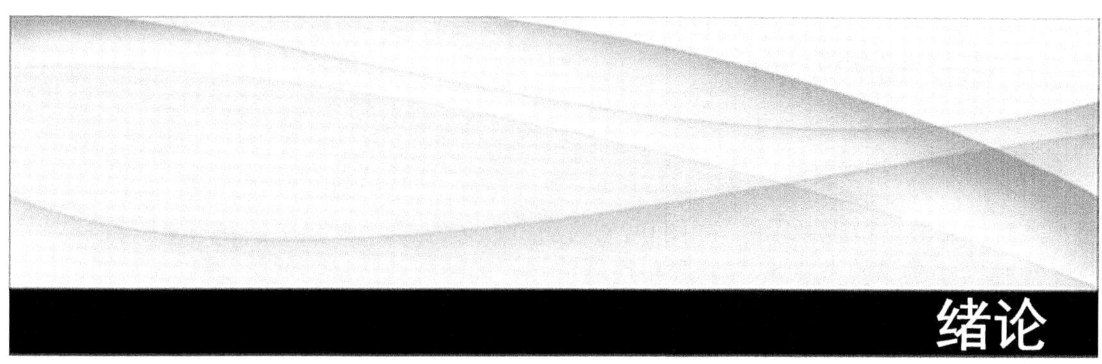

绪论

随着电信网的高速发展，电信运营商向公众提供的电信业务越来越丰富，其服务质量也越来越高。与此同时，电信网越来越庞大、技术越来越复杂。为了更好地管理、建设和维护电信网，也为了更好地发挥电信网的作用，为公众提供更多更好的业务，即将从事（包括从事）电信业的人员应该对电信网有全面的了解和较深入的认识。

为了便于后面各章节对各种电信网络及其业务的具体分析，在此先对电信网的基本概念、分类、结构及电信业务从总体上作简要介绍。

0.1 电信网的定义与分类

1. 电信网的定义

电信网是为公众提供信息服务，完成信息传递和交换的通信网络。电信网所提供的信息服务也就是通常所说的电信业务。

电信网由硬件和软件组成，其中硬件部分的结构和布局称为网络的拓扑结构，而软件部分决定着网络的体系结构。随着通信高新技术的不断涌现，电信网络得到了快速发展，电信业务日益丰富。

2. 电信网的分类

从不同的角度，以不同的方式可将电信网划分为各种类型。通常按功能可以把电信网分为业务网、传输网、接入网和支撑网。其中，业务网面向公众提供电信业务，包括固定电话交换网、数据网、综合业务数字网、IP 网、移动通信网、智能网等；传输网可通过光纤、微波和卫星等传输方式为不同服务范围的业务网之间传送信号；接入网可通过有线或无线、模拟或数字、窄带或宽带的方式将用户接入到局端；支撑网支持业务网和传输网的正常运行，它包括信令网、同步网和管理网。业务网、传输网、接入网和支撑网之间的关系如图 0-1 所示。

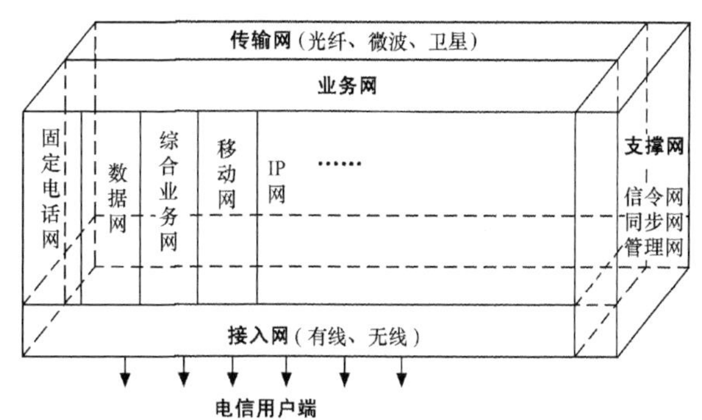

图 0-1　业务网、传输网、接入网和支撑网之间的关系

0.2 电信网的结构

1．电信网的构成要素

电信网由节点和链路组成，如图 0-2 所示。

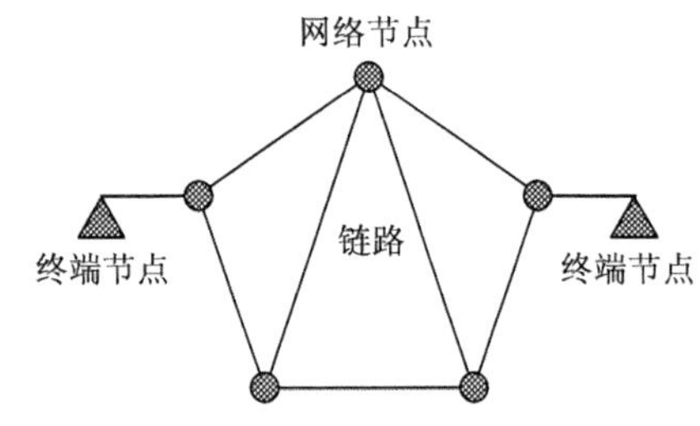

图 0-2 电信网络构成示意图

电信网中的节点包括网络节点和终端节点。其中，网络节点大多是指交换中心，主要由交换设备、集中设备和交叉连接设备等组成；终端节点是指各种用户终端设备，如电话机、传真机、终端计算机等。

电信网中的链路是由电缆、光纤、微波或卫星等组成的传输线路，连接节点，完成节点间的信息传送。

除了以上组成电信网的硬件外，为了保证网络能正常运行还应有相应的软件和规定（如协议、标准等）。总之，电信网的基本功能就是为通信的双方（或多方）提供信息传递的路径，使处于不同地理位置的终端用户可以互相通信。

2．电信网的拓扑结构

电信网的拓扑结构有多种形式，常用的有网型、星型、复合型、树型、线型、环型和总线型等，如图 0-3 所示。

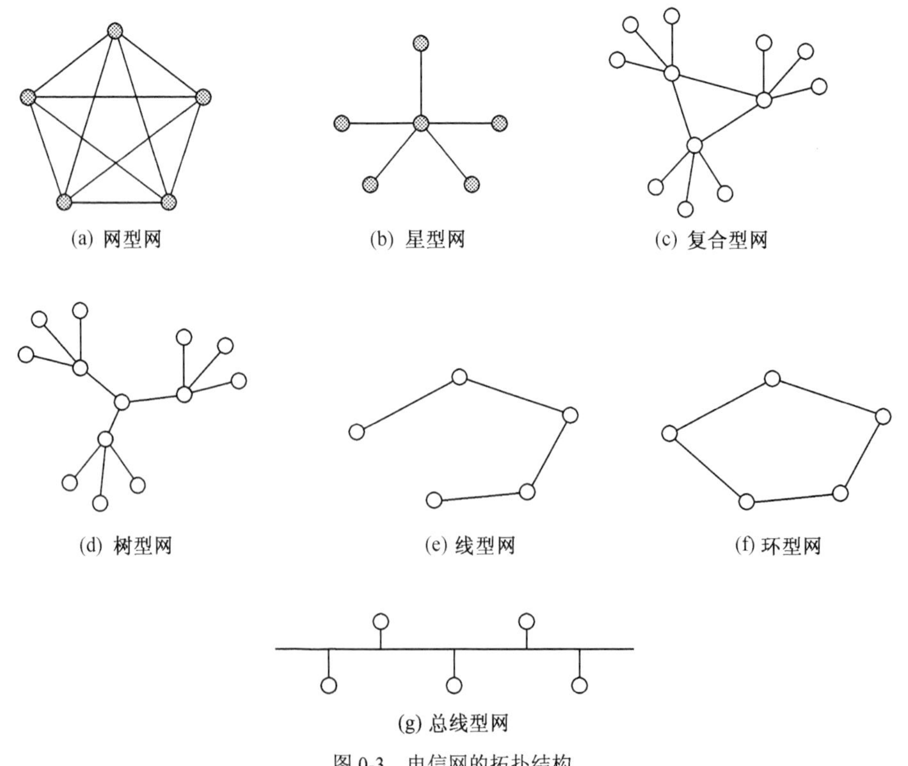

图 0-3 电信网的拓扑结构

如图 0-3（a）所示，网型网的网内任意两个节点之间均有链路连接，如果网内有 N 个节点，就需要$\frac{1}{2}N(N-1)$条传输链路。当节点数增加时，传输链路数会迅速增加，网路结构的冗余度较大，稳定性较好，但线路利用率不高，经济性较差。

如图 0-3（b）所示，星型网又称为辐射网，其中的一个节点作为辐射点，该节点与其他节点均有线路相连。对于网内有 N 个节点的星型网，将有 $N-1$ 条传输链路。与网型网相比，星型网的传输链路少，线路利用率高，但其稳定性较差。因为中心节点是全网可靠性的瓶颈，中心节点一旦出现故障会造成全网瘫痪。

如图 0-3（c）所示，复合型网由网型网和星型网复合而成。根据电信网业务量的需要，以星型网为基础，在业务量较大的转换交换中心区间采用网型结构，可以使整个网路比较经济，且稳定性较好。复合型网具有网型网和星型网的优点，是电信网中常用的网络拓扑结构。

如图 0-3（d）所示，树型网可以看成是星型网拓扑结构的扩展，其节点按层次进行连接，信息交换主要在上、下节点之间进行。树型结构主要用于用户接入网，以及主从网同步方式中的时钟分配网中。

如图 0-3（e）所示，线型网的结构非常简单，常用于中间需要上、下电路的传输网中。

如图 0-3（f）所示，环型网的结构与线型网的结构很相似，但其首尾相接形成闭合的环路。这种拓扑结构的网络具有自愈能力，能实现网路的自动保护，所以其稳定性比较高。

如图 0-3（g）所示的总线型网是将所有的节点都连接在一个公共传输通道（总线）上。这种网络的拓扑结构所需要的传输链路少，增减节点方便，但稳定性较差，网络范围也受到一定的限制。

3．电信网的体系结构

（1）协议及体系结构

在电信网中通信的双方必须遵守共同的约定，如双方使用的格式、收发信息采用的时序、通信系统中的两个实体之间交换管理数据的规则等。

网络协议就是为通信双方建立的规则、标准或约定的集合。网络协议有以下三个要素。

① 语法：涉及数据及控制信息的格式、编码及信号电平等。

② 语义：涉及用于协调与差错处理的控制信息。

③ 定时：涉及速度匹配和排序等。

电信网络十分复杂，为了使网络协议比较清晰，易于实现，通常将复杂系统分解为若干个子系统，然后“分而治之”，这种结构化设计方法是工程设计中常见的手段。而分层就是系统分解的最好方法之一。

在如图 0-4 所示的一般分层结构中，n 层是 $n-1$ 层的用户，又是 $n+1$ 层的服务提供者。$n+1$ 层虽然只直接使用了 n 层提供的服务，实际上它通过 n 层还间接地使用了 $n-1$ 层以及以下所有各层的服务。

层次结构的好处在于使每一层实现一种相对独立的功能。分层结构还有利于交流、理解和标准化。

协议是指某一层协议，准确地说，它是对同等实体之间的通信制订的有关通信规则约定的集合。

网络的体系结构是网络各层次及其协议的集合，层次结构一般以垂直分层模型来表示。

如图 0-5 所示。

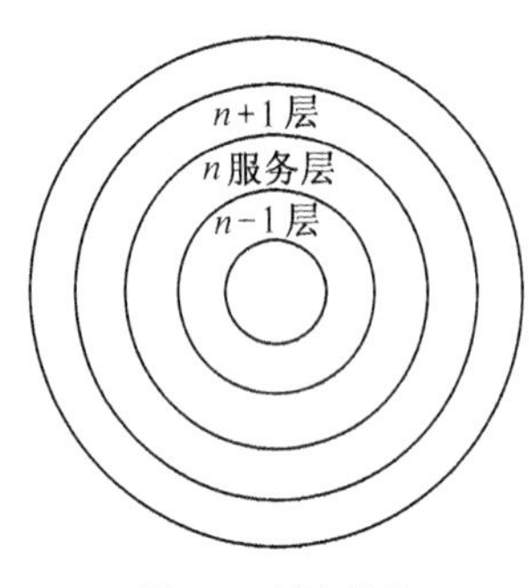

图 0-4 层次模型

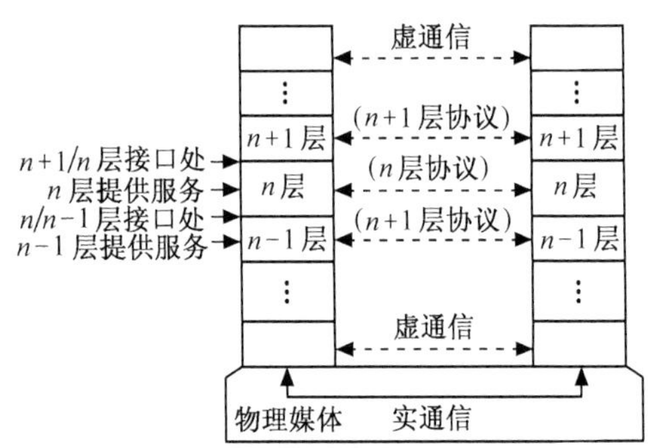

图 0-5 网络的体系结构

网络层次结构的要点如下。

① 除了在物理介质上进行的是实通信之外，其余各对等实体间进行的都是虚通信。

② 对等层的虚通信必须遵循该层的协议。

③ n 层的虚通信是通过 n 与 n−1 层间接口处 n−1 层提供的服务以及 n−1 层的通信（通常也是虚通信）来实现的。

（2）OSI 参考模型（OSI/RM）

开放系统互连（Open System Interconnection，OSI）基本参考模型是由国际标准化组织（ISO）制定的标准化开放式网络层次结构模型。“开放”这个词表示能使任何两个遵守参考模型和有关标准的系统进行互连。

OSI 包括了体系结构、服务定义和协议规范。OSI 的体系结构定义了一个七层模型，用以进行进程间的通信，并作为一个框架来协调各层标准的制定；OSI 的服务定义描述了各层所提供的服务，以及层与层之间的抽象接口和交互用的服务原语；OSI 各层的协议规范，精确地定义了应当发送何种控制信息及何种过程来解释该控制信息。

需要强调的是，OSI 参考模型并非具体实现的描述，它只是一个为制定标准而提供的概念性框架。在 OSI 中，只有各种协议是可以实现的，网络中的设备只有与 OSI 的有关协议相一致时才能互连。

如图 0-6 所示，OSI 七层模型从下到上分别为物理层（Physical Layer，PH）、数据链路层（Data Link Layer，DL）、网络层（Network Layer，N）、运输层（Transport Layer，T）、会话层（Session Layer，S）、表示层（Presentation Layer，P）和应用层（Application Layer，A）。

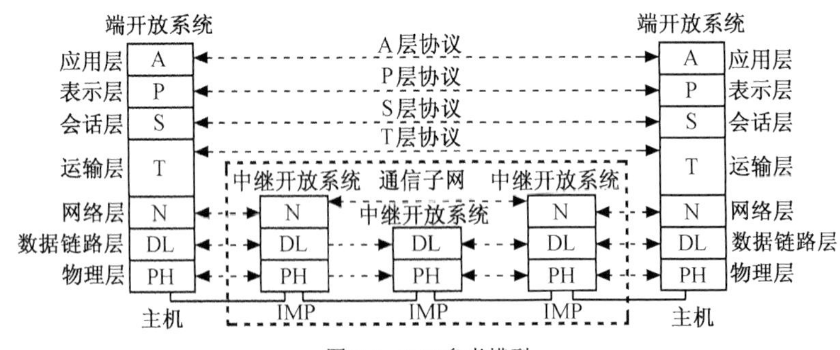

图 0-6 OSI 参考模型

从图 0-6 中可见，整个开放系统环境由作为信源和信宿的端开放系统及若干中继开放系统通过物理介质连接构成。这里的端开放系统和中继开放系统，都是国际标准 OSI7498 中使用的术语，它们相当于资源子网中的主机和通信子网中的节点机（IMP）。只有在主机中才可能需要包含所有七层的功能，而在通信子网中的 IMP 一般只需要最低三层甚至只要最低两层的功能就可以了。

层次结构模型中数据的实际传送过程如图 0-7 所示。图中发送进程送给接收进程数据，实际上数据是经过发送方各层从上到下传递到物理介质；通过物理介质传输到接收方后，再经过从下到上各层的传递，最后到达接收进程。

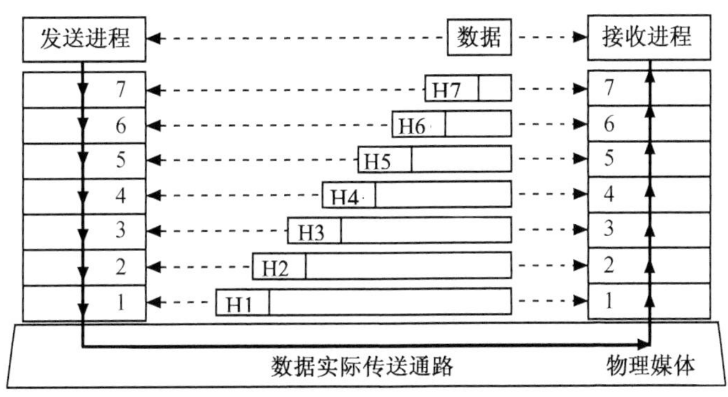

图 0-7　数据的实际传递过程

数据在发送方从上到下逐层传递的过程中，每层都要加上适当的控制信息，即图中的 AH、PH、SH、TH、NH、DLH，统称为报头。到最底层成为由“0”或“1”组成的数据比特流，然后再转换为电信号在物理介质上传输至接收方。接收方在向上传递时过程正好相反，要逐层剥去发送方相应层加上的控制信息。

因接收方的某一层不会收到底下各层的控制信息，而高层的控制信息对于它来说又只是透明的数据，所以它只阅读和去除本层的控制信息，并进行相应的协议操作。发送方和接收方的对等实体看到的信息是相同的，就好像这些信息通过虚通信直接给了对方一样。

各层功能简要介绍如下。

① 物理层：定义了为建立、维护和拆除物理链路所需的机械的、电气的、功能的和规程的特性，其作用是使原始的数据比特流能在物理介质上传输。具体涉及接插件的规格，“0”，“1”信号的电平表示，收发双方的协调等内容。

② 数据链路层：比特流被组织成数据链路协议数据单元（通常称为帧），并以其为单位进行传输，帧中包含地址、控制、数据及校验码等信息。数据链路层的主要作用是通过校验、确认和反馈重发等手段，将不可靠的物理链路改造成对网络层来说无差错的数据链路。数据链路层还要协调收发双方的数据传输速率，即进行流量控制，以防止接收方因来不及处理发送方来的高速数据而导致缓冲器溢出及线路阻塞。

③ 网络层：数据以网络协议数据单元（分组）为单位进行传输。网络层关心的是通信子网的运行控制，主要解决如何使数据分组跨越通信子网从源传送到目的地的问题，这就需要在通信子网中进行路由选择。另外，为避免通信子网中出现过多的分组而造成网络阻塞，需要对流入的分组数量进行控制。当分组要跨越多个通信子网才能到达目的地时，还要解决

网际互连的问题。

④ 运输层：是第一个端—端，即主机—主机的层次。运输层提供的端到端的透明数据运输服务，使高层用户不必关心通信子网的存在，由此用统一的运输原语书写的高层软件便可运行于任何通信子网上。运输层还要处理端到端的差错控制和流量控制问题。

⑤ 会话层：是进程—进程的层次，其主要功能是组织和同步不同的主机上各种进程间的通信（也称为对话）。会话层负责在两个会话层实体之间进行对话连接的建立和拆除。在半双工情况下，会话层提供一种数据权标来控制某一方何时有权发送数据。会话层还提供在数据流中插入同步点的机制，使得数据传输因网络故障而中断后，可以不必从头开始而仅重传最近一个同步点以后的数据。

⑥ 表示层：为上层用户提供共同的数据或信息的语法表示变换。为了让采用不同编码方法的通信终端在通信中能相互理解数据的内容，可以采用抽象的标准方法来定义数据结构，并采用标准的编码表示形式。表示层管理这些抽象的数据结构，并将通信终端内部的表示形式转换成网络通信中采用的标准表示形式。数据压缩和加密也是表示层可提供的表示变换功能。

⑦ 应用层：开放系统互连环境的最高层。不同的应用层为特定类型的网络应用提供访问 OSI 环境的手段。网络环境下不同主机间的文件传送、存取和管理（FTAM）、传送标准电子邮件的信息处理系统（MHS）、使不同类型的终端和主机通过网络交互访问的虚拟终端（VT）协议等都属于应用层的范畴。

OSI 参考模型最初是为计算机通信网建立的协议模型，随着计算机技术向通信领域的渗透，其应用范围已逐渐扩大，成为制定电信网协议的重要依据。例如，电信网中分组交换网的 X.25 协议、综合业务数据网的 S/T 接口协议、公共信令网的 No.7 协议、用户接入网的 V5 接口协议、电信管理网的 Q3 接口协议和 SDH 传输网的 ECC 协议等。

0.3 电信业务

电信网向广大公众用户所提供的电信服务都称为电信业务。电信业务可以分成两大类，一类是基本业务，另一类称为补充业务。

1. 基本业务

基本业务包括用户终端业务和承载业务。它们的业务范围如图 0-8 所示。

承载业务是利用用户网络接口（UNI）至用户网络接口（UNI）间网路所能传递业务的能力来提供的业务。这些业务能力主要由网路不同的传递方式，传递速率，传递的信息类型，网路的结构、特点、配置和通信建立的方式等方面决定。

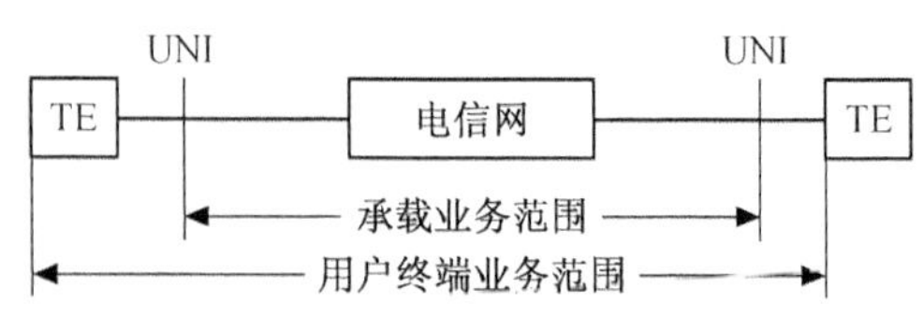

图 0-8 用户终端业务和承载业务的范围

用户终端业务是在电信网承载能力的基础上增加了用户终端设备（TE）的功能后所能提供的电信业务，范围是从 TE 到 TE。如电话业务、传真业务、数据业务、视频业务、多媒体业务等。

2．补充业务

电信网的补充业务是在基本业务的基础上增强了某些性能后向用户提供的业务。如电话网上的呼叫转移业务、来电显示业务等。

思考题

1．简述电信网的概念，说明电信网的分类。

2．说明电信网的组成要素，画出各种网络的拓扑结构，并予以比较。

3．说明协议在通信中的作用，画出开放系统互连参考模型（OSI/RM）的结构，简述各层的主要作用。

第一篇

传　输　网

在电信网中，链路承担着各节点间信号的传输，包括网络节点与网络节点间信号的传输，以及网络节点与终端节点间信号的传输。本篇主要介绍由网络节点间的传输链路（含传输线路和传输设备）组成的传输网。由网络节点与终端节点间的传输链路所组成的网称为用户接入网。用户接入网相关内容将在第三篇第11章介绍。

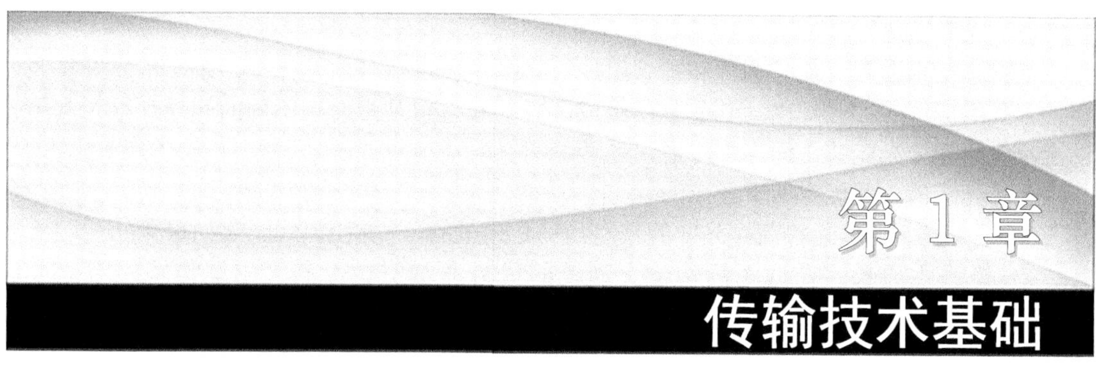

传输网完成各节点间的信号传输。如果没有传输网，各节点间的信号就不可能“通”，可见传输网在整个电信网中有着举足轻重的地位。为了更好地了解传输网中的各种传输方式和各种传输系统，本章对传输的基础知识作一简单介绍。

1.1 传输的基本概念

传输网由各种传输线路和传输设备组成，其中传输线路完成信号的传递，传输设备完成信号的处理。传输设备的功能将在本篇后续章节相关的传输系统中介绍，本节主要介绍传输线路的功能和特点，以及各种不同的传输方式。

1. 传输线路

由于完成信号传输的传输线路可以是不同的传输介质，如铜线、光纤和空间等，所以，传输线路可以分为有线和无线两大类，如图 1-1 所示。

- 传输线路
  - 有线
    - 对称电缆
    - 同轴电缆
    - 光纤光缆
  - 无线
    - 中波
    - 短波
    - 超短波
    - 微波

图 1-1 传输线路分类

（1）对称电缆

对称电缆是由若干条纽绞成对或纽绞成组的绝缘导线缆芯和外面的护层组成的。导线材料通常是用铜。对称电缆的幅频特性是低通型，串音随频率升高而增加，一般用来传输较窄频带的模拟信号，或较低速率的数字信号。但随着数字处理技术的发展，高质量对称电缆传输速率可达几 Mbit/s 甚至几十 Mbit/s。

（2）同轴电缆

同轴电缆主要是由若干个同轴对和护层组成的。同轴对由内、外导体及中间的绝缘介质组成，导线材料通常是用铜。由于同轴电缆外导体的屏蔽作用，当工作频率较高时，可以认为同轴电缆内的电磁场是封闭的，基本不引入外部噪声、干扰和串音，也没有辐射损耗。因此，同轴电缆适用于高频信号的传输。但同轴回路特性阻抗的不均匀影响传输质量，且同轴电缆耗铜量大、施工复杂，建设周期长。

在光纤应用于通信传输之前，同轴电缆是应用最普遍的一种传输介质，目前仍在广泛应用。它被用于长距离电话和电视传输、电视分配、局域网以及短距离传输系统链路中。采用频分复用技术，一根同轴电缆可同时提供 1 万条以上的电话信道。在有线电视（CATV）网中同轴电缆更是占有主导地位，典型的同轴电缆的频带可达 400MHz 以上。同轴电缆种类很多，有大、中、小不同的类型以及综合型同轴电缆。

（3）光纤光缆

光缆主要由缆芯、加强构件和护层组成。光缆中传送信号的是光纤，若干根光纤按照一定的方式组成缆芯。光纤由纤芯和包层组成，纤芯和包层是折射率不同的光导纤维，利用光的全反射原理使光能够在纤芯中传播。

光纤光缆的主要优点如下。

① 频带宽、传输速率高。光纤的带宽几乎是无限的，传输速率可高达 10^{12} bit/s 以上。

② 传输距离长。在远距离传输上光缆的优势非常明显，其无中继传输的距离可达 100km 以上。

③ 质量轻，体积小，成本低。在远距离（如跨海）敷设中特别体现其优越性。

④ 低衰减，低误码率。光纤的衰减在很宽频带内为常数，衰减值极低；其信号传输可靠性极高，误码率优于 10^{-9}，因此大大简化了网络节点上的差错控制。

⑤ 无电磁影响。光纤中传输的是光，它不受电磁场影响，不辐射电磁能量，因此通信质量好，保密性能好。

光纤的种类很多，按传输电磁模式数量的不同，可分为单模光纤和多模光纤；按工作波长不同，可分为短波长（0.8μm～0.9μm）光纤，长波长（1.2μm～1.6μm）光纤和超长波长（大于 2μm）光纤；还有按光纤横截面折射率分布的不同分为突变型光纤、渐变型光纤和 W 型光纤（折射率分布按 W 形变化）等。

（4）无线传输

“无线传输”是没有“线”的传输，即不需要物理实线，而是利用地球上层的空间作为信号的传输信道，信号通过这个空间信道以电磁波的形式传播。

根据所利用电磁波的波长（或频率）的不同，无线传输的信号可分为“光”（激光）和“电”（无线电）两种形式来传播。电信网主要利用无线电传输信号，而激光目前主要应用在宇宙通信领域。

用来传输无线电信号的电磁波，称为“无线电波”。根据波长（或频率）的不同无线电波还可以细分为长波、中波、短波、超短波和微波等不同波段，如表 1-1 所示。

表 1-1　无线电波的分类

波段名称		波长范围	频率范围
长波		>1000m	<300kHz
中波		1000m～100m	300kHz～3×10^3kHz
短波		100m～10m	3MHz～30MHz
超短波		10m～1m	30MHz～300MHz
微波	分米波	1cm～10cm	300MHz～3×10^3MHz
	厘米波	10cm～1cm	3GHz～30GHz
	毫米波	1cm～1×10^{-1}cm	30GHz～300GHz
	亚毫米波	1mm～0.1mm	300GHz～3000GHz

不同波段的无线电波的传播特性和传输容量是不同的，在电信传输网中，通常利用微波来实现长距离、大容量的传输。本书第 3 章介绍的微波地面中继传输系统和第 4 章介绍的卫星通信系统就是利用微波实现无线电传输的。

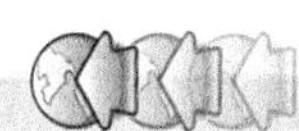

2. 模拟传输与数字传输

信息按表达形式不同可以分为模拟的和数字的，当然不同形式的信号传输通路也不同。

信息可以以电信号的形式表示，任何电信号的波形都可以用幅度和时间两个参量来描述。幅度是离散（即幅度的取值被限制在有限个内）的信号称为数字信号（见图 1-2）；相反，幅度是连续（即幅度可以取无穷多值）的信号称为模拟信号（见图 1-3）。模拟信号和数字信号都可以通过适当的处理实现相互转换。

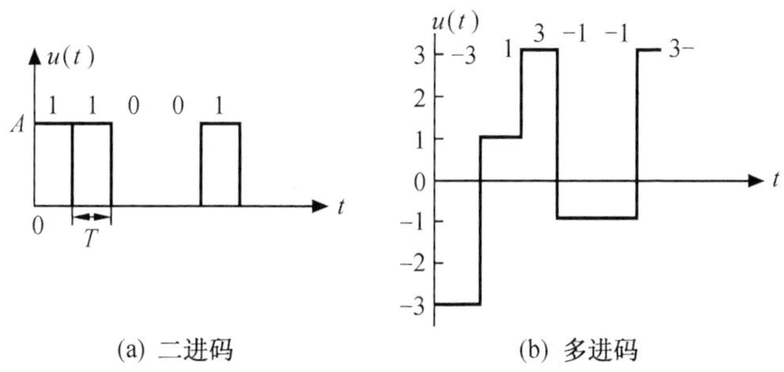

图 1-2　数字信号的波形

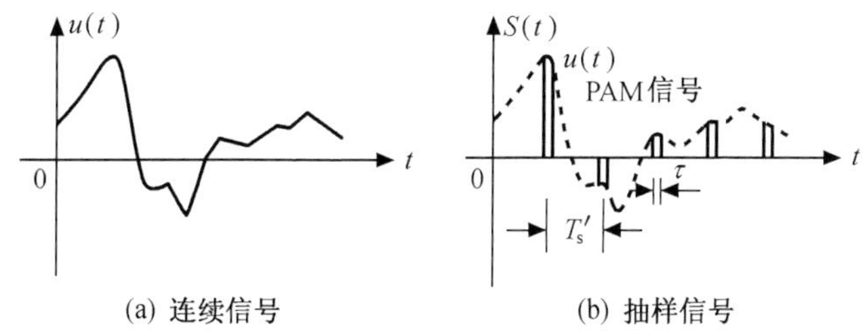

图 1-3　模拟信号

传输模拟信号的系统称为模拟传输系统，传输数字信号的系统称为数字传输系统。

由于数字传输可以克服传输中的噪声积累，便于加密、便于纠错、便于流量控制、能实现综合业务传输、便于实现网管等一系列优点，而被广泛应用。

3. 基带传输与频带传输

为了适应信道传输频带的要求，需要将待传的信号经过调制搬移到某一高频范围内，再送上信道传输，这种传输方式称为频带传输；而未经调制，直接将待传信号送上信道传输的传输方式称为基带传输。除电缆可以直接传输基带信号外，其他各种传输介质都工作在较高的频段上，只能以频带的方式传输信号（电缆上也可以实现频带传输）。

1.2　数字传输的主要性能指标

各种传输系统有各自的技术性能指标。模拟传输系统的主要性能指标有：信噪比、信道带宽等。而数字传输系统的主要性能指标有：传输容量、频带利用率、传输损伤等。目前，电信传输网主要采用数字传输，本节主要介绍数字传输系统的主要性能指标。

1．传输容量

数字系统的传输容量是以每秒所传输的信息量来衡量的。信息量是消息多少的一种度量。消息的不确定性程度愈大，则其信息量愈大。

信息论中已定义信源发出信息量的度量单位是比特（bit），对于随机二进制序列，“1”码和“0”码出现的概率相等，并前后相应独立，一个二进制码元（一个“1”或者一个“0”）所含的信息量就是一个“比特”。

（1）比特速率

比特速率是指系统每秒传送的比特数，单位是比特/秒（bit/s）。

（2）码元速率

码元速率也叫符号传输速率。它是指单位时间内所传输码元的数目（即多少个波形符号），单位是波特（Baud），1 波特=1 码元/秒。这里的码元可以是多进制的，也可以是二进制的。码元速率和比特速率是可以换算的。码元速率和比特速率的关系是：

$$R_b = N_B \cdot \log_2 M \tag{1-1}$$

式中，R_b 为比特速率（bit/s）；

N_B 为码元速率（码元/秒或波特）；

M 为码元（或符号）的进制数。

2．频带利用率

频带利用率是指单位频带内的传输速率。在比较不同通信系统的传输效率时，单看它们的传输速率是不够的，还应该看在这样的传输速率下所占的频带宽度。传输系统占用的频带愈宽，传输信息的能力应该愈大。所以，用来衡量数字传输系统传输效率的指标应当是单位频带内的传输速率，单位是（bit/s）/Hz。

3．传输损伤

（1）误码率

误码率又称码元差错率，是指在传输的码元总数中错误接收的码元数所占的比例（平均值），用符号 P_e 表示。

（2）误比特率

误比特率又称比特差错率，是指在传输的比特总数中错误接收的比特数所占的比例（平均值），用符号 P_{eb} 表示。

由于数字通信中一般采用二进制，在这种情况下，误码率与误比特率相等，所以以后传输差错率都用误码率 P_e 来表示。

（3）信号抖动

在数字通信系统中，信号抖动是指数字信号码相对于标准位置的随机偏移，其示意图如图 1-4 所示。信号抖动的程度与传输系统特性、信道质量及噪声等有关。

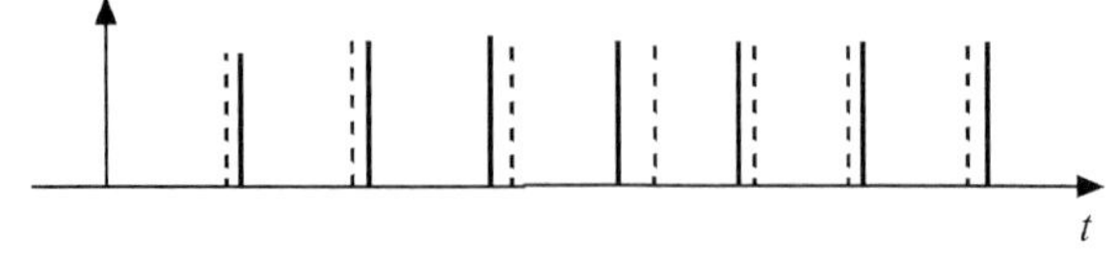

图 1-4　信号抖动示意图

误码率和信号抖动都直接反映了信号通过传输系统的损伤，反映系统的传输质量。

显然，从通信的有效性和可靠性出发，希望单位频带的传输速率越大越好，误码率和抖动越小越好。

1.3　脉冲编码调制

如前所述，电信传输网已广泛采用数字传输系统。但是需要传输的许多信号的原始形式是模拟信号，如电话、传真、电视等。为了能通过数字传输系统传输这些模拟信号，在传输系统的发送端应先将模拟信号变换为数字信号（A/D），当然，传输系统的接收端还要能将接收到的数字信号还原成模拟信号（D/A）。A/D 变换的方法很多，如脉冲编码调制（PCM）、差值脉冲编码调制（DPCM）、自适应差值脉冲编码调制（ADPCM）、增量调制（DM）等。读者可以查看有关数字通信原理的相关书籍。本节仅简要介绍脉冲编码调制（PCM）的原理，以建立 A/D 和 D/A 的基本概念。

1. PCM 通信系统的构成

脉冲编码调制（PCM）是通过对模拟信号进行抽样、量化和编码完成模拟信号转化为数字信号的。A/D 变换采用 PCM 实现的数字通信系统称为 PCM 通信系统。PCM 通信系统构成方框图如图 1-5 所示。

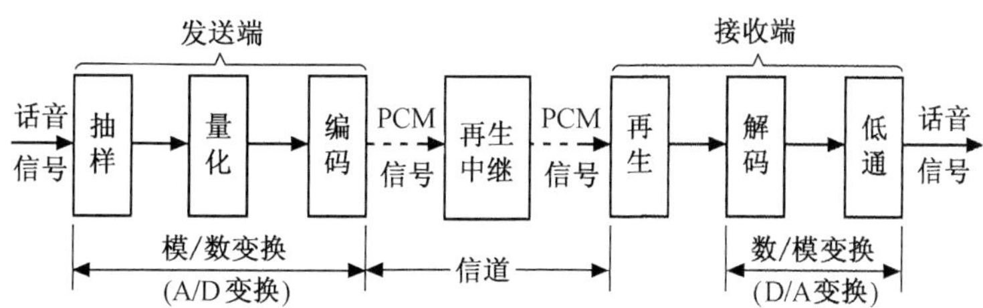

图 1-5　PCM 通信系统构成方框图

由图可以看出，PCM 通信系统由 A/D 变换、信道部分和 D/A 变换三个部分构成。

（1）A/D 变换（PCM 编码）

A/D 变换包括抽样、量化、编码三个步骤，如图 1-6 所示。

抽样——把模拟信号在时间上离散化，变为脉冲幅度调制 PAM（样值）信号。

量化——把 PAM 信号在幅度上离散化，变为量化值（设共有 N 个量化值）。

编码——用二进制码来表示 N 个量化值，每个量化值编成 l 位二进制码，则有 $N=2^l$。

（2）信道部分

信道部分包括传输线路和再生中继器。再生中继器可消除噪声干扰，所以数字传输系统中每隔一定的距离加一个再生中继器以延长传输距离。

（3）D/A 变换（PCM 解码）

接收端首先利用再生中继器消除数字信号中的噪声干扰，然后进行 D/A 变换。D/A 变换包括解码和低通两部分。

解码——编码的反过程，解码将编码信号还原为 PAM 信号。

低通——收端低通滤波器的作用是在 PAM 的基础上恢复或重建原模拟信号。

2. 话音信号的脉冲编码调制

到目前为止，话音业务仍然是电信网最主要的业务，而绝大部分话机仍然是模拟的。将模拟的话音信号变换为数字话音信号，最常用的方式是对模拟话音进行 PCM 编码。

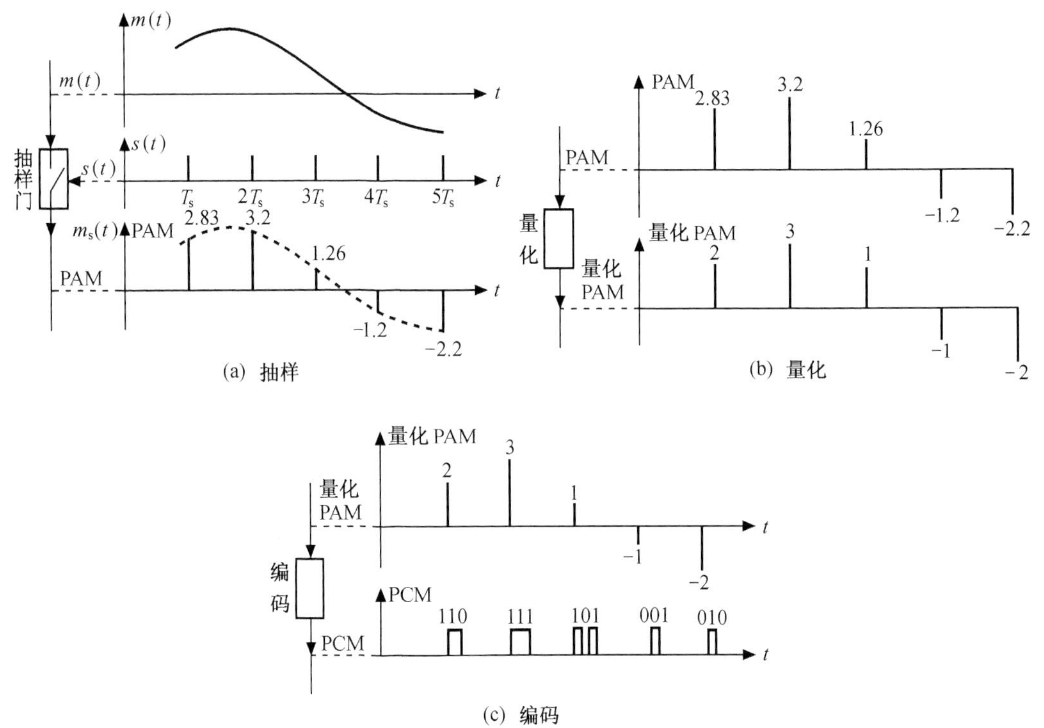

图 1-6 PCM 编码过程示意图

通常，模拟话音的频率是 300Hz～3400Hz。对这样的模拟话音进行 PCM 编码，一般是先以 8000 次/s 的频度对其进行抽样（即抽样频率 8000Hz），然后采用 A 律 13 折线对样值信号进行量化（256 级）和编码（每个量化后的样值用 8 位二进制码来表示）。

这样，经过 PCM 编码后，一路数字话音的速率为 64kbit/s。

1.4 30/32 PCM 的帧结构

1. 时分复用

“复用”是将多路信号安排在一起，使它们能在一条线路上传输，并且相互独立，互不干扰。复用分为频分复用（FDM）和时分复用（TDM）两大类。其中，频分复用主要用于模拟信号的多路传输，而时分复用是用于数字信号多路传输的。这里仅介绍时分复用。

时分复用就是将若干路数字信号（脉冲序列），经过分组、压缩、循环排序等处理，成为时间上互不重叠的多路信号在一条信道上一并传输的方式。

同一路的数字脉冲序列信号相邻两个样值脉冲之间有一定的时间间隔，在这个间隔中插入其他路样值脉冲，就能以时间分割的方式实现多路复用。时分多路复用的原理如

图 1-7 所示，它是一个三路时分复用多路传输的示意图。

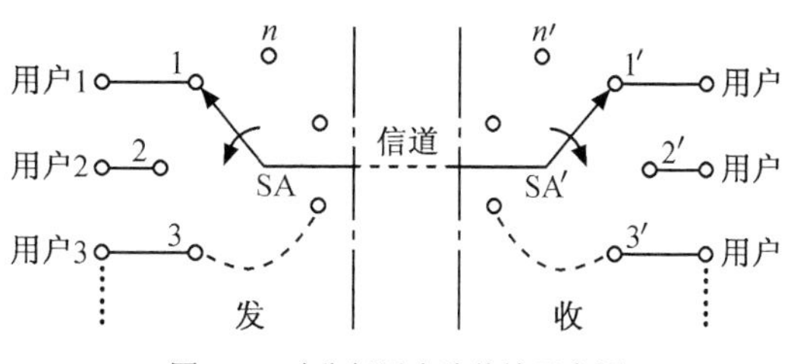

图 1-7 时分复用多路传输示意图

2. 有关帧结构的几个基本概念

① 帧——抽样时各路信号每轮一次的时间总和（T），即一个抽样周期。在一个抽样周期即一帧中，每路信号都有一个样值。

② 路时隙（时隙）——合路的 PAM 信号（即 1 帧中），每个样值间的时间间隔（$t_c=\frac{T}{n}$）。通俗地说，就是一帧中每路信号（每个信道）所占的时间（n 为路数）。

③ 位时隙——1 位码的时间宽度（$t_B=\frac{t_c}{l}$），式中 l 为一个样值的编码位数。

④ 数码率——每秒的比特数。可推导数码率 f_B 为

$$f_B=\frac{1}{t_B}=\frac{1}{t_c}=l\cdot\frac{n}{T}=f_s\cdot n\cdot l$$（f_s 为 1s 的抽样周期数即帧数）

把多路信号的脉冲以及插入的各种标记码按照一定的时间顺序排列的数字码流的组合就是帧结构。

3. 30/32PCM 帧结构

根据原 CCITT 建议，PCM 以 30 路复用为一个基群（一次群）。PCM 对话音信号采用 8kHz 频率抽样，即每秒产生 8000 帧，每帧周期为 T=125μs，如图 1-8 所示。每一帧由 32 个路时隙组成（每个路时隙对应一个样值，一个样值编 8 位码）。

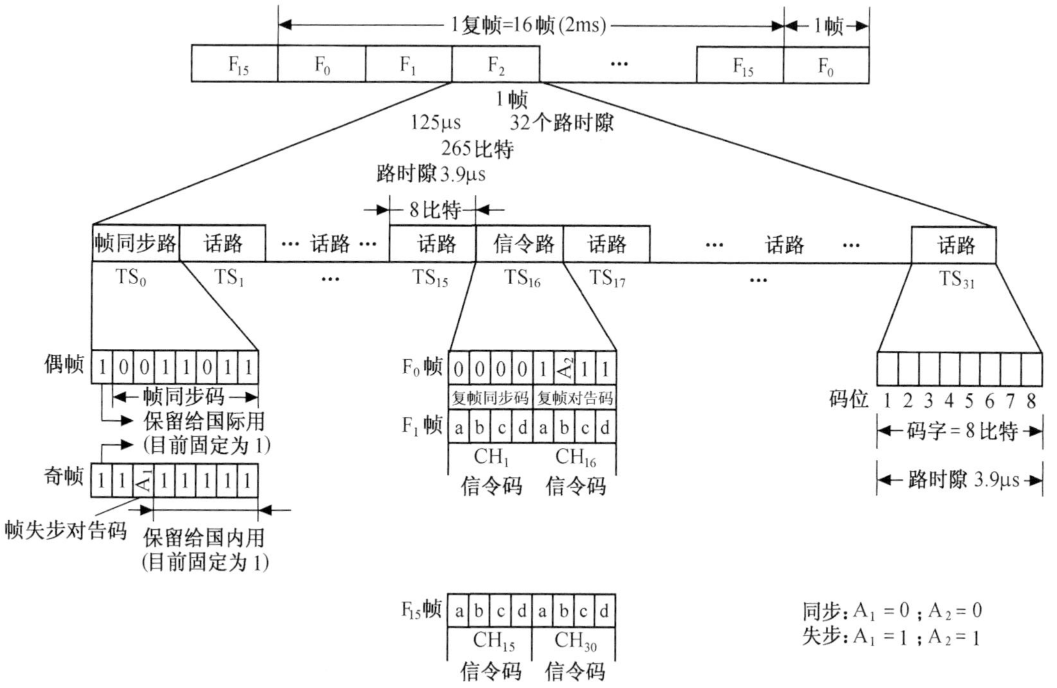

图 1-8 30/32 PCM 帧结构示意图

（1）30 个话路时隙（TS_1～TS_{15}，TS_{17}～TS_{31}）

TS_1～TS_{15} 分别传送第 1～15 路（CH_1～CH_{15}）话音信号，TS_{17}～TS_{31} 分别传送第 16～30 路（CH_{16}～CH_{30}）话音信号。

（2）帧同步时隙（TS_0）

为了实现帧同步，对偶帧码与奇帧码的规定如下。

偶帧 TS_0 ——发送帧同步码 0011011；偶帧 TS_0 的 8 位码中第 1 位保留给国际用，暂定为 1，后 7 位为帧同步码。

奇帧 TS_0——发送帧失步告警码。奇帧 TS_0 的 8 位码中第 1 位也保留给国际用，暂定为 1。第 2 位码固定为 1 码，以便在接收端用以区别是偶帧还是奇帧（因为偶帧的第 2 位码是 0 码）。第 3 位码 A_1 为帧失步时向对端发送的告警码（简称对告码）。当帧同步时，A_1 码为 0 码；帧失步时 A_1 码为 1 码。以便告诉对端，收端已经出现帧失步，无法工作。第 4～8 位码可供传送其他信息（如业务联络等）。这几位码未使用时，固定为 1 码。这样，奇帧 TS_0 时隙的码型一般为{11 A_1 11111}。

（3）信令与复帧同步时隙（TS_{16}）

每一路话音信号都有相应的信令信号（接续用）。由于信令信号频率很低，其抽样频率取 500Hz，即抽样周期为 1/500=125μs×16=16T（T=125μs）。而且，每个样值只编为 4 位码（称为信令码或标志信号码），所以对于每个话路的信令码，只要每隔 16 帧轮流传送一次就够了。将每一帧的 TS_{16} 传送两个话路信令码（前四位码为一路，后四位码为另一路），这样 15 个帧（F_1～F_{15}）的 TS_{16} 可以轮流传送 30 个话路的信令码（具体情况参见图 1-8）。而 F_0 帧的 TS_{16} 传送复帧同步码和复帧失步告警码。

16 个帧称为一个复帧（F_0～F_{15}），如图 1-8 所示。为了保证收、发两端各路信令码在时间上对准，每个复帧需要送出一个复帧同步码，以保证复帧得到同步。复帧同步码安排在 F_0 帧的 TS_{16} 时隙中的前四位，码型为{0000}。另外，F_0 帧 TS_{16} 时隙的第 6 位 A_2 为复帧失步对告码。复帧同步时，A_2 码为 0 码，复帧失步时则改为 1 码。第 5，7，8 位码也可供传送其他信息用（如暂不使用时，则固定为 1 码）。

对于 PCM30/32 路系统的参数值如下。

帧周期：125μs。帧长度：32×8=256bit（l=8）。

路时隙：$t_c=T/n$=125μs/32=3.91μs。

位时隙：$t_B=t_c/l$=3.91μs/8=0.488μs。

数码率：$f_B=f_s\cdot n\cdot l$=8000×32×8=2048（kbit/s）。

1.5 准同步数字系列

1．数字复接的概念

随着电信业务的不断增长，需要传输的信息量越来越大。与此同时，传输介质的传输能力被不断地开发出来，传输技术也在快速发展。如何能使更多路的数字信号以更高的速率一起传输，就是数字复接要完成的任务。

“数字复接”是将多个较低速率的支路信号（低次群多路信号）以时分的方式合并为一个较高速率的群路信号（高次群多路信号），使得数字传输的容量不断增大（见图 1-9）。

"数字复用"是将多个单路信号合为一个多路信号，而"数字复接"是将多个多路信号合为一个更多路的信号，两个概念有所区别。但"数字复用"和"数字复接"的方式类似（都是以时分的方式合并信号）。所以，有些书上对这两个概念不分。为了与一些习惯说法一致，本书以后对这两个概念也不作严格的区分。

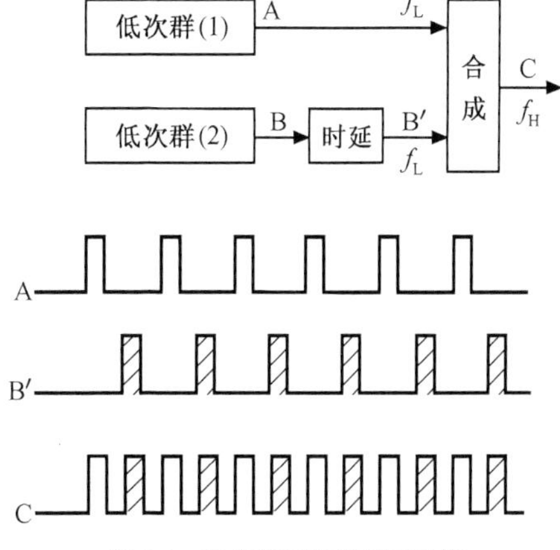

图 1-9　数字复接的原理示意图

不同的传输链路上有不同的传输容量的需求，不同的传输介质也有不同的传输能力，需要有不同话路数和不同速率的复接，形成一个系列（或等级），由低向高逐级复接，这就是数字复接系列。

数字复接分为同步数字系列（SDH）和准同步数字系列（PDH）两大体系。PDH 是最早的数字复接技术，是数字复接技术的基础，目前仍然广泛应用。SDH 是更先进的数字复接技术，发展非常迅速，目前在传输网中起着非常重要的作用。

2. 复接的时分方式

将多个较低速率的支路信号（低次群多路信号，见图 1-10（a））复接为一个较高速率的群路信号（高次群多路信号）的时分复接方式主要有两种，即按位复接和按字复接（见图 1-10（b）、（c））。

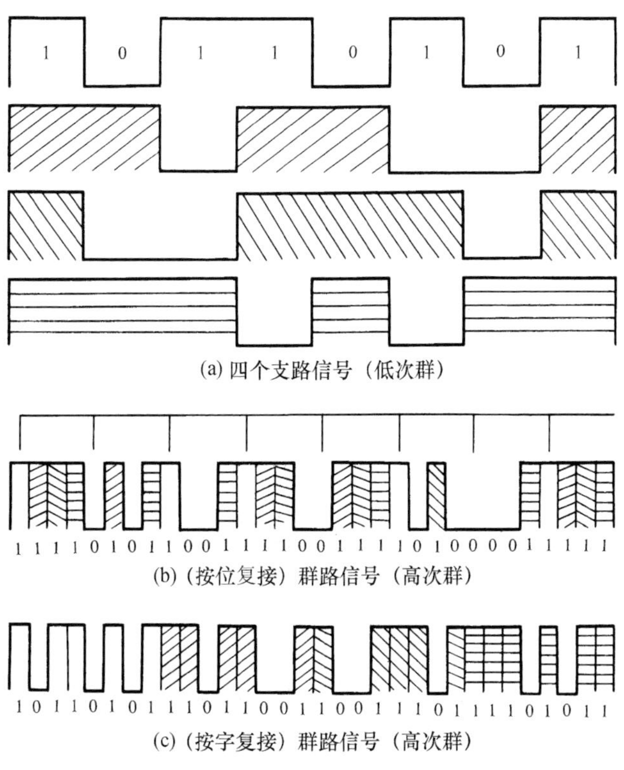

图 1-10　按位复接与按字复接示意图

按位复接是每次依次复接各支路（低次群）的一位脉冲，周而复始，如图 1-10（b）所示。按位复接要求复接电路存储容量小，简单易行，准同步数字系列（PDH）通常采用按位复接方式。但按位复接破坏了一个字节的完整性，不利于以字节为单位的信号处理和交换。

按字复接是每次依次复接各支路（低次群）的一个字节（8bit），周而复始，如图 1-10（c）所示。按字复接要求复接电路有较大的存储容量。但按字复接保证了一个字节的完整性，便于以字节为单位的信号处理和交换。同步数字系列（SDH）采用按字复接方式。

3. 复接的同步方式

复接的同步方式是指参与复接的各支路之间的相对关系，主要分为同步方式和准同步方式。

“同步”方式复接，要求送来复接的各支路数字信号准确同步（用的是同一时钟）。同步数字系列（SDH）就是采用同步复接的方式。

而“准同步”方式复用，是指送来复接的各支路数字信号接近同步（各支路数字信号有一标称码速，并允许有一小范围的差别）。在复接前先进行码速调整（达到同步），再进行复接（见图 1-11）。准同步数字系列（PDH）采用准同步复接的方式。

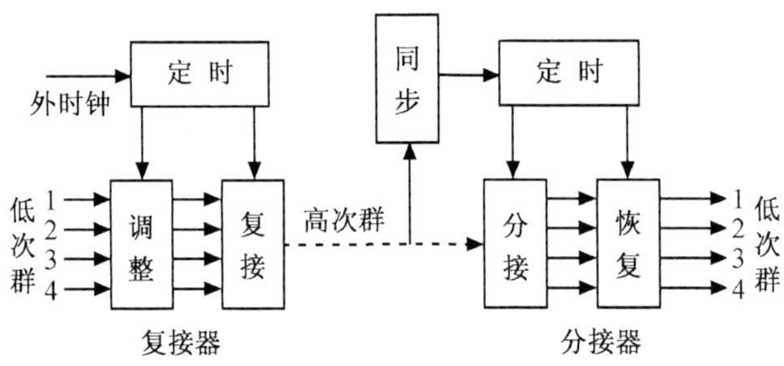

图 1-11　PDH 复接系统示意图

4. 准同步数字系列（PDH）

国际上主要有两种准同步数字系列，一种是以 30 路复用组成基群（一次群）的 PCM 30/32 路系列，另一种是以 24 路复用组成基群（一次群）的 PCM 24 路系列，如表 1-2 所示。我国采用 PCM 30/32 路系列。

表 1-2　**PDH** 准同步数字系列

使用地区或国家	一次群	二次群	三次群	四次群
北美、日本	1.544Mbit/s（24 路）	6.312Mbit/s（96 路=24×4）	44.736Mbit/s（北美）（672 路=96×7）	274.176Mbit/s（北美）（4032=672×6）
			32.064Mbit/s（日本）（480 路=96×5）	97.728Mbit/s（日本）（1440=480×3）
欧洲、中国	2.048Mbit/s（30 路）	8.448Mbit/s（120 路=30×4）	34.368Mbit/s（480 路=120×4）	139.264Mbit/s（1920 路=480×4）

由于准同步数字复接是靠外界插入附加比特码使各支路信号（低次群）达到同步，再复接成高次群信号的。因此，准同步数字复接方式很难直接从高次群信号中提取低速的支路信

号。在传输网的某个转接点为了上下支路，必须将整个高次群信号一步步地分接到所需的低速支路信号等级，才能提取支路信号；然后再将要上载的支路信号一步步地复接到高次群信号一起传输，如图 1-12 所示。这个过程使得系统结构复杂，硬件数量多，上下支路成本高等。

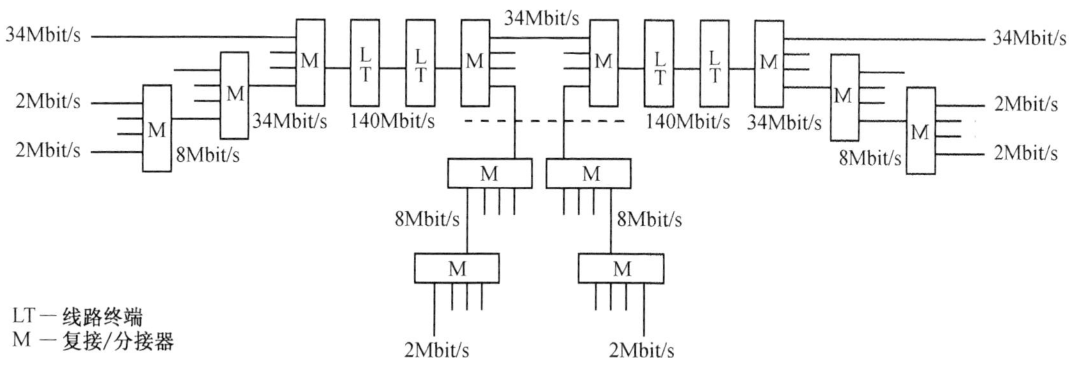

图 1-12　PDH 在传输中上下支路过程示意图

本节只简单介绍了数字复接和 PDH，关于 SDH 将在下一章专门重点介绍。

思考题

1．分别比较有线传输与无线传输、模拟传输与数字传输、基带传输与频带传输的方式。

2．列出数字传输的主要性能指标，并分别予以说明。

3．画出 PCM 通信系统框图，简述各部分的功能。

4．画出 30/32PCM 帧结构示意图，简述各时隙的作用。

5．列出我国采用的 PDH 一至四次群速率；画出 PDH 复接系统示意图，说明各部分的作用。

第 2 章 光纤传输网

光纤传输网是以光纤作为传输介质的传输网络。因为光纤的传输容量大、传输损耗小，所以光纤传输在整个电信传输网中起着非常重要的作用。

2.1 SDH 概述

1. SDH 的基本概念

（1）SDH 应用概况

数字同步网（Synchronous Digital Hierarchy，SDH）是基于光纤传输网的同步数字传输技术，它以光纤为主要传输介质。随着光纤网的广泛应用，SDH 成为现代传输的骨干网络。SDH 同步数字系列也是当前世界各国采用的主要传输技术，原 CCITT 专门提出了统一的 SDH 国际标准建议。我国从 20 世纪 90 年代初开始建设 SDH。国家干线经过所有的省会和本地网。各省也建设了省内 SDH 干线和本地 SDH 传送网。在数字传送网中 SDH 已成为主体。

（2）从准同步数字系列到同步数字系列

SDH 是在 PDH 的基础上发展起来的一种数字传输技术体制。在准同步数字系列（PDH）中，各级信号在复接过程中由于高阶与低阶之间不成 4（欧洲/中国制式）的整倍数，各支路信号之间因时钟不同步而存在一定的偏差，因此需在各支路信号中插入一定数量的脉冲，以实现各支路信号之间的同步，以及各低阶信号与高阶信号的同步。因此，PDH 的复用结构十分复杂，并且两个系列、三种数字速率标准互不兼容。PDH 主要面向点到点的传输，在本地传输网得到广泛应用。20 世纪 90 年代以前，PDH 是通信网传输链路的主要方式。由于 PDH 存在缺乏灵活性、复用结构复杂、维护管理困难、很难扩大容量以及各国采用的不同系列难以兼容等问题，所以自 20 世纪 80 年代末期 SDH 技术出现以来，从干线到城市本地网传输，PDH 已逐渐被 SDH 取代，但在支路（155 Mbit/s 以下）的传输上 PDH 还具有实用价值。

（3）SDH 的特点

与 PDH 比较，SDH 有许多优点。

① SDH 实现了统一的比特率，即标准的信息结构等级——同步传递模块（Synchronous Transfer Module，STM）STM-*N*（*N*=1，4，16，64，…）；上一级是下一级的 4 的整数倍，不存在码速调整。

② SDH 有一套特殊的复用结构，允许现存的 PDH 等信号纳入其帧结构中传输。它提供

了同现有的 PDH 技术中已有的四次群（140 Mbit/s）及以下的 PDH 信号接口，将各种不同制式的 PDH 信号在 STM-1 这一等级上统一起来。SDH 具有很强的兼容性和广泛的适应性。

③ SDH 的复用结构使不同等级的净负荷码流在帧结构内有规律的排列，净负荷又与网络同步。因而利用软件就可以从高速的信号中一次分插出低速支路信号，避免了全套背靠背复用/解复用设备。特别是 SDH 的各种网络单元，如：TM（终端复用器）、ADM（分插复用器）、REG（再生中继器）和 SDXC（同步数字交叉连接设备）的使用，使网络传输与上下话路更加灵活方便。

④ SDH 有全世界统一的网络节点接口（NNI），从而简化信号的互通以及信号传输、复用、交叉连接等过程，标准的光接口允许不同厂家的设备在光网络中互通。

⑤ SDH 具有很强的网管能力。在 SDH 的帧结构中规定了丰富的用于网络运行、维护、管理（Operation Administration and Maintenance，OAM）的字段，可提供故障检测、区段定位、性能管理和单端维护等多种能力。

⑥ SDH 大量使用软件进行网络配置与控制，增加新功能和新特性非常方便，适合业务不断发展的需要。

⑦ SDH 可组成自愈保护环路。自愈保护环提供两个方向和传输通路，作为主备用。这种网络结构形式可以在环路某处发生故障时及时有效地防止传输链路的中断，确保信息安全可靠传输。

2. SDH 的速率与帧结构

（1）SDH 的速率等级

由 ITU-T 的 G.707 建议，按传输量定义了 SDH 的同步转移模块（STM）各级的速率。STM-*N* 中的 *N*=1，4，16，64，…，基本模块 STM-1 的速率为 155.520Mbit/s，其他各高阶模块是将基本模块 STM-1 逐级同步复用、字节间插得到的，其速率均是相邻低阶的 4 倍。

ITU-T 的 G.707 建议规范的 SDH 的标准速率如表 2-1 所示。

表 2-1　SDH 标准速率

模块等级	STM-1	STM-4	STM-16	STM-64
速率（Mbit/s）	155.520	622.08	2488.32	9953.28
信道数（CH）	1920	7696	30720	122880

（2）SDH 的帧结构

SDH 的帧结构必须适应同步数字复用、交叉连接和交换的功能，同时也希望支路信号在一帧中均匀分布且有规律，以便插入和取出。ITU-T 最终采纳了一种以字节为单位的矩形块状（或称页状）帧结构，如图 2-1 所示。

STM-*N* 由 *N*×270 列×9 行×8000 组成，即帧长度为 *N*×270×9 个字节或 270×*N*×9×8 个比特。帧周期为 125μs（一帧的时间，即每秒传输 $\frac{1}{125\times10^{-6}}$ =8000 帧）。

对于 STM-1 而言，帧长度为 270×9=2430 个字节，相当于 19440bit，由此可算出其比特率为 270×9×8×8000 =155.520Mbit/s。

这种块状（页状）结构中各字节的传输是从左到右、由上而下按行进行的，即从第 1 行最左边字节开始，从左向右传完第 1 行，再依次传第 2 行、第 3 行等，直至整个 9×270×*N*

个字节都传送完再转到下一帧，如此一帧一帧地传送，每秒共传 8000 帧。

由图 2-1 可见，整个帧结构可分为三个主要区域。

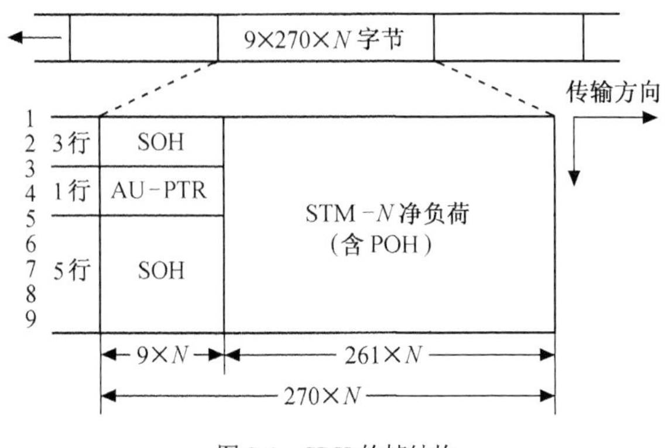

图 2-1 SDH 的帧结构

① 段开销区域。SDH 帧结构中安排有两大类开销（开销是“支出并用于某种目的”的意思）。

段开销（Section Overhead，SOH）和通道开销（Path Overhead，POH），它们分别用于段层和通道层（传输中的通路分类）的维护。

帧结构的左边 N×9 列×8 行（除去第 4 行）属于段开销区。对于 STM-1 而言，每帧中有 72 字节（576bit），由于每秒传送 8000 帧，因此共有 4.608Mbit/s 的容量用于网络的运行、维护和管理（OAM），以保证信息净负荷正常、灵活传送。

② 净负荷区域。信息净负荷（payload）区域是帧结构中存放各种信息负载的地方，图 2-1 中横向第 10×N～270×N 列，纵向第 1～9 行（261×9）的 2349×N 个字节都属此区域。对于 STM-1 而言，它的容量大约 150.336Mbit/s，其中含有少量通道开销（POH）字节，用于监视和控制通道性能，其余荷载业务信息。

③ 管理单元指针区域。管理单元指针（AU-PTR）用来指示信息净负荷的第一个字节在 STM-N 帧中的准确位置，以便在接收端能正确地分解。

由于净荷区所载的信息涉及信息本身的结构与定界或信息通道处理过程所形成结构（如 ATM 中 ALL 层对信息的分段——信元），其信息分组装入净负荷区不一定刚好装满，实际上很有可能在上一帧中最后一组信息未装完，则需装到下一帧的开始部分，然后再装入一个新的信息组。AU-PTR 就是指示这个新信息组的第一个字节在帧中的起始位置。

在图 2-1 所示的帧结构中第 4 行左边的 9×N 列分配给指针用，即属于管理单元指针区域。对于 STM-1 帧而言它有 9 个字节（8×9＝72 bit）。

3．SDH 的基本复用原理

（1）SDH 的一般复用结构

ITU-T 的 G.709 建议的 SDH 的一般复用结构如图 2-2 所示，它是由一些基本复用单元组成的有若干中间复用步骤的复用结构。各种业务信号复用进 STM-N 的过程都要经历映射（mapping）、定位（aligning）和复用（multiplexing）三个步骤。

（2）复用单元

在图 2-2 所示的 SDH 基本复用单元中，包括标准容器（C）、虚容器（VC）、支路单元

（TU）、支路单元组（TUG）、管理单元（AU）和管理单元组（AUG）。

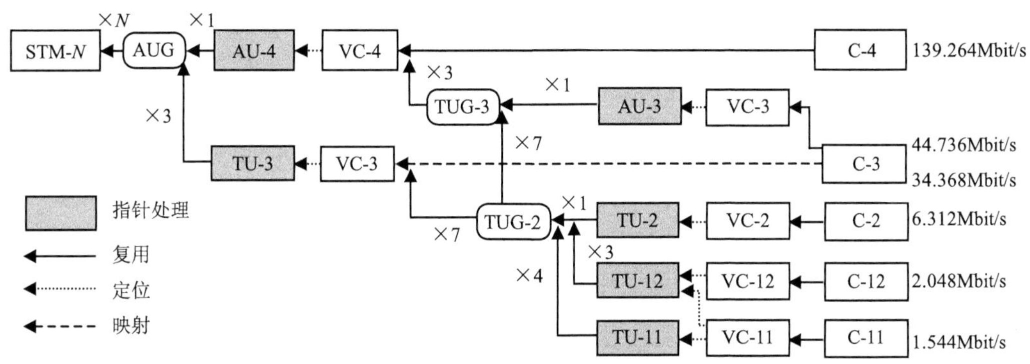

图 2-2　G.709 建议的 SDH 的复用结构

各基本复用单元符号及数字与 PDH（PCM）中各支流（多次群）信号的关系见表 2-2。

表 2-2　**G.709** 建议有关符号的关系和规定

群速率	支流符号	容器符号	虚容器符号	管理单元符号
一次群 1.544Mbit/s 2.048Mbit/s	T_{11} 或 H_{11} T_{12} 　 H_{12}	C-11 C-12	VC-11 VC-12	
二次群 6.312Mbit/s	T_2 或 H_2	C-2	VC-2	
三次群 34.368Mbit/s 44.736Mbit/s	T_{31} 或 H_{31} T_{32} 　 H_{32}	C-3	VC-3	AU-3
四次群 139.264Mbit/s	T_4 或 H_4	C-4	VC-4	AU-4

① 标准容器（C）。容器是一种用来装载各种速率的业务信号的信息结构，主要完成适配功能（例如速率调整）。目前，针对常用的准同步数字系列信号速率，ITU-TG.707 建议规定了 5 种标准容器：C-11，C-12，C-2，C-3 和 C-4，其标准输入比特率分别为 1.554Mbit/s，2.048Mbit/s，6.312Mbit/s，34.368Mbit/s（或 44.736Mbit/s）和 139.264Mbit/s。

参与 SDH 复用的各种速率的业务信号都应首先通过码速调整等适配技术装进一个恰当的标准容器。已装载的标准容器又作为虚容器的信息净负荷。

② 虚容器（VC）。虚容器是用来支持 SDH 的通道层连接的信息结构。

虚容器有 5 种：VC-11、VC-12、VC-2、VC-3 和 VC-4。虚容器可分成低阶虚容器和高阶虚容器两类。准备装进支路单元（TU）的虚容器称为低阶虚容器；准备装进管理单元（AU）的虚容器称高阶虚容器；其中 VC-11、VC-12、VC-2 及 TU-3 中的 VC-3 是低阶通道层的信息结构；而 AU-3 中 VC-3 和 VC-4 是高阶通道层的信息结构。它由 VC 信息净负荷加上通道开销（POH）组成，即 VC−*n*=C−*n*+ VC−*n* POH。

VC 的输出将作为其后接基本单元（TU 或 AU）的信息净负荷。

VC 的包封速率是与 SDH 网络同步的，因此不同 VC 是互相同步的，而 VC 内部却允许装载来自不同容器的异步净负荷。除在 VC 的组合点和分解点（即 PDH/SDH 网的边界处）外，VC 在 SDH 网中传输时总是保持完整不变，可以十分灵活方便地在通道中任意点插入或取出，进行同步复用和交叉连接处理。

图 2-3 给出了 C-4 加“VC-4 POH”形成 VC-4 以及 VC-4 又加上 SOH 和指针“AU-4

PTR”后形成 STM-1 帧结构的过程。

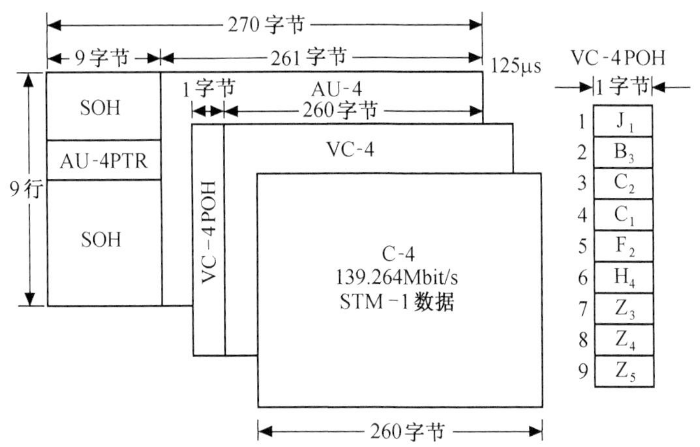

图 2-3　C4 至 STM-1 的装载过程

③ 支路单元和支路单元组（TU 和 TUG）。支路单元（TU）是提供低阶通道和高阶通道层之间适配的信息结构（即负责将低阶虚容器经支路单元组装进高阶虚容器）。有四种支路单元：TU–*n*（11，12，2，3）。TU–*n* 由一个相应的低阶 VC–*n* 和一个相应的支路单元指针（TU–*n* PTR）组成，即 TU–*n*=VC–*n* +TU–*n* PTR

TU–*n* PTR 指示 VC–*n* 净负荷起点在 TU 帧内的位置。

在高阶 VC 净负荷中固定地占有规定位置的一个或多个 TU 的集合称为支路单元组（TUG）。把一些不同规模的 TU 组合成一个 TUG 的信息净负荷可增加传送网络的灵活性。VC-4/3 中有 TUG-3 和 TUG-2 两种支路单元组。

④ 管理单元和管理单元组（AU 和 AUG）。管理单元（AU）是提供高阶通道层和复用段层之间适配的信息结构（即负责将高阶虚容器经管理单元组装进 STM-*N* 帧），有 AU-3 和 AU-4 两种。AU-*n*（*n*=3，4）由一个相应的高阶 VC–*n* 和一个相应的管理单元指针（AU–*n* PTR）组成，即 AU–*n*=VC–*n*+AU–*n* PTR（*n*=3，4）。

AU-*n* PTR 指示 VC-*n* 净负荷起点在 AU 帧内的位置。

在 STM-*N* 帧的净负荷中固定地占有规定位置的一个或多个 AU 的集合称为管理单元组（AUG）。一个 AUG 由一个 AU-4 或三个 AU-3 按字节交错间插组合而成。

需要强调指出的是：在 AU 和 TU 中要进行速率调整，因而低一级数字流在高一级数字流中的起点是浮动的。为了准确地确定起始点的位置，设置两种指针（AU-PTR 和 TU-PTR）分别对高阶 VC 在相应 AU 帧内的位置以及 VC-1、VC-2、VC-3 在相应 TU 帧内的位置进行灵活动态的定位。

在 *N* 个 AUG 的基础上再附加段开销（SOH）便可形成最终的 STM-*N* 帧结构。

（3）我国的 SDH 的复用结构

由图 2-2 可见，在 G.709 建议的复用结构中，从一个有效负荷到 STM-*N* 的复用路线不是唯一的。对于一个国家或地区则必须使复用路线唯一化。

我国的光同步传输网技术体制规定以 2Mbit/s 为基础的 PDH 系列作为 SDH 有效负荷并选用 AU-4 复用路线，其基本复用映射如图 2-4 所示。由图可见，我国的 SDH 复用映射结构规范可有 3 个 PDH 支路信号输入口。一个 139.264Mbit/s 可被复用成一个 STM-1

（155.520Mbit/s）；63 个 2.048Mbit/s 可被复用成一个 STM-1；3 个 34.368Mbit/s 也能复用成一个 STM-1。

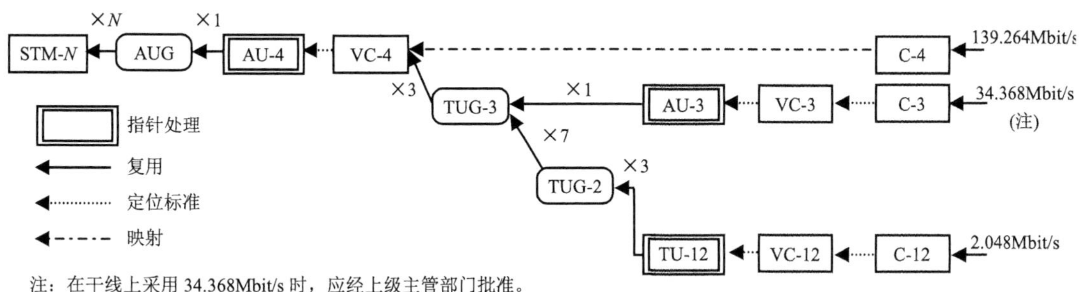

图 2-4　我国的 SDH 基本复用映射结构

在 PDH 中，一个四次群（139.264Mbit/s）里有 64 个 2.048Mbit/s（一次群），有 4 个 34.368Mbit/s（三次群）。但在 SDH 中，一个 STM-1（155.520Mbit/s）只能装载 63 个 2.048Mbit/s。显然，相比之下 SDH 的信道利用率低（这是 SDH 的一个主要缺点）。尤其是利用 SDH 传输 34.368Mbit/s 信号时的信道利用率太低，所以在规范中加“注”（即较少采用）。

为了对 SDH 的复用映射过程有一个较全面的认识，现以 139.264Mbit/s 支路信号复用映射成 STM-N 帧为例详细说明整个复用映射过程，如图 2-5 所示。

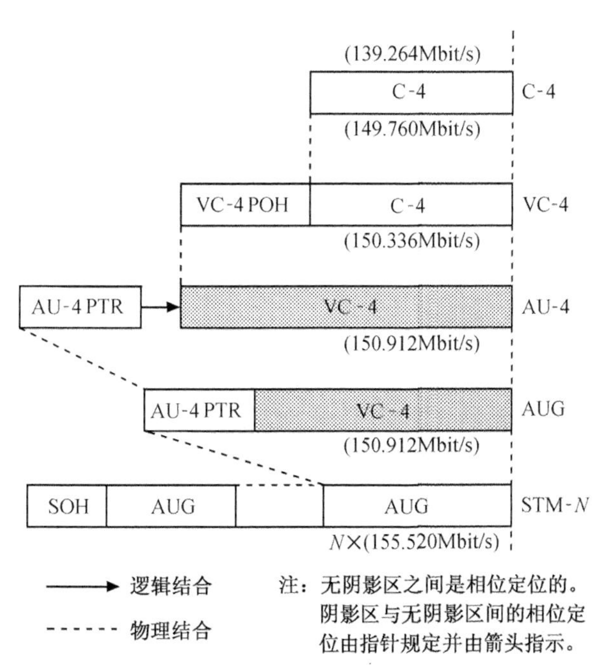

图 2-5　139.264Mbit/s 支路信号映射过程

① 首先将标称速率为 139.264Mbit/s 的支路信号装进 C-4，经适配处理后 C-4 的输出速率为 149.760Mbit/s。然后加上每帧 9 字节的 POH（相当于 576kbit/s），便构成了 VC-4（150.336Mbit/s），以上过程称为映射。

② VC-4 与 AU-4 的净负荷容量一样，但速率可能不一致，需要进行调整。AU-PTR 的作用就是指明 VC-4 相对 AU-4 的相位，它占有 9 个字节，相当容量为 576kbit/s。于是经过 AU-PTR 指针处理后的 AU-4 的速率为 150.912Mbit/s，这个过程称之为定位。

③ 得到的单个 AU-4 直接置入 AUG，再由 *N* 个 AUG 经单字节间插并加上段开销便构成了 STM-*N* 信号。这一过程称为复用。当 *N*=1 时，一个 AUG 加上容量为 4.608Mbit/s 的段开销后就构成了 STM-1，其标称速率 155.520Mbit/s。

2.2 SDH 光纤传输系统

SDH 传输网是由一些 SDH 网络单元以及网络节点接口通过光纤线路连接而成，是在光纤上进行同步信息传输、复用和交叉连接的网络。

1. SDH 的基本网络单元

SDH 的基本网络单元有终端复用器（TM）、分插复用器（ADM）、再生中继器（REG）和同步数字交叉连接器（SDXC）。

（1）终端复用器（TM）

TM 是 SDH 基本网络单元中最重要的网络单元之一。它的主要功能是将若干个 PDH 低速支路信号纳入 STM-1 帧结构并转换为 STM-1 光线路信号，或将若干个 STM-*n* 信号复用为一个 STM-*N*（*n*<*N*）信号输出。如 63（3×7×3）个 2.048Mbit/s 信号复用为一个 STM-1 信号输出；又如 4 个 STM-1 信号复用成一个 STM-4 信号输出。其逆过程正好相反。图 2-6 所示为 STM-1 终端复用的功能示意图。

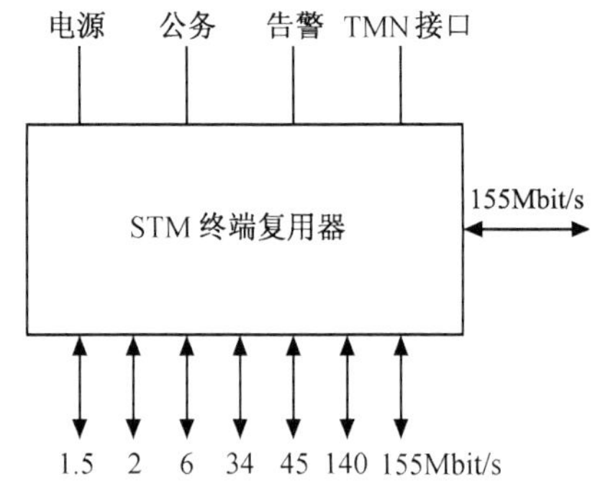

图 2-6 STM-1 终端复用器（TM）功能示意图

（2）分插复用器（ADM）

ADM 是 SDH 中最具特色应用最广泛的基本网络单元。ADM 将同步复用和数字交叉连接功能综合于一体，能够灵活地分插任意支路信号，使得网络设计有很大的灵活性，它还具有电/光、光/电转换功能。

ADM 利用其内部时隙交换实现带宽管理，允许两个 STM-*N* 信号之间的不同 VC 实现互连，且能在无需解复用和完全终结 STM-*N* 信号的情况下接入多种 STM-*n* 和 PDH 支路信号。

图 2-7（a）所示的为 STM-1 分插复用器功能示意图；图 2-7（b）则给出了 SDH 分插信号流的图示。

以从 140Mbit/s 的码流中分插一个 2Mbit/s 低速支路信号为例，比较一下传统的 PDH 和新 SDH 的工作过程。在 PDH 系统中，要从 140Mbit/s 码流中分插一个 2Mbit/s 支路信号需要经过 140/34Mbit/s、34/8Mbit/s、8/2Mbit/s 三次分接后才能取出一个 2Mbit/s 的支路信号；然后一个 2Mbit/s 的支路信号需再经 2/8Mbit/s、8/34 Mbit/s、34/140Mbit/s 三次复接后才能得 140Mbit/s 的信号流（见图 1-12）。而采用 SDH 分插复用器后，可以利用软件一次分插出 2Mbit/s 支路信号，十分简便，如图 2-7（b）所示。

（3）再生中继器（REG）

REG 是光中继器，其作用是将光纤长距离传输后受到较大衰减及色散畸变的光脉冲信

号转换成电信号后，进行放大、整形、再定时、再生为规范的电脉冲信号，然后再经调制光源变换为光脉冲信号送入光纤继续传输，以延长通信距离。

（4）同步数字交叉连接设备（SDXC）

SDXC 是指 SDH 中的数字交叉连接设备。在 PDH 和 DDN（数字数据网）中也有交叉连接设备，称为 DXC。数字交叉连接是一种全电子的数字化接线技术。DXC 设备是 SDH 网的主要网络单元。

DXC 的主要作用是实现支路之间的交叉连接。这个支路的含义是广义的。在 PDH 中支路指的是 PCM 各次群（也叫 PDH 支路信号）；在 SDH 中 DXC 实现交叉连接的支路可以是各同步传递模块 STM-*N*（*N*=1，4，16，64）也可以是更低等级的信号，包括 PDH 的各支路信号及各种虚容器。

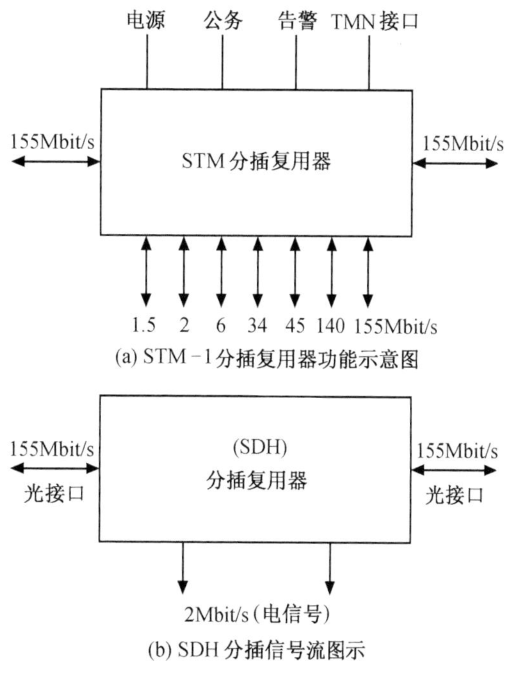

图 2-7　STM-1 分插复用器（ADM）

DXC 的作用与交换机不同。交换机实现的是用户之间的动态连接，用户有权改变这个连接；而 DXC 实现的是支路之间的交叉连接，是半永久性的，用户无权改变这个连接，连接的改变由网管中心控制。

DXC 的应用非常广泛，在 SDH 中使用的 DXC 称为同步数字连接设备（SDXC）。SDXC 除了可以实现支路之间的交叉连接外，还兼有复用、配线、光/电和电/光转换、保护/恢复、监控及网管多种功能。实际中常常把数字交叉连接的功能内置在 ADM 中，或者说 ADM 包括了数字交叉连接的功能。

DXC 的简化结构如图 2-8 所示，其核心部分为具有交叉连接功能的交叉连接矩阵。其接入端——输入和输出分别与传输系统相连。

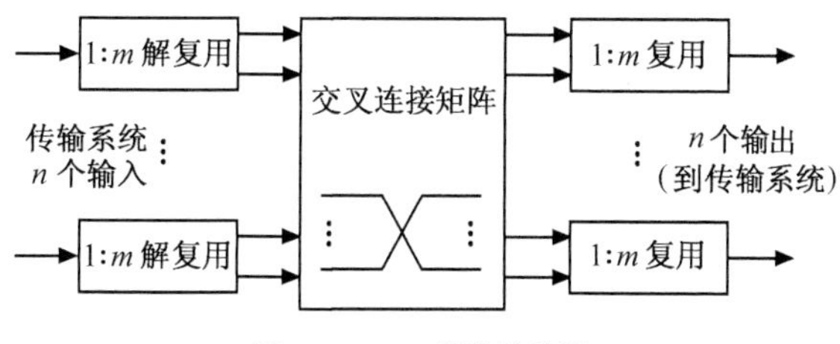

图 2-8　DXC 简化结构图

SDXC 的配置类型通常用 DXC X/Y 来表示，其中 X 表示接入口的数据流的最高等级，Y 表示参与交叉连接的最低级别。数字 1～4 分别表示 PDH 体系中的 1～4 次群速率，其中 4 也代表 SDH 体系中的 STM-1；数字 5 和 6 分别表示 SDH 体系中的 STM-4 和 STM-16。例如 SDXC4/1 表示接入端口的最高速率为 140Mbit/s 或 155Mbit/s，而交叉连接的最低级别为一次群或 VC-12（2Mbit/s）。

（5）基本网络单元的连接

几种基本网络单元在 SDH 网中的使用连接方法如图 2-9 所示。图中标出了实际系统组成中的再生段、复用段和通道。

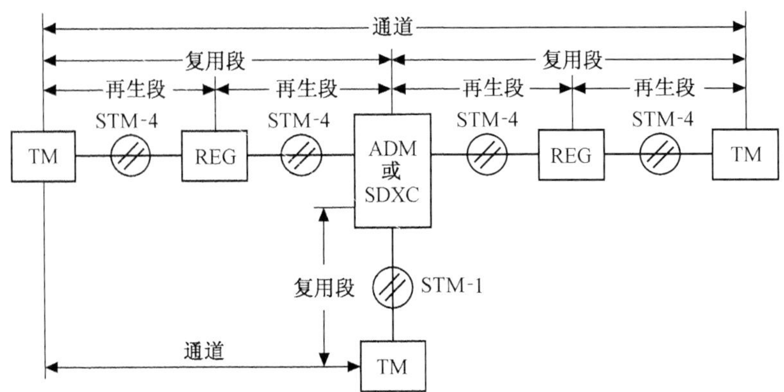

图 2-9　基本网络单元在 SDH 网中的使用

① 再生段。再生中继器（REG）与终端复用器（TM）之间、再生中继器与分插复用器（ADM）或交叉连接设备（DXC）之间以及再生中继器与再生中继器之间称再生段。再生段两端的 REG、TM 及 ADM（或 SDXC）称为再生段终端（RST）。

② 复用段。终端复用器与分插复用器（或 SDXC）之间及分插复用器与分插复用器之间称为复用段。复用段两端的 TM 及 ADM（或 SDXC）称为复用段终端（MST）。

③ 通道。终端复用器之间称为通道。通道两端的 TM 称为通道终端（PT）。

2．SDH 的网络节点接口

一个完整数字传输体系中必须包含统一的标准网络节点接口（Network Node Interface，NNI）。网络节点接口是实现 SDH 网的关键。从概念上讲，网络节点接口是网络节点之间的接口，实际上它是传输设备（链路）与其他网元之间的接口。一个标准的 NNI，应能结合不同的传输设备和网络节点，构成统一的传输、复用、交叉连接和交换接口，而不受特定的传输介质的限制，也不局限于特定的网络节点（如 64kbit/s 电路交换节点或宽带节点等）。NNI 在网络中的位置如图 2-10 所示。

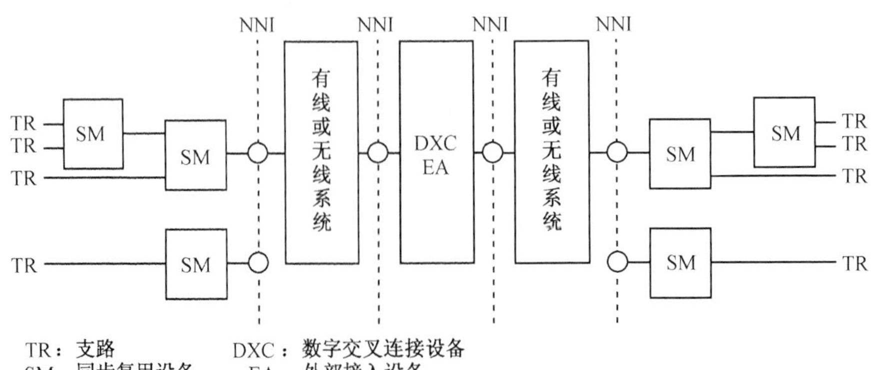

图 2-10　NNI 在网络中的位置

3．我国 SDH 传输网的网络结构

SDH 传输网已经成为我国传输网的主体。现阶段我国的 SDH 传输网分为 4 个层面：一级（省际）干线层面、二级（省内）干线层面、三级（中继网）层面、四级（用户接入网）层面，如图 2-11 所示。

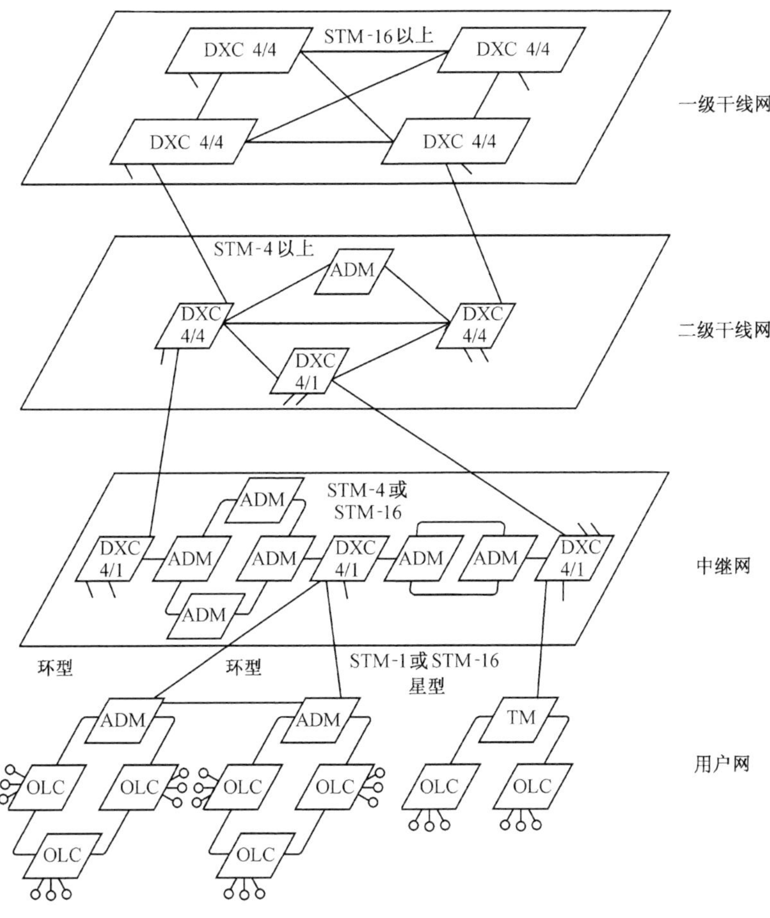

图 2-11　我国的 SDH 传输网结构

（1）第一级干线

第一级干线是最上一层网络，也称为省际干线层面，主要用于省会城市间的长途通信。由于其间业务量较大，一般在各城市的汇接节点之间采用 STM-16，STM-64 等高速光链路，而在各汇接节点城市装备 DXC 设备（例如 DXC 4/4），从而形成一个以网孔结构为主，其他结构为辅的大容量、高可靠性的骨干网。

（2）第二级干线

第二级干线是第二层网络，又称为省内干线层面，主要用于省内长途通信。考虑其业务量的需求，通常采用网孔型或环型骨干网结构，并辅以少量线型网络。因而在主要城市装备 DXC 设备，其间用 STM-4 或 STM-16 等高速光纤链路相连接，形成省内 SDH 网络结构。

（3）第三级干线

第三级干线是第三层网络，也叫做中继网层面，主要由长途端局与市话之间以及市话局

之间通信的中继网构成。根据区域划分法，可分为若干个由 ADM 组成的 STM-1 或 STM-4 高速环路，也可以是用路由备用方式组成的两节点环，而这些是通过 DXC 4/1 设备来沟通，既具有很高的可靠性，又具有业务量的疏导功能。

（4）第四级干线

第四级干线是网络的最低层面，既称为用户网，也称为接入网。由于业务量较低，而且大部分业务量汇聚于一个节点（交换局）上，因而可以采用环型网络结构，也可以采用星型网结构，其中是以高速光纤线路作为主干链路来实现光纤系统（OLC）的互通，或者经由 ADM 或 TM 来实现与中继网的互通。速率为 STM-1 或 STM-4，接口可以为 STM-1 光/电接口、PDH 系列的 2Mbit/s、34Mbit/s 和 140Mbit/s 接口、普通电话用户接口、小交换机接口、2B+D 或 30B+D 接口以及城域网接口等。

由于用户接入网是 SDH 网中最为复杂、最为庞大的部分，它占通信网投资的大部分，但为了实现信息传递的宽带化、多样化和智能化，因而用户网必须逐步向光纤化方向发展，这样才有光纤到路边（FTTC）和光纤到户（FTTH）的不同阶段，并逐步地完成由 PDH 到 SDH 的过渡，及 SDH 与 CATV 的一体化。

随着通信技术的不断进步，人们对业务量的要求逐步提高，SDH 网络结构有可能将四个层面逐渐简化为两个层面，即将一级和二级干线网融为一体组成长途网，将中继网与接入网融合成为本地网。

2.3　SDH 自愈网

1．自愈网的概念

随着技术的不断进步，信息的传输容量以及速率越来越高，因而对通信网络传递信息的及时性、准确性的要求也越来越高。一旦通信网络出现线路故障，那么将会导致局部甚至整个网络瘫痪，因此网络生存性问题是通信网络设计中必须加以考虑的重要问题。因而人们提出一种新的概念——自愈网。

自愈网是指无需人为干预，网络就能在极短时间内从失效状态中自动恢复所携带的业务，使用户感觉不到网络已出现了故障。其基本原理就是使网络具有备用路由，并重新确立通信能力。自愈的概念只涉及重新确立通信，而不管具体失效元部件的修复与更新，而后者仍需人为干预才能完成。在 SDH 网络中，根据业务量的需求，自愈网可以采用各种各样拓扑结构的网络。由于不同网络结构所采取的保护方式不同，因而在 SDH 网络中的自愈保护可以分为线路保护倒换、环型网保护、网孔型 DXC 网络恢复及混合保护方式等。

2．DXC 保护

DXC 保护主要是利用 DXC 设备在网孔型网络中进行保护的方式，它利用 DXC 的重选路由功能达到自愈目的。在业务量集中的长途网中，一个节点有很多大容量的光纤支路，它们彼此之间构成互连的网孔型拓扑。若是在节点处采用 DXC 4/4 设备，则一旦某处光缆被切断时，利用 DXC 4/4 的快速交叉连接特性，可以很快地找出替代路由，并且恢复通信。于是产生了 DXC 保护方式，如图 2-12 所示。

DXC 保护方式：假设从 A 到 D 节点，本有 12 个单位的业务量（假设为 12×140/155Mbit/s）。

当 AD 间的光缆被切断后，DXC 可以将 12 个单位的业务量以下面 3 条替代路由来分担：从 A 经 E 到 D 为 6 个单位，从 A 经 B 和 E 到 D 为 2 个单位，从 A 经 B、C 和 F 到 D 为 4 个单位。可见，网络越复杂，可供选择的代替路由越多，DXC 恢复效率也越高。适当增加 DXC 节点数量可提高网络恢复能力，但同时却增加了 DXC 设备间端口容量及线路数量，从而增加成本，因此 DXC 节点数量也不宜过多。

DXC 保护最适于高度互连的网孔型拓扑，用于长途网更显出 DXC 保护的经济性和灵活性。DXC 也适用于作为多个环型网的汇接点。DXC 保护的一个主要缺点是网络恢复时间长，通常需要数十秒到数分钟。

3．自愈混合环型网

环型自愈网是一种常用的结构型式，其环由首尾相连的数字交叉连接设备（DXC）和分插复用器（ADM）组成。图 2-13 所示为自愈混合环型网结构，图中画出了环路中的节点 ADM 和双向传输链路，ADM 是用来在 STM-*N* 光信号中直接分插各种 PDH 支路信号或 STM-1 信号的复用器。正常工作时，信息同时延顺时针和逆时针两个方向在环路上传送。在接收节点，两个方向收到的信号都是有效的，只需选择其中之一作为主信号，另一个备用。一旦环路某处因故障中断，该环型网（实线加虚线部分）就变成了线型网（仅剩实线部分），即主信号和备用信号将在中断处两侧的节点中自动沟通。此时，备用信号也作为主要信号使用，使得通信仍然保持。混合保护网的可靠性和灵活性高，而且减少对 DXC 容量的要求，降低 DXC 失效的影响，改善网络的生存性。

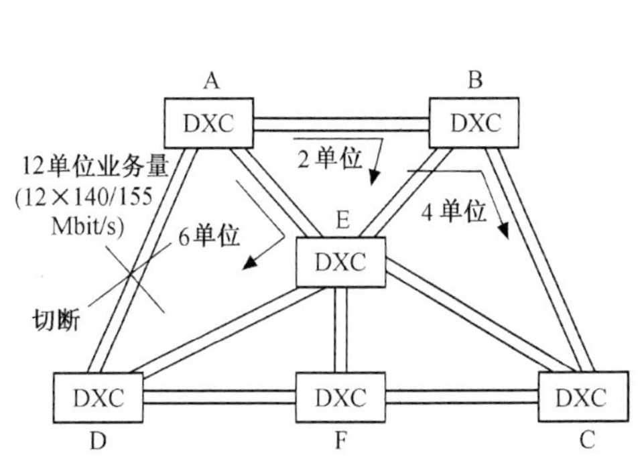

图 2-12　采用 DXC 为节点的网孔型保护结构

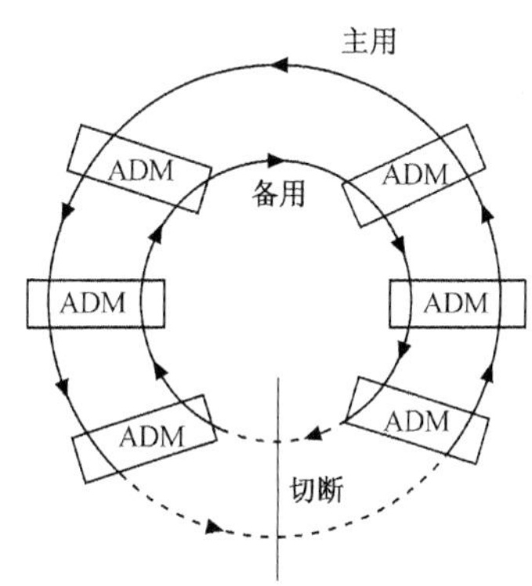

图 2-13　自愈混合环型网结构示意图

2.4　WDM 技术

随着电信网信息传输量的膨胀，传输链路的容量要求不断提高。目前，商用的 SDH STM-16（2.5 Gbit/s）系统和 STM-64（10 Gbit/s）系统的容量已不能满足发展的要求。当承载传输的光纤已经被占用时，承载商首先考虑是尽可能利用已有的光纤进行扩容。波分复用（WDM）技术就是在这种背景下应运而生的，因为采用 WDM 技术能在不需要敷设新的光纤的情况下随时升级扩容，以满足传输容量的需求。

1．WDM 概述

波分复用（Wavelength Division Multiplexing，WDM）技术是利用单模光纤低损耗区的

巨大带宽，将不同频率（波长）的光信号混合在一起进行传输，这些不同波长的光信号所承载的数字信号可以是相同速率、相同数据格式，也可以是不同速率、不同数据格式。波分复用扩容方案可以通过增加新的波长，按照需求确定网络容量，是一种可以将一根光纤当多根光纤来使用的十分有效的扩容方案。

理论上一根光纤在 1 530nm～1 565nm 的带宽范围内传输容量约为 4Tbit/s，而目前实际得到利用的还不到 1Tbit/s（见图 2-14），如何开发利用光纤的传输资源，是一项十分有意义的研究课题。

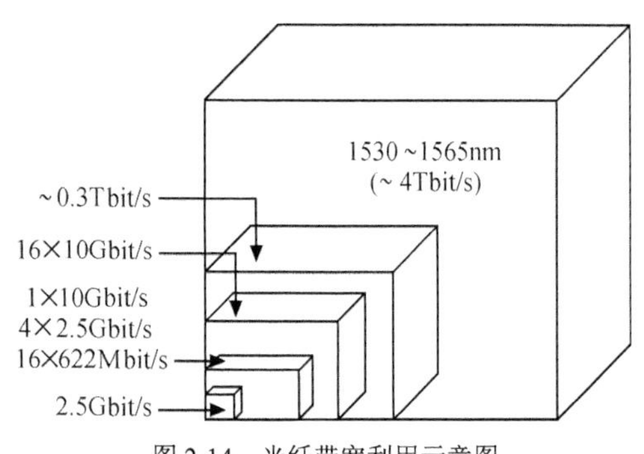

图 2-14　光纤带宽利用示意图

对于 10Gbit/s 以下速率的 WDM 系统，目前的技术已经完全可以克服由于光纤色散和光纤非线性效应带来的限制，满足对传输容量和传输距离的各种要求。最早使用的波分复用是 1310nm 和 1550nm 的两波长复用，但随着通信业务量的迅速增长，两波长复用早已不能够满足要求，因此在 1550nm 窗口更多波长的波分复用技术逐渐成熟起来，已经投入商用的有 8 个波长、16 个波长、32 个波长甚至更多波长的系统。有时候，把这些系统称为密集波分复用（Dense Wavelength Division Multiplexing，DWDM），以区别于早期使用的两波长系统。通常将波长间隔在一个或几个纳米以上的复用称之为波分复用（WDM），而将波长间隔在零点几纳米的复用称为密集波分复用。

2．WDM 系统

WDM 系统组成如图 2-15 所示。在发送端，采用波分复用器（合波器）将不同规定波长的信号光载波合并起来送入一根光纤进行传输；在接收端，再由一波分解复用器（分波器）将这些不同波长承载不同信号的光载波分开。由于不同波长的光载波信号可以看作互相独立（不考虑光纤非线性时），从而在一根光纤中可实现多路光信号的复用传输。双向传输的问题也很容易解决，只需将两个方向的信号分别安排在不同波长传输即可。根据波分复用器的不同，可以复用的波长数也不同。

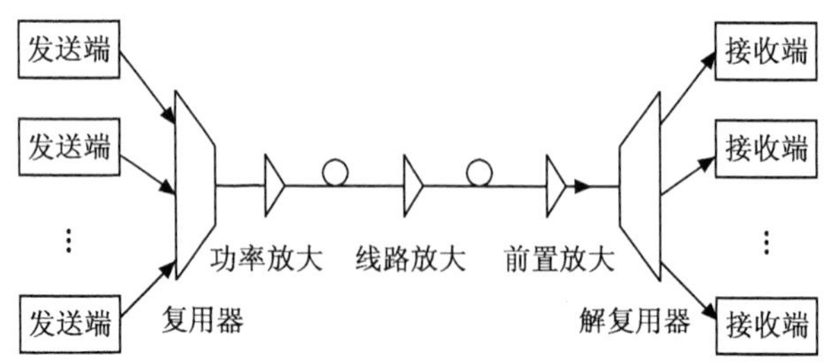

图 2-15　WDM 系统组成示意图

3．WDM 的关键技术

WDM 系统主要有以下关键技术。

（1）光源技术

WDM 系统需要光源的输出波长具有高度的稳定性和可控性以及能高速调制的特性，并且

具有很窄的光谱。目前由于光技术的限制，WDM 系统的高性能合波、分波器件的中心波长都是固定的。此外，发光器件的中心波长在制作中还不能任意控制。因此，光源的输出波长必须稳定，并且在较小的范围内能够调谐。为了提高 WDM 的传输密度，充分利用带宽，光源输出的光谱必须很窄；此外，为了克服光纤色散，实现远距离传输，也需要光源具有窄光谱输出。

（2）合波、分波技术

光合波与分波器在超高速、大容量波分复用系统中起着关键作用，其性能的优劣对系统的传输质量有决定性影响。合波与分波器性能指标主要有插入损耗和串扰，WDM 系统对其的要求是：损耗及其偏差小，信道间的串扰小，偏振相关性较低。

DWDM 系统中常用的光合波与分波器主要有介质薄膜干涉型、释放光栅型、星型耦合器及光照射光栅、阵列波导光栅等。

（3）光放大技术

对于长距离的光传输来说，随着传输距离的增长，光功率逐渐减弱，激光器的光源输出通常不超过 3dBm（否则激光器的寿命可能达不到要求）。为了保证一定的误码率，接收端的接收光功率必须维持在一定的值上，例如−28dBm，因此光功率受限往往成为决定传输距离的主要因素。

光放大器（OA）的出现和发展克服了高速长距离传输的最大障碍——光功率受限，这是光通信史上的重要里程碑。OA 的形式主要有半导体光放大器（SOA）和掺铒光纤放大器（EDFA）两种。前者近来发展速度很快，已经逐步开始商用，并显示了良好的应用前景；后者较为成熟，已经大量应用，成为目前大容量长距离的 DWDM 系统在传输技术领域必不可少的技术手段。

EDFA 具有高增益、高输出、宽频带、低噪声，增益特性与偏振无关，以及数据速率与格式透明等一系列的优点。这些优点都是 WDM 系统十分需要的。

（4）克服色散技术

在 1550nm 波长附近，G.652 光纤的色散典型值为 17ps/（nm・km）。当光纤的衰减问题得到解决以后，色散受限就变成了决定系统传输距离的一个主要问题。DA 技术即色散容纳技术，就是通过一些技术手段减小或消除色散的影响，延长传输距离。一般来说，主要使用以下的几种解决方法。

① 压缩光源的谱线宽度。色散对光脉冲传输的影响主要表现在经过传输的光脉冲将受到展宽，而这种展宽的大小在一定传输距离的情况下，取决于传输光纤的色散系数和光源发送的光波的频谱宽度。光源的谱宽越宽（频率啁啾系数越大），光纤色散对光脉冲的展宽越大。因此通过选用频率啁啾系数小的激光器，可以减小传输线路色散的影响。

② 色散补偿光纤的运用。G.652 光纤在 1550nm 窗口的典型色散为 17ps/（nm・km），当传输距离增长时，光脉冲将在距离累积色散的作用下，产生脉冲展宽。这种展宽将引起码间干扰和模式噪声，而限制传输距离。采用色散补偿光纤（DCF）对传输线路的色散性能进行补偿是一项比较成熟的技术。色散补偿光纤（DCF）是一种特制的光纤，其色度色散为负值，恰好与 G.652 光纤相反，可以抵消 G.652 常规光纤色散的影响。通常这类光纤的典型色散系数为−90ps/（nm・km），因而 DCF 只需在总线路长度上占 G.652 光纤的长度的 20%，即可使总链路色散值接近于零。

③ 选用新型的光纤。由于 G.652 光纤出现得比较早，在世界上铺设得比较多，因此 WDM 技术比较多地考虑如何利用该类光纤扩容的技术。现在新布放的光纤多为更加适合于 WDM 光传

输的G.655（非零色散位移）光纤或较大有效面积（Larger Effective Area Fiber，LEAF）光纤。

G.655光纤的零色散点在1550nm窗口旁边，而不在窗口中间（即在光纤放大器的有效带宽之外），使该窗口的色散系数和衰减系数均更加适合于DWDM技术的应用。

4．WDM的优点

（1）电网路演进至光网路

WDM技术奠定了由电网路演进至光网路的基础，传统的电网路（Electronic Networking）无法直接在光层（Optical Layer）进行复用（multiplexing）、切换（switching）或路由改接 （routing）等动作，在网路节点需使用光电转换设备先将光信号转换为电信号，然后再将电信号转回光信号。如此一来总体传输速率会因使用光电转换设备而受到限制，无法将光纤原有的频宽的潜力好好发挥。

以WDM为机制的光网路可直接在光层上解决上述问题，使光纤最有效率地利用。

（2）网路多样化的服务

WDM与传送速率及协议无关，也就是说可提供和服务形式完全无关的透明的传送网路，可以支持ATM、IP及SDH等多种信号，提供网路多样化的服务。

（3）降低成本、提升服务品质

由于可在光层进行信号的支配或调度，比传统的在电层的频宽调度来得更简单而有效率，可减少费用支出。另外在网路上光纤被切断或光信号故障时，可在光层进行信号保护切换或网路路由恢复，比传统的在电层上恢复和切换所需的时间较短，使网路的可用度提高，同时也改善了服务品质。

（4）提升传输距离及增加网路容量

高速的STM-64时分复用（Time Division Multiplexing，TDM）传输上的最大问题在于光纤的色散（Dispersion）现象严重，传送光信号会产生劣化效应，因此，若不使用电子式再生器或其他补偿技巧，理论上STM-64信号可在G.652光纤内传送约60km。若以8个波长的DWDM技术传送，每个波长为2.5Gbit/s的信号，其传输容量可为20Gbit/s，其传输距离可达600km以上而不需电子式再生器（直接进行光放大）。

STM-64的多工对于支流信号（Tributary）的频率与格式，通常都有一定的限制，而DWDM的多工几乎完全不设限。PDH、ATM、SDH及IP等任何信号格式皆可输入，增加网路传输之弹性。若利用光分插复用设备（Optical Add-Drop Multiplexer，OADM）和光交叉连接设备（Optical Cross-Connect，OXC），直接以光波长为交接单位，免除O/E/O的转换步骤，可提升网路调度的效率。在解决与日俱增的用户频宽需求及提升网路容量的方案中，WDM在技术上提供了灵活多样的选择。

思考题

1．列出SDH的标准速率（STM-1至STM-256）；画出STM-N的块状帧结构，说明各部分的作用。

2．画出SDH传输系统基本结构示意图，标识再生段、复用段、通道，分别说明TM、REG、ADM及SDXC的作用。

3．简述WDM技术，说明其优势。

第3章 微波地面中继传输系统

微波传输是一种重要的传输手段，它具有传输容量大、投资少、建设周期短、维护方便等特点。尤其是在不方便铺设光纤和电缆的复杂地段，采用微波传输显得尤为优越。长距离的微波传输又分为微波地面中继传输系统和微波卫星传输系统，本章介绍微波地面中继传输系统，微波卫星传输系统将在下一章介绍。

3.1 微波传输

1. 概述

微波是指波长在 1m～1mm，频率在 300MHz～300GHz 范围内的电磁波。微波传输是指利用微波作为射频携带信息，通过电波空间传播的无线传输方式。

早期的微波传输是指模拟系统，模拟信号通过模拟调制方式被搬移到微波频率上发送。随着数字处理技术的发展和通信系统的数字化，微波传输系统也得到了发展，20 世纪 60 年代开始我国也着手数字微波传输系统的研究，即将数字信号以数字调制方式搬移到微波频率上发送。

数字微波与光纤、卫星是现代传输的 3 大主要手段，它具有传输容量大、投资少、建设周期短、维护方便等特点。

由于微波的频率很高，所以电磁波以直射波的方式在空间传播，若想实现微波长距离传输，必须采用中继接力的方式。

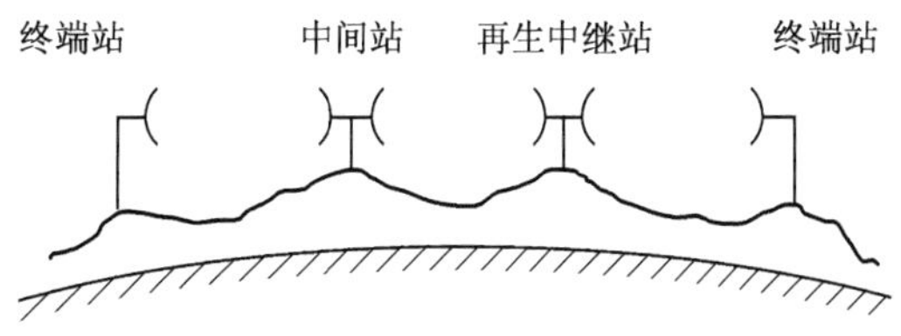

图 3-1　地面微波中继传输线路示意图

如图 3-1 所示，一条地面微波中继传输线路由终端站、中间站、再生中继站及电波空间等构成，站间距离一般为 50km 左右。

2. 数字微波传输系统模型

数字微波传输系统模型如图 3-2 所示。

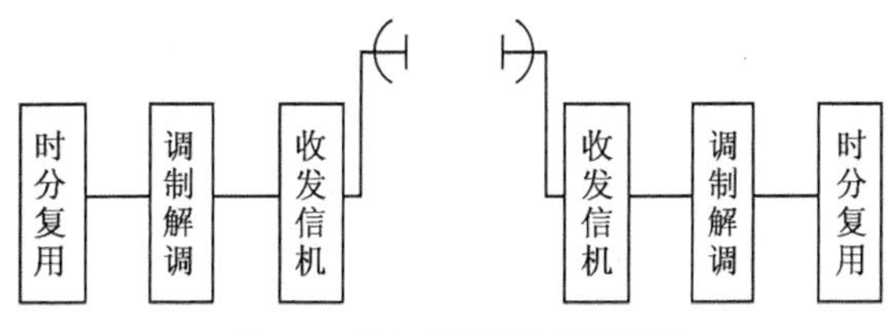

图 3-2　数字微波传输系统模型

时分复用：微波通常是用来传送多路信号的，所以系统在发端首先要将多路信号复用，组成基带信号一起传输。数字微波传输系统传输的是多路数字信号，而数字信号常采用时分的方式复用。不同容量的数字微波传输系统复用的路数不同。在收端，要做相反的处理。

调制解调：为了实现数字微波通信，在发端可以直接把需要传送的数字基带信号调制到微波“载频”上发送出去。但微波频率很高，为了确保性能，且便于实现，在实际系统中也可分两步来完成，即先将数字基带信号调制到系统选定的某一中频上，再经混频将已调中频信号搬移到微波信道上传输。其中第一步就是由发端的调制器完成的。在收端，有相应的解调器将数字基带信号从中频已调波中解调下来。

收发信机：在发端，发信机将调制器送来的已调中频信号经上行混频搬移到微波信道上，再经足够的微波功率放大后送给天馈部分。在收端，收信机将天馈部分送来的微波信号经下行混频搬移到中频后送给解调器。

天馈部分：在发端，发信机输出的微波信号，经馈线送到天线发送到空间传输；在收端，由天线接收下来的微波信号，经馈线送给收信机。在微波传输系统中，对天馈部分最基本的要求有：足够的带宽、较低的损耗、极小的驻波比、较高的极化去耦度、足够的机械强度以及足够的天线增益和较强的天线方向性。

3. 微波射频信道的频率配置

微波的频带很宽（大约 300GHz），为了合理地利用频带，通常将其分为若干频段，常用于微波中继传输的频段是 4 GHz、6 GHz、8 GHz、11 GHz 及 13 GHz 等。一条长距离的微波中继传输线路根据具体情况，通常选用某一个频段配置射频信道。

如图 3-1 所示，一条地面微波中继传输线路有许多微波站，每个站上又可能有多波道（信道）的微波收发信设备。为了减小波道间或其他路由间的干扰，提高微波射频频带的利用率，对射频频率的选择和分配就显得十分重要了。

微波中继传输系统频率配置应符合下面的基本原则。

① 在一个中间站，一个单向波道的收信和发信必须使用不同频率，而且有足够大的间隔，以避免发送信号被本站的收信机收到，使正常的接收信号受到干扰。

② 多波道同时工作时，相邻波道频率之间必须有足够的间隔，以免互相发生干扰。

③ 整个频谱安排必须紧凑，使给定的频段能得到经济的利用。

④ 因微波天线和天线塔建设费用很高，多波道系统要设法共用天线。所以选用的频率配置方案应有利于天线共用，既能使天线建设费用低，又能满足技术指标。

⑤ 对于外差式收信机，不应产生镜像干扰，即不允许某一波道的发信频率等于其他波道收信机的镜像频率。

根据上述的频率配置原则，当一个站上有多个波道工作时，为了提高频带利用率，对一个波道而言，宜采用二频制，即两个方向的发信使用一个射频频率，两个方向的收信使用另外一个射频频率（逐站交换收发频率）。

图 3-3 所示为多波道工作时二频制的集体排列方案。

图中六个波道，每个波道都是二频制，若收信频率（用 f 表示）占用整个带宽的下半个频带，则发信频率（用 f'表示）就占用上半个频带（对同一波道而言，收信频率和发信频率是逐站更换使用的）。

在数字微波传输中，由于调制方式不同，射频已调波的带宽也不同。所以数字微波系统的频率配置还取决于：波道的传输容量、调制方式、码元传输速率、波道间隔及收发频率间隔、带外泄漏功率等，多波道的频率配置关系如图 3-3 所示。

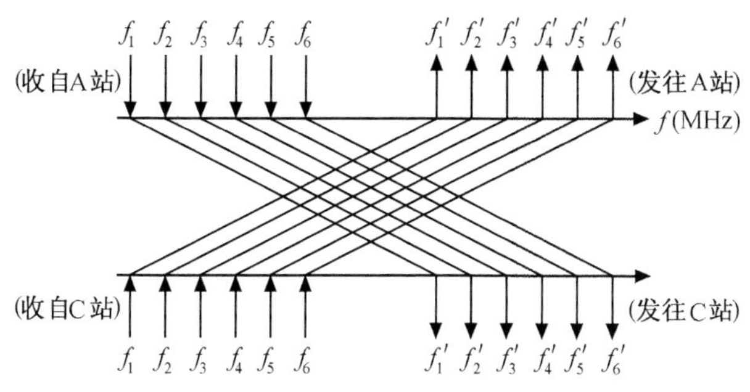

图 3-3　多波道频率配置方案

4．系统组成

一个微波中继传输系统可由终端站、枢纽站、分路站及若干中继站组成，一般工作在某一频段，开通多对收、发信波道。微波传输线路的组成形式可以是一条主干线，中间有若干分支也可以是一个枢纽站向若干方向分支，但不论哪种形式，根据各站所处位置和功能不同，微波传输线路总是由图 3-4 中给出的几种站型组成。

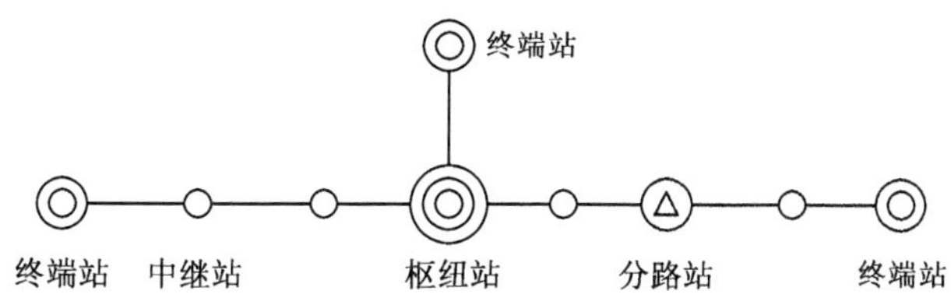

图 3-4　系统组成示意图

（1）枢纽站

枢纽站一般处在干线上，需完成数个方向（至少 3 个方向）的中继转接任务。多波道工作的情况下，此类站要完成某些波道信号或部分支路的转接和话路的上、下，某些波道信号的复接与分接。有些波道的信号可能需要再生后继续传输。因此，这一类站上的设备门类繁多，结构复杂。

（2）分路站

处在线路中间，除了可以在本站上、下个某收、发信波道的部分支路外，还可以沟通干线上两个方向之间通信的站——分路站。在此类站上，也可能有部分波道的信号需再生后继续传输。

（3）中继站

处在线路中间不上、下话路的站称为中继站。可分为再生中继站、中频转接站、射频有源转接站和无源转接站。对于大容量的数字微波传输系统，一般只采用再生中继站。再生中继站对收到的已调信号解调、判决、再生，转发至下一方向的调制器。经过再生中继它可以去掉传输中引入的噪声、干扰和失真，这充分体现出数字通信的优越性。

（4）终端站

处于线路两端或分支线路终点的站称为终端站。向若干方向辐射的枢纽站，就其每一个方向来说也可能是一个终端站。这种站可上、下全部支路信号。

3.2 PDH数字微波传输系统

数字微波传输系统的发展分为PDH和SDH两个阶段。PDH数字微波传输系统的研究起步于20世纪60年代，到70年代初期小容量（一次群2Mbit/s、二次群8Mbit/s）系统开始投入商用。我国在20世纪70年代开始研究数字微波，1987年建成第一条国产的34Mbit/s（三次群，中容量）数字微波传输线路。随后，140Mbit/s大容量数字微波系统获得成功。

1．PDH数字微波传输的PCM系列

原CCITT规定了两种PCM数字系列标准，一种是欧洲各国和我国采用的基群为30路（话路）系列；一种是北美各国和日本采用的基群为24路系列，如表1-2所示。

2．PDH数字微波的传输设备

数字微波通信系统模型如图3-2所示，通常数字微波的主要传输设备包括中频调制解调设备和微波收发信机。不同容量、不同生产商的数字微波传输设备结构不完全相同，但基本组成大体相同。

（1）中频调制解调设备

数字微波中频调制解调设备的基本组成如图3-5所示。调制部分主要由线路均衡、码型变换、扰码、串/并变换、差分编码、调制器等组成；解调部分主要由解调器、差分解码、并/串变换、去扰、码型反变换等组成。解调部分对信号的处理是调制部分对信号处理的逆过程。

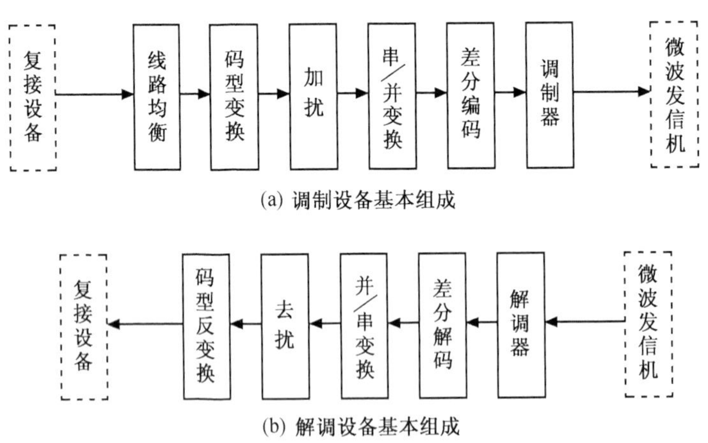

图3-5　中频调制解调设备的基本组成示意图

中频调制解调设备主要采用了以下技术。

① 线路均衡技术。当复用设备与微波中频调制解调设备不在同一机房的情况下，复用设备复用的多路数字基带信号要经过较长的电缆送到调制设备。电缆对信号衰耗与频率有关，即衰耗呈$\sqrt{f}$特性。而数字基带信号的占带又比较宽，经过较长距离的电缆后，高频端信号分量的衰减较低频端信号分量的衰减要大得多，为此，在调制设备的基带接口电路中设

置有线路均衡器。线路均衡器是根据基带电缆传输特性设计的高频提升电路，以补偿电缆的高频下降特性，从而达到均衡的目的。

② 码型变换技术。由于在线路传输中对基带信号的码型有特定的要求，如不含直流分量、低频分量少、高频分量少（即能量谱相对集中）、含时钟信息、有一定的编码规律等。在 PDH 的一、二、三次群的基带传输中采用 HDB_3 码，四次群基带传输采用 CMI 码。而在设备内部，为了便于数字处理和调制等通常采用 NRZ 等码型。可见，基带传输的码型与设备内部处理的码型通常是不一致的，这样在标准的基带接口电路中一般需要设置码型变换电路。

③ 扰码技术。通常称复用设备送过来的数码流为信源码，信源码中的“0”和“1”与所表达的信息相关，通常“0”和“1”的概率不相等，也就是说基带信号的能量谱随时可能变化，尤其是长连“1”时能量谱很宽，使得调制后的信号占带很宽，容易造成邻道干扰；而长连“0”的基带信号几乎没有能量，使得接收端不好提取时钟。为此，采用扰码技术，即在信源码基带信号被调制前，用一伪随机序列对信源码进行加扰，得到的信道码基本接近“0”和“1”等概率，信道码基带谱相对平稳。当然，在接收端解调后要进行相应的去扰处理。

④ 调制技术。数字微波中采用数字调制技术，对于 ASK、FSK 及 PSK 三种基本的数字调制方式，在信噪比相同的情况下，PSK 的误码率最低。PDH 数字微波的一、二、三次群均采用相位调制 PSK（相移键控）。为了提高射频信道的利用率，在中容量系统中采用多相调制技术（即 4PSK），为了实现多相调制，在调制前将串行的数码序列变成多路并行的数码序列。在大容量（四次群）系统中，为了进一步提高射频信道的利用率采用正交调幅技术（即 QAM），目前，一般采用 16QAM 或 64QAM。系统的中频一般设置为 70MHz 或 140MHz（根据系统的不同）。

⑤ 差分编码。在数字微波设备的收端一般采用相干解调技术，这就需要在收端恢复与发端同步的载波。同步是指频率相同，相位差不变（不一定等于 0）。而在多相解调中，收端载波的恢复相位可能不确定（可能锁定在几个相位之一，即相位模糊）。当收端恢复的载波与发端载波的相位差不等于 0 时，解调出来的数字信号与发端送给调制器的信号有差别（但相对关系不变）。为了解决相位模糊问题，采用了差分编码技术，即信号在发端调制前先进行编码，使调制后的相位不直接代表信号，而是代表信号的相对变化。这样，在收端，即使恢复的载波与发端载波的相位有差别，解调出来的数字信号与发端送给调制器的信号不同，但只要相对关系不变，经过差分解码就可以正确还原出原基带信号。

（2）微波收发信机

数字微波收发信机的典型构成方框如图 3-6 所示。

如图 3-6（a）所示，在微波发信机中，从中频调制器送来的中频已调信号送至微波发信机的发信中频放大器（简称发信中放），经发信中放适当放大后送至发信混频器，与发信振荡器进行上行混频；经上行混频被搬移至微波信道频率上的信号由边带滤波器滤除带外杂波，经微波功率放大器放大至所需发信功率后，再经分并路滤波器合路（多波道情况，以实现天线共用）；合路后的微波信号与其他波道的微波信号一起送至微波天、馈线系统；经馈线至天线，由天线将微波信号发射出去。

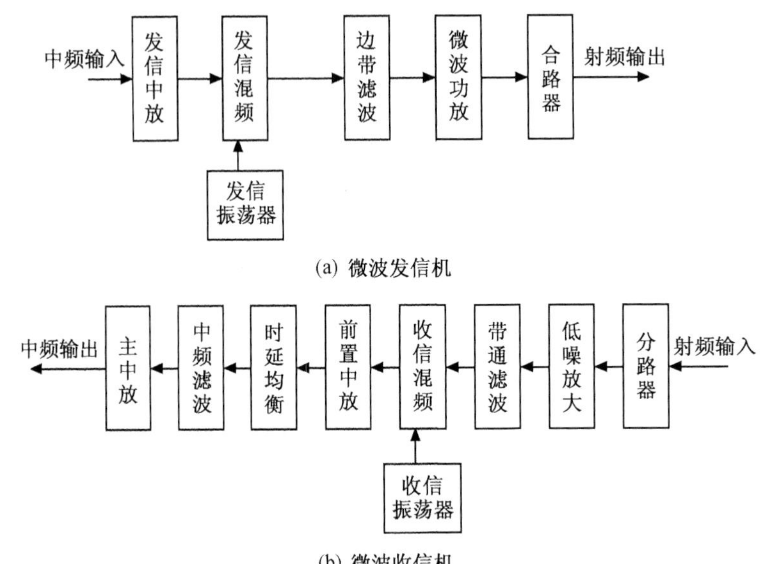

(a) 微波发信机

(b) 微波收信机

图 3-6　数字微波收发信机的典型构成方框图

如图 3-6（b）所示，在微波收信机中，由微波天、馈线系统接收到的微波信号经分并路滤波器分路和低噪声微波放大器放大后进入带通滤波器，由带通滤波器选出某波道的微波信号后送至收信混频，经下行混频将微波信道上的信号搬移至中频；先经前置放大器放大，后经时延均衡（均衡微波滤波器引入的不均匀的群时延）；再经中频滤波滤除混频产生的杂波后，送至主中放（在中频放大器中设有自动增益控制电路，当接收信号在一定范围变化时，保证中频输出不变）；主中放输出的信号送至中频解调设备。

3.3　SDH 数字微波传输系统

1. 概述

随着同步数字系列（SDH）在传输系统中的推广应用，大约在 20 世纪 80 年代后期，数字微波通信进入了一个新的、重要的发展阶段——SDH 数字微波传输。

为适应 SDH 传输速率的要求，数字微波中继传输系统的单波道传输速率必须进一步提高。目前，单波道传输速率可达 300Mbit/s 以上，这就要求使用的调制方法具有更高的频谱利用率（如使用 64QAM、128QAM 以及 512QAM 调制技术）。这些调制技术的使用对波形成形技术要求更为严格，结果使系统误码率上升。为此引入了纠错编码技术，以降低系统的误码率。当纠错编码和克服载波恢复相位模糊的差分编码结合使用的时候，差分编码的误码扩散作用会对纠错编码的纠错能力提出很高的要求，使得系统的频谱和功率利用率降低，通常可以利用对相位透明的多进制 LEE 氏纠错编码克服这种影响。为进一步提高纠错编码的效率，在 SDH 微波传输中还采用了多级编码调制和网格编码调制等将纠错编码和调制结合在一起进行设计的新技术。

为进一步提高数字微波系统的频谱利用率，还推出了同波道交叉极化传输的方法，同时引入交叉极化干扰抵消器以消除交叉极化干扰，采用高速二维时域均衡器以消除正交码间干

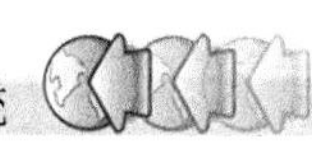

扰及多径衰落的影响，以及使用线性度极高的输出功放、多重空间分集接收、无损伤切换等技术。此外，在 SDH 微波传输系统的运行、管理、维护和系统参数配置方面大量使用微处理器、计算机控制终端和一些实用软件，对上述功能的实现提供了很大的灵活性和实用性。这些新技术的使用推动了 SDH 微波传输的发展。

2. SDH 数字微波传输设备

SDH 数字微波中继传输在系统组成、射频信道的频率配置等方面与 PDH 数字微波中继传输基本相同。

SDH 数字微波传输设备是微波站装备的基本设施，与 PDH 微波传输设备的功能基本类似，主要包括中频调制解调设备和微波收发信机等。以加拿大北方电信的 STM-4 微波传输设备为例，其主要由中频调制解调器部分、微波收发信机部分以及操作、管理、维护和参数配置（OAMP）三部分组成。在终端站，除了 SDH 微波传输设备，还有 SDH 的复用设备（见图 3-7）。STM-4 的传输速率为 622.08Mbit/s，占用两个微波波道。

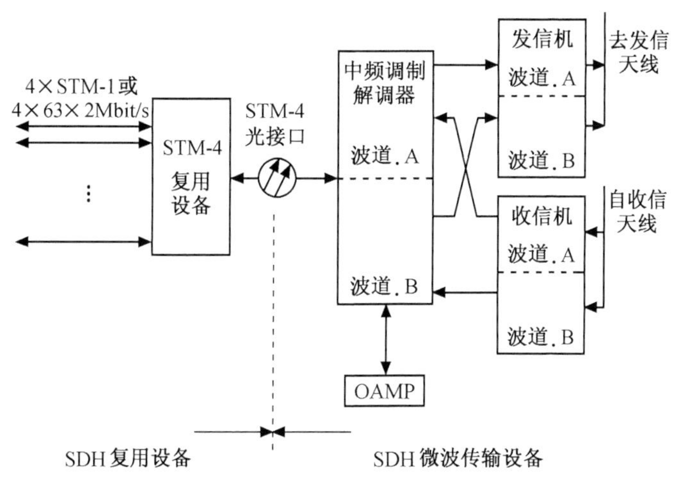

图 3-7　SDH 微波终端站 STM-4 微波传输设备结构示意图

复用设备完成对 4 个 STM-1 或 4×63 个 2Mbit/s 数据流的复用。然后通过 STM-4 速率的光接口送给中频调制解调器（IF Modem）。两个 STM-4 光接口分别安排在波道 A，B 的中频调制解调器中，其中一个作为备份，从图 3-7 中可见，STM-4 群路 622.08Mbit/s 的传输容量实际上是在两个微波波道中传输的，采取 512QAM 的调制方式。OAMP 单元完成系统的操作、管理、维护和参数配置功能。在有群路上下的分路站，可以利用具有上下群路功能的复用器完成群路的上下功能，体现了 SDH 可实现分插复用（ADM）的特点。只具有再生功能的中继站可以省去 STM-4 复用器和中频调制解调器中的光接口（OTI）。

信号处理流程如图 3-8 所示。

在发端，如图 3-8（a）所示，STM-4 群路数据流经光传输接口（OTI）接入 A、B 波道的数字信号处理器（DSP）。OTI 电路在发信方向的主要作用是 STM-4 数据流的光/电变换、串/并转换和微波帧形成等。DSP 电路用于发信数据流的纠错编码、差分编码等数据处理。OTI 电路单元采用 1+1 备份的工作方式，OTI1 和 OTI2 互为备份。OTI 电路将 STM-4 输入信号分接成两路 2×STM-1 数据流，其速率为 311.04Mbit/s。此信号经 OTI 电路处理并留出

微波附加开销（RFCOH）的插入时隙后，形成微波帧结构，此数据流用 RC6 表示，其串行速率为 322.56Mbit/s。每一个 OTI 电路送出 RC61 和 RC62 两路数据流，用以表示 STM-4 的两个 2×STM-1 数据流。每个数字信号处理器输入两路 RC61 或 RC62，由 DSP 中的选择开关选一路由 DSP 进行处理。每个 OTI 电路还输出一路 RC6 信号到 N∶1 波道保护总线。若波道.A 波道出故障，将 RC61 送至 N∶1 波道保护总线，由保护总线将该信号送至保护波道的 OTI 电路，再由它接至保护波道的 DSP 电路，进行两路并行发送，完成保护作用。

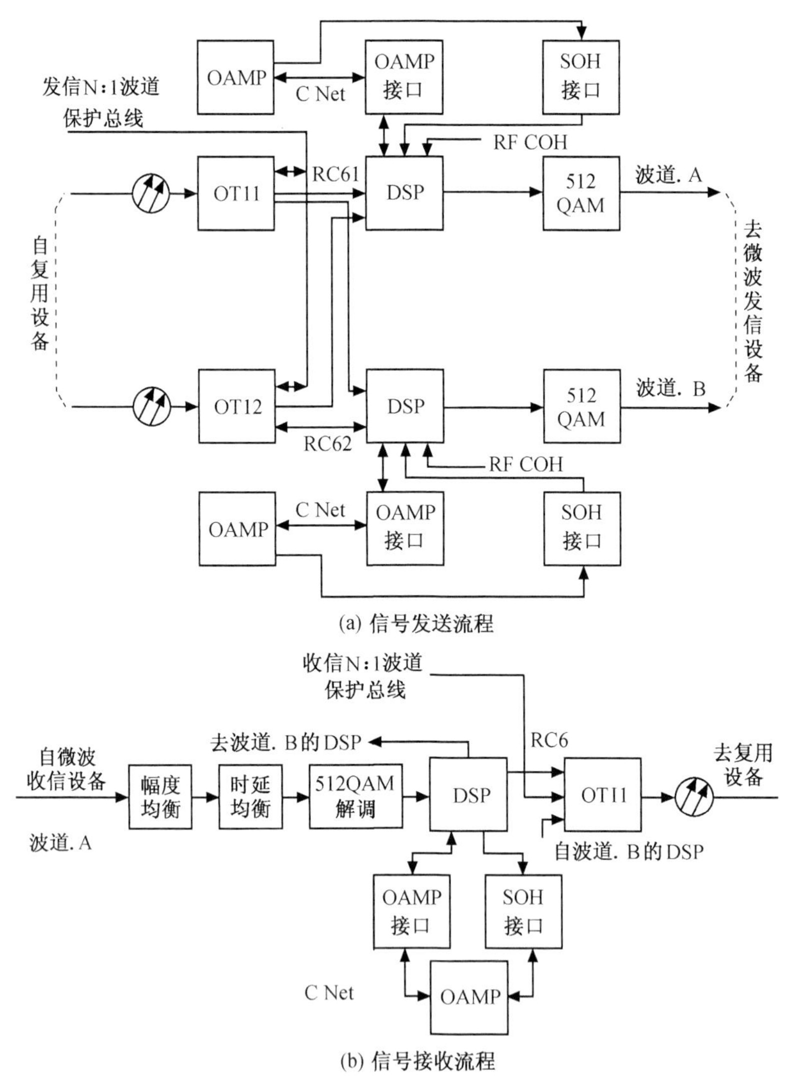

图 3-8　SDH 微波终端站 STM-4 微波传输信号处理流程

每个射频波道使用一个 DSP 电路。该电路中包含有信道性能监测和控制电路，这些电路的输入、输出信号经 OAMP 接口通过控制网络（C Net）总线与 OAMP 电路模块相连。OAMP 电路送出的 SDH 段开销（SOH）信号经 SOH 接口接入 DSP 电路。SOH 和 RFCOH 信号数据在 DSP 电路中插入主信号流，发往对端。SOH 数据用于 SDH 信号的传输管理，如误码检测、公务信号等；RFCOH 信号中包含前向纠错的监督位，保护切换信令等。

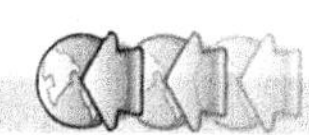

512QAM 电路将输入数据信号变换成两路多电平信号后，再对 140MHz 中频进行正交幅度调制（QAM），形成 512-QAM 信号。而后再经微波发信机处理（见图 3-6（a））后，送发信天线。

在收端，如图 3-8（b）所示（为简单起见，图中只画出波道.A 的处理过程）。由天线接收，经微波收信机处理（见图 3-6（b））后的中频信号，再经 512-QAM 解调后输出 RC6 数据流。DSP 中的后续处理是发信方向信号处理的逆过程。两个波道的收信号都送入 OTI，经其处理后合成一个 STM-4 数据流输出。当波道.A 出故障时，来自保护波道的 A 波道信号经 N∶1 波道保护总线进入 OTI1。

这里主要讨论了 SDH 微波传输设备的中频调制解调部分，而 STM-4 的时分复用原理可见第 2 章相关部分，SDH 的微波收发信机的组成和工作原理基本上与 PDH 的微波收发信机的基本组成和工作原理相同。

思考题

1．简述微波及微波通信的概念，说明为什么微波的长距离地面传输要采用中继接力的方式。

2．画出微波传输系统组成示意图，说明各类站点的作用。

第 4 章 卫星通信系统

卫星通信是当今通信领域中的一个重要组成部分，是现代通信技术、航空航天技术、计算机技术结合的重要成果。近三十年来，卫星通信在国际通信、国内通信、国防通信、广播电视等领域得到了广泛的应用。本章主要介绍卫星通信的基本概念、特点、系统及网络组成、VSAT 网的组成及工作原理，最后介绍我国利用卫星通信系统提供的主要电信业务。

4.1 卫星通信概述

1．卫星通信的基本概念

卫星通信是指地球上的无线电通信站之间利用空中的人造地球卫星做微波中继站进行的通信；通信卫星就是用于通信的人造同步地球卫星。通信卫星中装有微波转发设备，它接收卫星地面站发射上去的微弱信号，经变频与放大等信号变换后转发给另一个地面站，从而实现卫星通信。

一颗同步通信卫星天线辐射的微波信号大约能覆盖地球上 1/3 的区域，三颗地球同步通信卫星天线辐射的微波信号可以覆盖地球上所有的卫星地球站，很容易地实现全球通信。同步通信卫星位于地球赤道上空 35 800km 高的圆形轨道上，其运行方向和速度与地球自转的方向和速度完全一致，因而同步通信卫星相对地球来说是静止不动的。

由于通信卫星与卫星地球站之间相距遥远，两者的接收信号度十分微弱。要实现有效的卫星通信，必须利用先进的空间电子技术、信号传输时延控制技术、卫星姿态的控制技术等技术。由于电磁波在空间的传播损耗很大，需要采用高增益的天线、大功率发射机、低噪声接收机和高灵敏度的调制解调器等设备。并且空中的电子环境复杂多变，通信系统必须克服高低温差大、宇宙辐射强等不利因素，卫星设备必须采用特制的、能适应空间环境的材料，由于卫星造价高，高可靠度设计是十分必要的。由于卫星通信信号传播路径的影响，信号传输存在明显的时延，对于一些实时性要求较严格的业务来说，必须采取措施解决时延带来的影响。空间的环境复杂多变，卫星轨道可能出现漂移，姿态可能偏转，由于卫星离地远，卫星轻微漂移和姿态的偏转可能造成地面接收信号的很大变化，卫星的精确姿态控制是卫星通信中必须解决的问题。

2．卫星通信的特点

卫星通信与其他通信方式相比，有如下特点和优势。

① 通信距离远，建站成本与通信距离无关。卫星通信目前仍是远距离远洋通信的主要手段。

② 组网灵活，以广播方式工作，便于实现多址联接。在卫星所覆盖的通信区域内，所有的地球站都可以利用卫星作为中继站进行相互间的通信。可以很容易实现一点到多点的多址连接，即多址通信。

③ 通信容量大，能传送的业务类型多。卫星通信工作在米波至毫米波范围内，可用带宽在 575MHz 以上，加上多种频分复用技术及电磁波极化技术，大大提高了卫星通信的通信容量。

④ 通信线路质量稳定可靠。卫星通信的电磁波主要在大气层以外的宇宙空间传播，而宇宙空间可以看作是均匀介质，电波传播比较稳定，且不受地形、地物的影响，传输质量稳定可靠。

⑤ 机动性好。卫星通信不仅用于大型地球站之间的远距离通信，而且还可用于车载、船载、地面小型终端、个人终端以及为飞机提供通信，能迅速组网，在短时间内将通信延伸至新的区域。

尽管卫星通信具有很大的优越性，但也存在着某些不足。

① 两极地区为通信盲区，高纬度地区通信效果不好。

② 卫星的发射、测控技术比较复杂。

③ 存在日凌中断和星蚀现象。在每年春分和秋分前后数日，太阳、卫星和地球在同一直线上，因太阳干扰太强，每天会造成几分钟通信间断称为日凌中断。而当卫星进入地球阴影区日，造成卫星日蚀，称为星蚀，这种情况也会对通信造成影响。

④ 抗干扰性能差。任何一个地面站，发射功率的强度和信息质量都可造成对其他地球站的影响。人为因素可以使转发器功放达到饱和而中断通信。

⑤ 保密性能差。卫星通信具有广播特性，不利于信息传输的保密性。卫星通信的保密只有依靠信息自身的加密。

⑥ 通信时延长。地球站—卫星—地球站的传播时延高达 270ms。

3．卫星通信的工作频段及传播特性

卫星通信工作频段的选择是一个十分重要的问题，它直接影响到整个卫星通信系统的通信容量、质量、可靠性、设备的复杂程度和成本的高低，并且还将影响到与其他通信系统的协调。

目前考虑到各种传输因素的影响，卫星通信工作频段选择如表 4-1 所示。

表 4-1　卫星通信工作频段

波段简称	频率（GHz）	英文缩写
VHF 波段	0.4/0.2	VHF（甚高频）
L 波段	1.6/1.5	VHF
C 波段	6.0/4.0	SHF（超高频）
X 波段	8.0/7.0	SHF
Ku 波段	14.0/12.0 14.0　/11.0	SHF SHF
Ka 波段	30/20	SHF

卫星通信在现有技术的基础上，其工作频段选择在 1GHz～10GHz 范围内最佳。而最理想

的工作频率在 6.0/4.0GHz 附近。该频段带宽较宽，便于利用较成熟的微波中继通信技术，而且由于工作频率较高，天线尺寸也较小。目前固定业务使用的频段多为 C 波段和 Ku 波段。

卫星通信的电波传播程度不同地受天气影响。例如，使用 Ku 波段转发器比 C 波段更容易受到天气变化的影响，暴雨（雨衰）、日凌、太阳黑子、天线积雪过厚均会对卫星通信的质量和通断造成程度不同的影响，采用现代空间电子技术措施可以减少上述因素对通信的实际影响程度。

C 波段和 Ku 波段的常用 500MHz 带宽内，又可以划分成很多卫星转发带宽。例如，可将 C 波段的 500MHz 带宽划分成 12 个转发带宽，每个转发器的额定带宽为 36MHz，中心频率间隔为 40MHz。另外，转发器的带宽还可为 54MHz 或 72MHz。

现代卫星通信采用了频率复用技术，以增加 500MHz 带宽内的转发器数目。频率复用可以通过电磁波的正交极化的方式来实现。通过正交极化来实现频率复用时，转发器发射出来的电磁波工作在不同的极化状态，如相邻工作频率的信道一个工作在水平极化状态，另一个工作于垂直极化状态。两种极化状态的隔离度可以在 30dB 以上。利用交叉极化技术，卫星在有效的 500MHz 带宽内转发器数目可以提高一倍。

4.2 卫星通信系统

1. 卫星通信系统的构成

卫星通信系统由空中的一颗或多颗通信卫星和多个地球站组成，如图 4-1 所示。通信卫星上的卫星转发器起着中继的作用，把收到的地面发射上去的信号变频和放大后再发回地面。地球站是卫星通信系统与地面系统的接口，地球站通过地面网络实现连网。

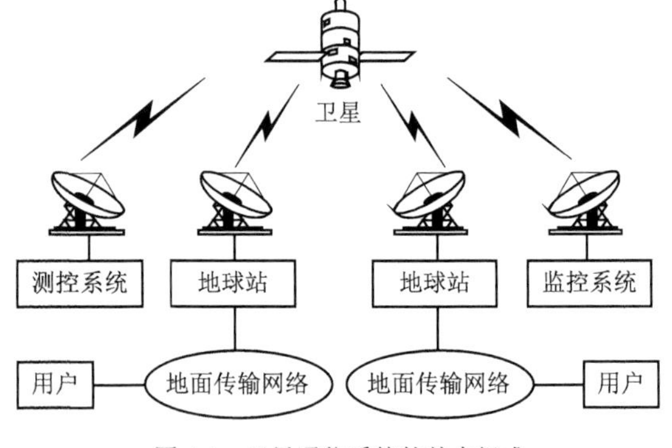

图 4-1 卫星通信系统的基本组成

为了保证通信卫星的正常工作，通信卫星系统必须有测控系统和监控系统。

测控系统的主要作用是对卫星进行跟踪测量，控制其准确进入静止轨道上的指定位置；卫星正常运行后，要定期对卫星进行轨道修正和位置保持。

监控系统的主要作用是对定点的卫星在业务开通前、后进行通信性能的监测和控制，例如对卫星转发器功率、卫星天线增益以及各地球站发射的功率、射频频率和带宽等基本参数进行监控，以保证正常通信。

通信卫星上除了装有控制系统外，还装有多个卫星转发器，其主要作用是将地面站发射上去的微弱微波信号经过变频和放大后再转发到其他的地球站。

卫星地球站一般由天线系统、收信机、发信机、终端、通信控制器、电源六大部分组成。其主要作用是用于接收和发射微波信号。将多个相距遥远的地面传输网络通过卫星通信链路连接起来，形成四通八达的多种传输手段同时存在的通信网络。

2. 卫星通信的网络结构

每一个卫星通信系统都有一定的网络结构，使系统内的各地球站通过卫星按一定的形式

连接起来。卫星通信的网络结构分为星状网结构、网状网结构及混合型网结构。

星状网结构的卫星通信网设置有主站，各地球站通过卫星只能和主站相互通信，除主站外的其他地球站之间不能直接通信，必须经过主站转接才能实现通信。主站是星状网的中心，它对网络实施控制和管理。这种网络是一种高度集中控制的网络，如图 4-2 所示。

网状网结构的卫星通信网中，各地球站可经卫星直接相互通信，这种网络结构是无中心的、分布式的网络结构，网中各地球站均有双向传输功能。系统信道按照预分配、随机竞争或者按需分配的信道分配方式将信道分配给用户使用。

如果系统采用固定分配信道方式，或者是随机竞争分配信道方式，不需要设置网络控制主站，系统始终是无中心工作的。如果系统是按需分配信道方式工作，它需要设置网络控制主站。在分配资源时，系统以网络控制站为中心，地球站在相互通信前向网络控制站申请卫星通信信道资源，在完成通信业务之后，归还所使用的卫星通信信道资源，如图 4-3 所示。

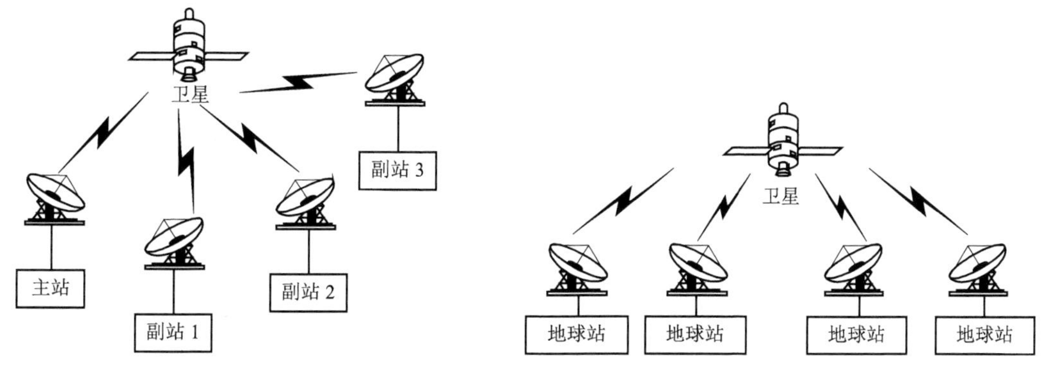

图 4-2　星状卫星通信网结构　　图 4-3　网状卫星通信网结构

混合型网络结构是星状网和网状网的混合体，如果将图 4-2 与图 4-3 综合在一起，就组成混合型的网络结构。这样的卫星通信网络比较大，传输的业务范围也较广。如果一部分用户以数据业务为主，另一部分用户以语音业务为主，应用混合型网络结构比较合适，这样既可以满足不同用户的要求，又能有效地提高整个通信网的效果。

混合型网络结构采用混合的控制方式，即系统的信道分配、设备性能的监控、计费等由主站集中控制来完成，而各地球站之间的语音业务是直接进行通信，采用分散控制方式。混合控制方式卫星通信信道的利用率较高，可与分散控制的信道利用率媲美。但系统呼叫和建立通信线路的时间较长，与集中控制方式一样，系统的可靠性介于集中控制和分散控制之间。

4.3　卫星通信业务

陆地通信网络提供的所有电信业务几乎卫星通信网络都能够提供，只是卫星通信业务的应用主要在人烟稀少的边远地区。通常情况下卫星通信提供的主要业务有各类专线业务、企业管理专网业务、远程教育/医疗业务、卫星寻呼联网同播业务、卫星信息广播业务等。其中各类专线业务类似于陆地通信网的专线业务。

利用卫星通信系统组建企业管理专网有很大的优势，链路环节少，故障率低，通信畅通率高；信道误码率低，通信质量好；通信距离远，高效率低成本；卫星覆盖面积大，网络拓展方便；施工便捷，不受地理环境限制；设备冗余足等。

1. 企业管理专网业务

企业管理专网主要用于企业内部经营、管理、服务信息的互连及企业内部网络和因特网组成广域网互连等。企业管理专网的专线速率在 1.2kbit/s～128kbit/s 任选；采用广域网互连时，速率可达到 512kbit/s；一个专网内的 VSAT 站可达几十个甚至上百个；系统支持 TCP/IP 和 X.25 等协议，也可组成数据透明信道；提供主站服务，集中网控等。

企业管理专网的应用类型包括银行专网、交通专网、连锁超市专网、政府专网、培训专网、寻呼专网、信息专网、证券专网、视频专网、物流专网、新闻传版专网、加油站专网等。

2. 远程教育/医疗业务

远程教育/医疗业务主要是为大医院的医疗资源或各类教育培训机构教育资源提供快速辐射通道；为边缘地区的病人提供高水平的医疗，为需要学历教育、专业培训的地区和学员提供高质量的教育。远程教育/医疗业务的通信速率为 64kbit/s～2Mbit/s 任选，用户设备可任意配置；采用 SCPC/DAMA 的通信方式；医生与病人、教师和学生间构成双向可视通信；主站集中管理和监控。

远程教育/医疗业务的典型应用分为医疗和教育两个方面。医疗方面主要用于各大医院与中、小医院间远程会诊、培训及特色医疗机构与其他医疗机构间的医学交流。教育方面主要用于高校远程教育、专业认证远程教育、企业培训远程教育、政府远程教育等。

3. 卫星寻呼联网同播业务

卫星寻呼联网同播业务是指通过卫星通信实现某地区及全国范围内的寻呼信息联网、地区及全国范围内的寻呼信息和同播寻呼信息的单向广播等。卫星寻呼联网同播业务的通信速率为 512bit/s～9.6×10^3bit/s 任选，可同时传输 pocsage 码 flex 码，也可传输寻呼原码（ACS 码）；根据客户实际需求，设计最佳连网，同播方案；主站集中管理和监控。

卫星寻呼连网同播业务的典型应用主要用于全国各寻呼公司。

4. 卫星信息广播业务

卫星信息广播业务是通过全网的卫星传输，完成全国乃至全球的金融、期货、股票等信息的同步传输，快速实现信息的汇总与广播，由于卫星链路的透明性和实时性，故较好地满足了信息传送快速与准确的要求。

卫星信息广播业务的典型应用有金融信息广播、期货信息广播、股票信息广播、证券行情广播、商品交易信息广播、彩票信息发布等。

思考题

1. 简述卫星通信的概念，并说明卫星通信的特点。
2. 画出卫星通信系统的基本组成，分别说明各部分的作用。

第二篇 电信业务网

电信业务网是电信运营商面向广大公众提供电信业务的网络。为了能给用户提供多种电信业务，满足不同用户的电信服务需求，电信运营商建立了多种电信业务网络。目前正在运营的电信业务网络有公共电话交换网、数据业务网、综合业务数字网、IP 网、移动通信网、智能网等。本篇分别介绍各种电信业务网及其为用户提供的电信业务。

第 5 章 公用电话交换网

我国公用电话交换网（PSTN）是发展最早的电信网，主要为用户提供固定电话业务。就目前来看，PSTN 仍然是规模很大、业务量很高的电信业务网。

5.1 电路交换的基本原理

1. 交换技术

“交换”的基本含义是在大量的终端用户之间，按所需目的地相互传递信息。也就是说，任何一个主叫用户的信息，可以通过电信网中的交换节点发送到所需的任何一个或多个被叫用户。

自从贝尔发明电话以来，就产生了在一群人之间相互通话的要求。这意味着其中任意两个用户在需要时都可以进行通话。在用户数很少时，可以采用个个相连的方法（见图 5-1），再加上相应的开关控制。显然，当用户数较多时这种个个相连的方法（即全通型网络）是很不经济，甚至根本就无法实现。于是引入了交换节点（其核心设备是交换机），所有的用户线都连到交换机，由交换机控制任意用户之间的接续，如图 5-2 所示。

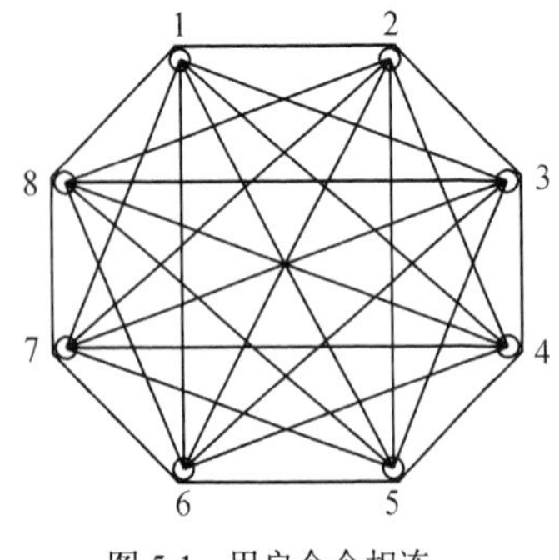

图 5-1　用户个个相连

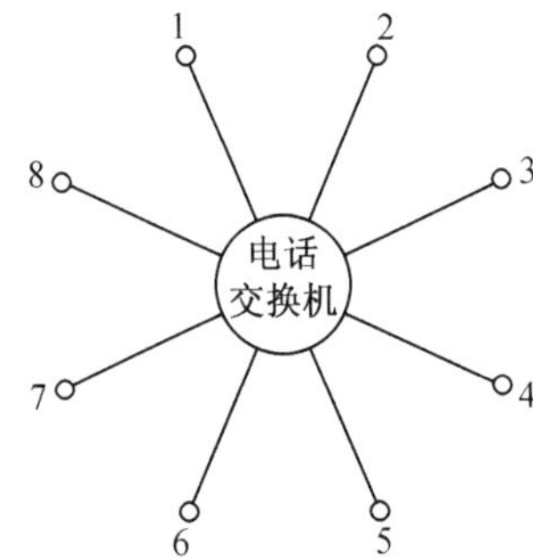

图 5-2　交换节点的引入

当用户分布的区域较广时，就要设置多个交换节点，交换节点之间用中继线相连，如图 5-3 所示。当交换的范围更广时，多个交换节点之间也不能个个相连，而要引入汇接交换节点。每个用户只要接入到一个交换机，就能与世界上的任一用户通话。

交换节点可控制下列接续类型。

① 本局接续：完成接在同一个交换机上的两个用户线之间的接续。

② 出局接续：完成接在交换节点上的用户线与中继线之间的接续。

③ 入局接续：完成接在交换节点上的中继线与用户线之间的接续。

④ 转接接续：完成接在交换节点上的入中继线与出中继线之间的接续。

为了完成上述的交换接续，交换节点必须具备如下基本功能。

① 能正确接收和分析从用户线和中继线发来的呼叫信号。

② 能正确接收和分析从用户线和中继线发来的地址信号。

③ 能按目的地址正确地进行选路以及在中继线上转发信号。

④ 能控制连接的建立。

⑤ 能按照所收到的释放信号拆除连接。

2. 交换机

交换机经历了人工电话交换机、机电制交换机、模拟程控交换机和数字程序交换机几代的发展。电路交换是电信交换中最基本的一种交换方式，为电话业务量身定制的。

数字程控交换机（下面简称交换机）的硬件结构大致可分为分级控制方式、全分散控制方式和基于容量分担的分布控制方式。

（1）交换机的基本组成

交换机的硬件系统由用户电路、中继器、交换网络、信令设备和控制设备几部分组成，如图 5-4 所示。

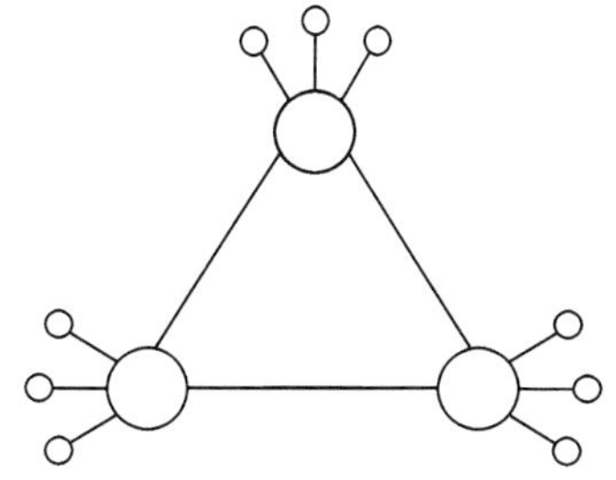

图 5-3　采用多个交换节点

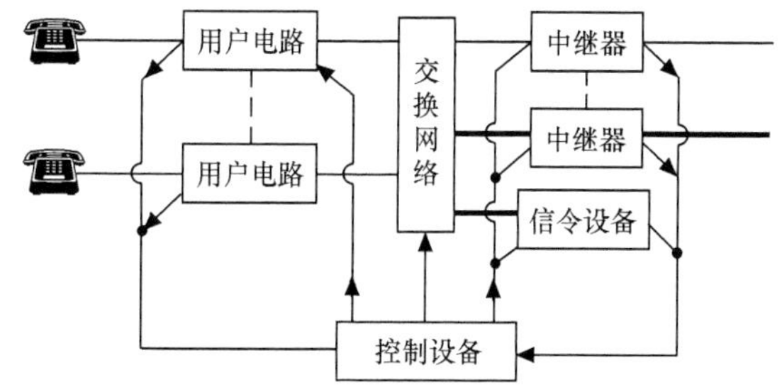

图 5-4　交换机的基本组成

① 用户电路：用户电路是交换机与用户话机的接口。

② 中继器：中继器是交换机与交换机之间的接口。

③ 交换网络：交换网络用来完成任意两个用户之间；任意一个用户与任意一个中继器之间；任意两个中继器之间的连接。

④ 信令设备：用来接收和发送信令信息。

⑤ 控制系统：完成对话路设备的控制功能，由各种计算机系统组成，采用存储程序控制方式。

（2）用户电路

用户电路用来连接用户回路，提供用户终端设备的接口电路，完成用户话务的集中和扩散，并且完成呼叫处理的低层控制功能。

用户电路主要包括以下 3 部分。

用户接口电路：与模拟用户线的接口。

一个是由一级 T 接线器组成的交换网络：它负责话务量的集中和扩散。

用户处理机：完成对用户电路、用户级 T 接线器的控制及呼叫处理的低层控制。

模拟用户接口电话有七项基本功能，常用 BORSCHT 这七个字母来表示：

① B（Batteryfeeding）馈电；

② O（Overvoltageprotection）过压保护；

③ R（Ringingcontrol）振铃控制；

④ S（Supervision）监视；

⑤ C（Codec&filter）编译码和滤波；

⑥ H（Hybridcircuit）混合电路；

⑦ T（Test）测试。

（3）中继器

中继器是数字程控交换机与其他交换机的接口。根据连接的中继线的类型，中继器可分成模拟中继器和数字中继器两大类。

数字中继器是程控交换机和局间数字中继线的接口电路，它的入/出端都是数字信号。数字中继器的主要功能如下。

① 码型变换和反变换：在发端，通过码型变换将电路中处理用的码型变换成适合线路传输的码型；在收端，通过码型反变换将线路传输的码型变换成适合电路中处理用的码型。

② 时钟提取：从输入的 PCM 码流中提取时钟信号，用来作为输入信号的位时钟。

③ 帧同步：在数字中继器的发送端，在偶帧的 TS0 插入帧同步码，在接收端检出帧同步码，以便识别一帧的开始。

④ 复帧同步：在采用随路信令时，需完成复帧同步，以便识别各个话路的线路信令。

⑤ 信令的提取和插入：在采用随路信令时，数字中继器的发送端要把各个话路的线路信令插入到复帧中相应的 TS16；在接收端应将线路信令从 TS16 中提取出来送给控制系统。

（4）信令设备

信令设备的主要功能是接收和发送信令。程控数字交换机中主要的信令设备如下。

① 信号音发生器：用于产生各种类型的信号音，如忙音、拨号音、回铃音等。

② 双音多频（DTMF）接收器：用于接收用户话机发出的 DTMF 信号

③ 多频信号发生器和多频信号接收器：用于发送和接收局间的 MFC 信号。

④ 7 号信令终端：用于完成 7 号信令的第二级功能。

（5）控制设备

控制设备是交换机的指挥中心，接收各个话路设备发来的状态信息，各个设备应执行的动作，向各个设备发出驱动命令，协调各设备共同完成呼叫处理和维护管理任务。交换机的终端及接口。

5.2 电话网的网络结构

1．电话网

（1）电话网的组成

现有的电话网络主要是基于电路交换的网络，包括用户终端设备、接入网和核心网。电路交换网络的拓扑如图 5-5 所示。用户终端设备可以是单个用户设备、用户交换机、专用网络，并通过用户网络接口（UNI）经接入网连至核心网（SNI：业务网络接口）。核心网通过

网间接口（NNI）信令实现互连。

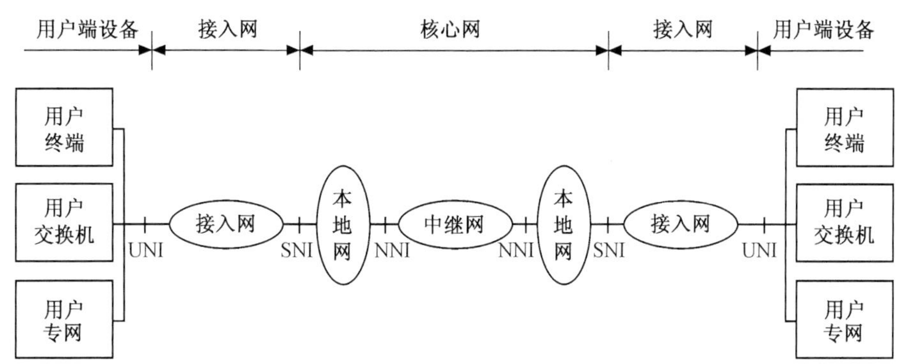

图 5-5　电路交换网络的拓扑结构

（2）电路交换过程

电路交换通信的过程包括以下 3 个阶段。

① 电路建立阶段：通过呼叫信令完成逐个节点的接续过程，建立起一条端到端的通信电路。

② 通信阶段：在已经建立的端到端的直通电路上透明地传送信号。

③ 电路拆除阶段：完成一次连接信息传送后，拆除该电路的连接，释放节点和信道资源。

（3）电路交换的特点

电路交换具备以下特点。

① 任何一次通信用户两端之间必须独占一条电路。占用此电路直到通话结束（或通信终止），在此过程中其他通信无法再用该电路。

② 电路接通之后，交换机的控制电路不再干预信息传输，为用户提供了一条透明通路。

电路交换技术是一种为用户的每一个呼叫建立一个连接的技术，一个连接一旦建立，就一直被一对用户固定占用，无论他们是否通信，都不能被其他用户所共享。在早期的电话通信网中，为每一个呼叫建立的每一个连接实际上就是一条物理线路。后来由于产生了时分多路复用（TDM）技术，可以使一条物理线路划分为许多时隙，这样为每一个呼叫建立的每一个连接也就变成了许多段线路中不同时隙间的连接。这时，多个用户就可以通过特定的 TDM 时隙来传送数字化后的话音信号。但是，这个由时隙建立起来的连接，实际上仍然是一条临时专线，一条由时隙间的连接构成的逻辑专线，同样也只能由这一对用户固定占用，而不能被其他用户共享。

采用电路交换方式的交换网能为任意一个入网信息流提供一条临时的专用物理通路，它是由通路上各节点在空间上（布线接续）或在时间上（时隙互换）完成信道转接而构成的。因此，在通路连接期间，不论这条线路有多长，交换网为一对终端所提供的都是点到点链路上的通信。

电路交换在技术上的特点决定了电路交换具有如下的优点。

① 信息传输的时延小，而且对一次接续来说，传输时延固定不变。

② 信息传输效率比较高，信息以信号形式在通路上“透明”传输，交换机对用户的信息不存储、不分析也不处理。因此，交换机不需附加许多用于控制的信息，在处理方面的开销比较小，信息传输效率较高。

③ 如果利用电路交换网络传送数据信息，数据信号的编码方法和信息格式不受限制。

2．国内电话网的等级结构

我国电话网经历了人工网和模拟自动网，进入了现在的数字程控自动电话交换网。自1982 年 12 月我国第一个数字程控电话交换网开通后，我国电话网的规模迅猛发展，网络结构不断优化。

1985 年 12 月由原邮电部正式颁布的我国第一个通信网技术体制，即《电话自动交换网技术体制》，明确了我国电话网的五级结构。五级网由一、二、三、四级长途交换中心及第五级本地网交换中心组成。

1998 年 4 月由原邮电部和电子部共同组建的国家信息产业部颁布了现阶段我国电话网的新体制，明确了我国长途电话网的二级结构和本地电话网的二级结构，如图 5-6 所示。

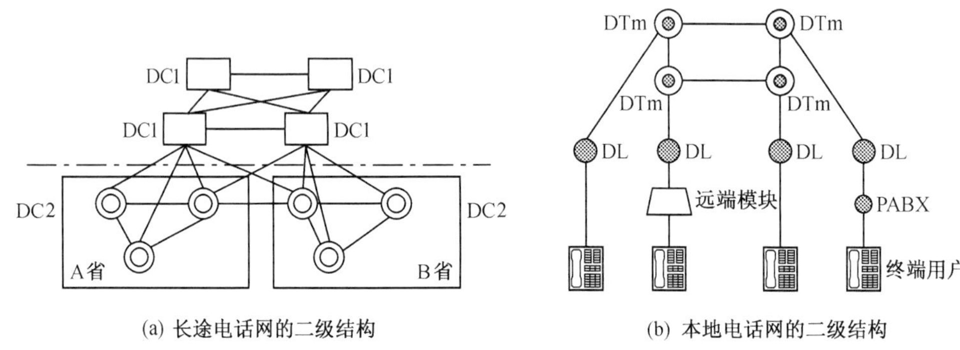

(a) 长途电话网的二级结构　(b) 本地电话网的二级结构

图 5-6　现阶段我国电话网的等级结构

图 5-6（a）中：DC1 为一级交换中心，设在各省会、自治区首府和中央直辖市，其主要功能是汇接所在省、自治区、直辖市的省际和省内的国际和国内长途来、去、转话话务和 DC1 所在本地网的长途终端（落地）话务。DC2 为二级交换中心，是长途网的终端长途交换中心，设在各省的地（市）本地网的中心城市。主要功能是汇接所在地区的国际、国内长途来、去话话务和省内各地（市）本地网之间的长途转话话务以及 DC2 所在中心城市的终端长途话务。

图 5-6（b）中，DTm 为本地网中的汇接局，DL 为本地网中的端局，PABX 为专用自动用户交换局。在本地网中，DTm 是 DL 的上级局，是本地网中的第一级交换中心；DL 是本地网中的第二级交换中心，仅有本局交换功能和终端来、去话功能。根据组网需要，DL 以下还可接远端用户模块、PABX、接入网（AN）等用户接入装置。根据 DL 所接的话源性质和设置的地点不同，有市内 DL、县（市）及卫星城镇 DL、农村乡镇 DL 之分，但它们的功能完全一样，并统称为端局 DL。

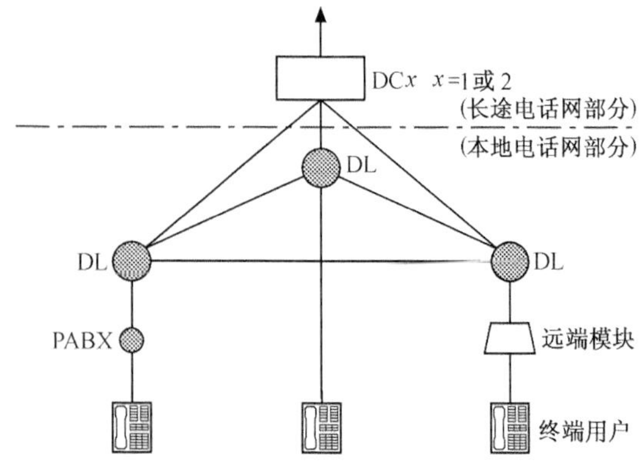

图 5-7　我国现阶段长途电话网与本地电话网的关系

长途电话网与本地电话网的关系如图 5-7 所示。

本地电话网（简称本地网）是指在同一个长途编号区范围内，是由若干个端局或者由若干个端局和汇接局及局间中继、长市中继、用户线和话机终端等所组成的电话网。

3. 国际电话网

国际电话网是由各国长话网互连而成，其距离长、覆盖面大，树型分层结构。按照原CCITT 规定，由三级国际转接局 CT1、CT2 及 CT3 将各国长话网进行互连，构成国际电话通信网。

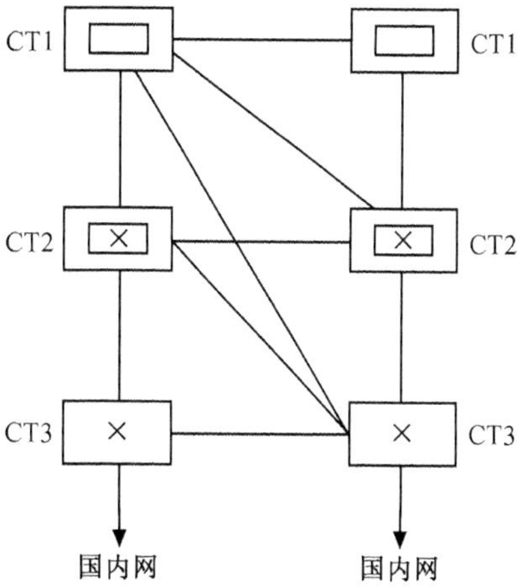

主体结构如图 5-8 所示。

图 5-8　国际电话通信网主体结构（国际电路部分）

（1）一级国际中心局 CT1

全世界按地理区域，总共分设 7 个一级国际中心，分管各自范围内国家的话务。这 7 个局及其所辖地区如表 5-1 所示。CT1 局之间以网状网互连。

表 5-1　一级国际中心局所管辖地区

一级国际中心局	纽约 CT1	伦敦 CT1	莫斯科 CT1	悉尼 CT1	东京 CT1	新加坡 CT1	印巴 CT1
所管辖地区	北美 南美	西欧 地中海	东欧　北亚 中亚	澳洲	东亚	东南亚	南亚近东 中东

（2）二级国际中心局 CT2

CT2 是为在每个 CT1 所辖区域内的一些较大国家设置的中间转接局。即将这些较大国家的国际业务经 CT2 汇接后再送到就近的 CT1 局。CT2 和 CT1 之间仅连接国际电路。

（3）三级国际中心局 CT3

这是设置在每个国家内，连接其国内长途网的转接局。任何国家均可有一至多个 CT3 局，国内长途网连接到 CT3 上进行国际通话。

我国是大国，在北京和上海设置了两个国际局，同时根据业务需要在广州设立了国际边境局，用于疏通与中国港澳等地区间的话务量。

5.3　电话网的编号方式

1. 拨号方式

（1）本地呼叫

在同一本地电话网范围内，用户之间相互呼叫时拨统一的本地用户号码。如呼叫电话网的用户，则拨该用户的号码，例如 PQRABCD（以 7 位为例）。如呼叫移动网的用户，则拨移动网网号+移动网用户号码，例如拨打中国移动 139 网用户，则拨 $139H_0H_1H_2H_3ABCD$。

（2）长途呼叫

长途呼叫，即不同本地电话网用户的呼叫。如呼叫电话网的用户，则需在本地电话号码

前加拨长途字冠“0”和长途区号，即 0+长途区号+本地电话号码。如呼叫移动网的用户，则拨 0+移动网网号+移动网用户号码。

（3）国际呼叫

国际自动拨号程序为：00+I_1I_2+被叫国的国内有效号码。其中 I_1I_2 为国家号码（以两位国家号码为例）。

2．第一位号码的分配使用

“0”为国内长途全自动字冠。

“00”为国际长途全自动字冠。

首位为“1”为特种业务、新业务及网间互通的首位号码。

首位为“2”～“8”的号码主要作为本地电话网的用户号码。其中“200”、“300”、“400”、“500”、“600”、“700”及“800”等为智能业务号码。

首位为“9”的号码用作社会公众服务号码，位长为 5 位或 6 位。95XXX（X）号码是在全国范围统一使用的号码。96XXX（X）号码是在省（自治区、直辖市）区域内统一使用的号码。

3．首位为“1”的号码安排

首位为“1”的号码主要用于紧急业务号码，也用于需要全国统一的业务接入码、网间互通接入码、社会服务号码等。由于首位为“1”的号码资源紧张，某些业务量较小或属于地区性的业务不一定需要全国统一的号码，可以不使用首位为“1”的号码，而采用普通电话号码。

为充分利用首位为“1”的号码资源，上述号码采用不等位编号。紧急业务号码采用 3 位编号，即 1XX。业务接入码或网间互通接入码、社会服务等号码，视号码资源和业务允许情况，可分配 3 位以上号码。

4．长途编号

长途区号位长分别为 2 位和 3 位长，具体分配是：

编号为“10”，北京；

编号为“2Y”，其中 Y 可为 0～9，共 10 个号，均为我国特大城市本地长途区号；

编号为“XYZ”，其中 X 为 3～9。

5.4 PSTN 业务

1．公用电话交换网的基本业务

公用电话交换网的基本业务包括：市内电话业务、国内长途业务及国际长途业务。

2．程控交换补充业务

公用电话交换网（PSTN）除了能为用户提供以上基本的电话业务外，还可以通过程控交换机开发一些电话补充业务。通过程控交换机开发的电话补充业务分为免费和

收费两大类。

（1）免费业务

① 缩位拨号：为了减轻拨号负担，主叫用户在呼叫经常联系的被叫用户时，只用 1～2 位的缩位号码来代替原来的多位被叫号码。这一业务可用于本地呼叫、国内长途和国际长途全自动呼叫。

② 热线服务：热线服务就是不拨号就可接通，即主叫用户摘机后不需要拨号就可与某一事先被指定的被叫用户接通。

③ 呼叫等待：当具有呼叫等待业务功能的用户 A 与用户 B 正在通话时，第三个用户 C 呼叫 A，C 仍可听到回铃音，同时 A 可听到呼叫等待的信号提示音。此时可由 A 作出选择，若 A 想与 C 通话，可拍一下叉簧，就能与 C 通话，同时 A 与 B 的通路仍保持，B 可听到保持音。当 A 与 C 通话后，再拍一下叉簧即可恢复与 B 的通话。这一业务功能可减少重复呼叫次数。

④ 转移呼叫：为了避免耽误接听电话，使用转移呼叫，可将他人呼叫的电话号码自动转移到临时去处的电话机上。用户回至原址后，可撤消转移呼叫登记。这种服务既方便了用户，又减少了电话网内的久叫不应和重复呼叫次数，使有效呼叫的比例提高。

⑤ 遇忙回叫：申请了遇忙回叫业务的用户在遇被叫忙或中继忙时，完成相应的登记后，即可放下电话。当被叫或线路一旦空闲，交换机将自动先回叫主叫（给主叫送振铃音），待主叫摘机后再向被叫送振铃音。

⑥ 遇忙记存呼叫：申请了遇忙记存呼叫业务的用户在呼叫对方电话遇忙时，完成相应的登记后，即可放下电话。当再次拿起话机听到拨号音后不用拨号，等待 5s，若对方电话已空闲，即可自动接通。

⑦ 缺席用户服务：申请并登记了缺席用户服务业务的用户，如外出时有电话呼入，可由电信局用语音代答，告诉对方："主人不在"。

（2）收费业务

① 来电显示：申请了来电显示业务的用户，可以在接听电话前知道对方的电话号码，也可保留未曾接听的电话号码。

② 三方通话：申请并登记了三方通话业务的用户，当正在与对方通话时，如需要第三方加入通话，可在不中断对方通话的情况下，拨叫出第三方，实现三方共同通话或分别与两方通话。

③ 闹钟服务：闹钟服务又称为"自动叫醒服务"。用户需要电信局自动叫醒时，可事先向电信局登记叫醒时间，到预定时间就自动振铃。用户可多次登记，并可登记多个时间。闹钟服务是一次性的服务，服务一次就自动取消。

④ 呼出限制：呼出限制又称为"发话限制"。类似电话机上加了一把"电子密码锁"，这个密码只有用户自定的有权人知道，主要目的是限制不知道密码的人打长途电话，以免发生电话费纠纷。呼出限制有三类：限制国际长途呼出、限制长途呼出（包括国际、国内）、限制全部呼出（包括本地电话）。

⑤ 免打扰服务：免打扰服务又叫"暂不受话服务"。为了不受电话打扰，用户可暂不受理呼入电话，如有电话呼入时，将由电话局代答。

⑥ 追踪恶意呼叫：申请了追踪恶意呼叫业务的用户，当接听到捣乱电话时，可在话机上作相应的登记，电话局即可将捣乱者使用话机的电话号码自动查出。

⑦ 会议电话：当用户需要进行三方以上的共同通话时，可选用会议电话业务。会议电话有人工汇接和自动汇接两种方式。

⑧ 无应答转移：用户需要此项业务时，应事先向电信局说明转移清单。执行本功能时，如遇久叫不答就转移呼叫。这种转移与前述的转移呼叫不同，转移呼叫是“跟踪”受话人的去向，为受话者提供方便；而本功能是为主叫提供方便。

需要说明的是，欲使用以上免费电话增值业务和收费电话增值业务的电话用户，都必须到电信营业部门申请，并作相应的登记。

3. PSTN 的应用

公用电话交换网（PSTN）除了能提供电话业务外，还可以提供其他业务。

① 传真业务：用户可以利用传真机，通过 PSTN 传送文字和图表等真迹信息业务。

② 语音信箱业务：电信部门在 PSTN 的基础上增加存储转发设备，能为用户提供语音信箱业务。电话用户使用语音信箱业务，也就相当于拥有了一部个人智能电话留言机。

③ 因特网业务：电话用户通过一个 Modem 可将 PC 机接入到用户电话线上，通过 PSTN 接入到因特网上，使用因特网业务。

PSTN 还可以与其他电信网（如移动网、IP 网等）互连互通业务。

思考题

1. 简述交换的概念；画出交换机的基本组成，并说明各部分的作用。
2. 简述电路交换的 3 个过程及电路交换的特点。
3. 画出我国电话长途网和本地网的结构示意图，并作简要说明。
4. 列出 PSTN 的业务及应用。

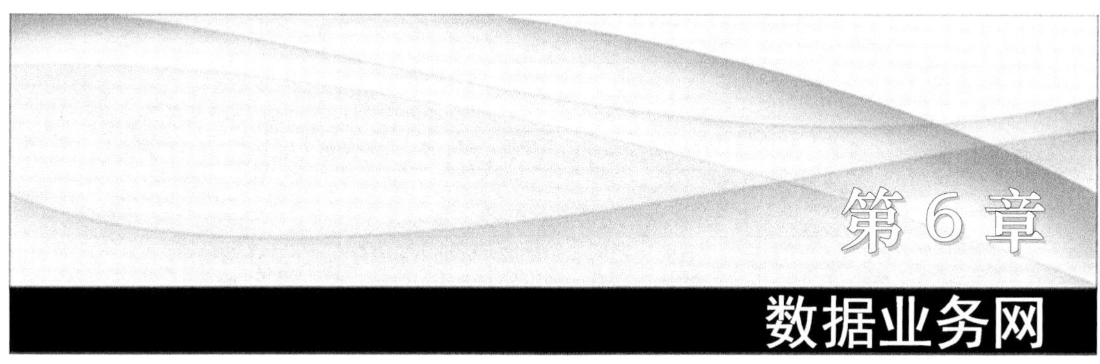

第6章 数据业务网

第 5 章介绍了电路交换。电路交换以其透明的信息传输、很小的网络延时等特点特别适合于话音之类的交互式实时性业务。电路交换网也可以用来传送数据信号，但总体来看，电路交换接续时间较长、网络资源（线路和交换设备）利用率低（通信双方独立占有电路）、不支持不同协议终端互通以及存在呼叫损失等缺点，因此不合适作为数据通信的主要交换技术。

为了适应数据业务的发展，先后出现了多种数据交换技术和数据业务网络。本章分别介绍分组交换网、数字数据网和帧中继网。

6.1 分组交换网

1．分组交换网的出现

早先，为了克服电路交换的缺点，在数据通信中推出了报文交换技术。报文交换的基本原理是存储—转发。一个报文数据信息首先被送到发端用户接入的源节点交换机，该交换机把信息存储起来后，根据报文中的目的站地址确定路由，经自动处理，再将信息送到待发的线路上去排队。一旦出现空闲信道就立即将该报文送到下一个交换机，直至最后，将该报文数据信息送到终端用户。

报文交换的主要特点是用户信息要经交换机存储和处理，报文以存储转发的方式通过交换机，故其输入与输出电路的速率、编码格式等可以有差异，因而容易实现各种不同类型终端间的相互通信；由于采用排队机制，不同用户报文可以在同一线路上进行多路复用，提高了线路的利用率，且无呼叫损失。

报文交换的主要缺点是网络时延大，不利于实时通信，因此出现了分组交换。分组交换不仅继承了报文交换存储—转发技术的优点，还把用户要发送的报文拆分为一定长度的数据段，在每个数据段前加上目的地址、分组编码、控制比特等打成数据包（即分组），通过非专用的许多逻辑子信道，进行分组的交换和传递，接收端可将这些分组重新组装成报文。

通常分组比报文短得多，所以网络节点对一个分组的存储、处理、转发所需要的时间比对一个报文的存储、处理、转发所需要的时间少得多。因此，分组交换比报文交换的延时小，是一种比较实用的数据交换方式。

2．分组交换方式

分组交换是将用户传送的数据拆分成多个一定长度的数据段，在每个数据段的前面加一个标题（头文件）后组成一个一个的数据包（分组）。分组的形成及格式如图 6-1 所示。

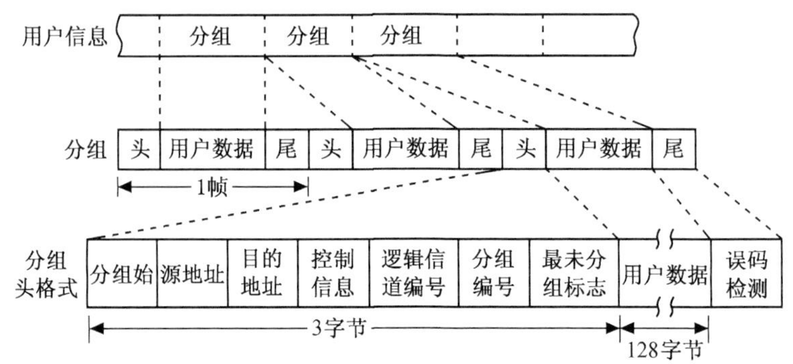

图 6-1　分组的形成及格式

分组头中的地址标志指明该分组发往何处，由分组交换机根据每个分组的地址标志，将它们转发至目的地，这一过程称为分组交换。为了保证分组在网中可靠地传输和交换，在分组头中还安排了控制信息。

进行分组交换的通信网称为分组交换网，基本工作原理如图 6-2 所示。

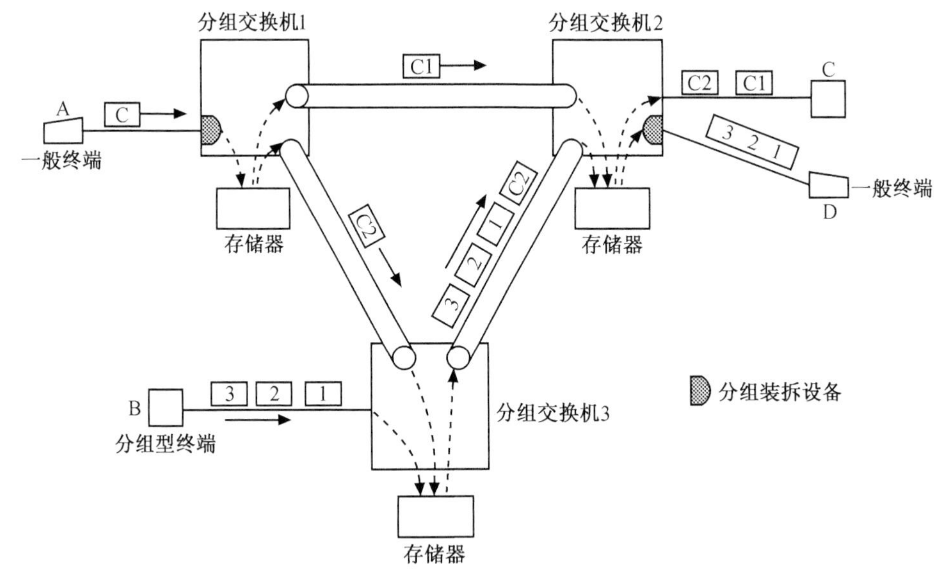

图 6-2　分组交换工作原理示意图

分组交换有两种不同的工作方式，即数据报方式和虚电路方式。

① 数据报方式：将由用户报文拆分的每一个数据分组独立处理，每个节点交换机根据分组的目的地址为每个分组选择路由，同一个报文的分组可以分别沿着不同的路径通过网络送往同一个目的节点（收端）。由于每个分组是独立寻址的，走的路径可能不同，网络延时就可能不同，使得它们到达目的节点的顺序与发送时的顺序不尽相同。因此，在网络终端需要按分组编号重新排序，然后，再去掉分组头重组，恢复完整的报文。

② 虚电路方式：在通信双方传送数据之前发起呼叫，网络为这次呼叫建立一条逻辑电路。然后，用户在这条逻辑电路上发送分组，通信结束后，拆除电路。与数据报方式不同的是虚电路方式是网络节点在呼叫建立期间为数据的传送一次性选择路由，不需要针对每个分组选择路由；且同一篇报文的分组沿着同一条逻辑电路传输，分组到达目的节点的顺序与发

送时的顺序相同，网络终端不需要按分组编号重新排序。因此，虚电路方式的延时较小。另外，虚电路方式虽然也有类似电路交换的建立电路、通信和拆除电路三个过程，但与电路交换不同的是虚电路方式建立的是逻辑电路，实际电路则可以有若干条不同的逻辑电路，即资源共享，网络资源利用率较高。

3. 分组交换网的性能及特点

分组交换网主要有 4 个方面的性能指标，即分组传输时延、虚电路建立时间、传输差错率和网络可利用率。

分组传输时延是指从网路源点（始发端）节点机收到发端用户送来的一个完整分组的最后一个比特起，到把这个数据分组送到终点（接收端）节点并准备好向接收端用户送出该数据分组的这段时间。分组传输时延首先取决于节点交换机的处理能力，处理能力用每秒能处理的分组数来表示。传输时延也与从源节点机到终点节点机的数目、传输距离以及数据信道的带宽和质量等有关。

虚电路建立时间实质上是呼叫请求分组的传输时延与呼叫接受分组的传输时延之和。呼叫请求分组传输时延是指自主叫用户所连源点节点机收妥该呼叫请求分组并准备向被叫转送的一段时间。类似地，呼叫接受分组传输时延是指被叫用户所连节点机到被叫用户送来呼叫接受分组最后一个比特起，直到主叫用户所连节点机收妥并准备好向主叫用户转送的一段时间。

传输差错率是用来衡量数据传输质量的。由于在链路中采用了非常有效的循环冗余校验码（CRC）和差错检测自动重发系统，所以，分组交换网的传输质量是较高的。

网路可利用率是指分组交换网的可利用程度，也是衡量用户对整个网路质量的评价之一。

原 CCITT 为公用分组交换网制定了一系列通信协议，其中 X.25 协议是分组交换网的核心协议，所以，有人把分组交换网简称为 X.25 网。

综上所述，分组交换是为适应数据通信而发展起来的一种通信手段，可以满足不同速率、不同型号的终端与终端间以及局域网间的通信，实现数据库资源共享。与其他交换方式不同，分组交换是按一定规则，把一整份数据报文分割成若干数据段，并给每一数据段加上收、发终端地址及其他控制信息，然后以分组为单位在网内传播。分组交换网的特点归纳如下。

① 传输质量高：分组交换网具有严格的检错纠错功能，它不仅在节点交换机之间传输分组时采用差错校验与自动请求重发技术，而且对于某些具有拆装分组功能的终端，在用户线部分也可以进行差错控制，因而使分组在网内传送中出错率大大降低，网络的传输质量大大提高。

② 信息传递安全、可靠：“分组”在分组交换网中传送时的路由选择是动态的，分组交换机通过路由算法选择出一个最佳路径。由于一个分组交换机至少与另外两个交换机相连接，当网内某一交换机或中继线发生故障时，分组交换机能自动选择一条避开故障点的迂回路由进行传输，保证通信不中断。

③ 允许不同类型的终端相互通信：分组交换网以 X.25 协议向用户提供标准接口，由于传送的用户分组采用存储转发的方式，凡不符合 X.25 协议的数据终端接入时，网络能提供协议转换功能，使不同协议的终端能相互通信。

④ 电路利用率高：分组交换网采用了虚电路技术，即在一条物理线路上能同时提供多条信息通路，实现了线路带宽的动态分配、统计时分复用，因此，电路利用率高。

⑤ 传送信息有一定时延：由于所有要传送的分组信息都要在交换机内排队，在到达与

接收终端相连的交换机后，还要重组，因此传送信息有一定的时延。

⑥ 可实现全国漫游：通过申请账号和密码，可实现全国漫游。

⑦ 经济性能好：由于采用与通信距离无关而按信息量与使用时间长短相结合的方式计费，大大降低了通信费用，对异地通信更显出无比优越性。

虽然，随着电信网的发展，X.25 协议的分组网已没有直接面向用户提供业务了，但其存储转发、资源共享、数据报和虚电路的包交换技术，为后续数据网络奠定了坚实的基础。

6.2 数字数据网

1. DDN 的概念

数字数据网（DDN）是采用数字信道来传输数据信息的数据传输网，一般用于向用户提供专用的数字数据传输信道，或提供将用户接入公用数据交换网的接入信道，也可以为公用数据交换网提供交换节点间用的数据传输信道。数字数据网一般不包括交换功能，只采用简单的交叉连接复用装置。

DDN 是利用数字信道为用户提供话音、数据、图像信号的半永久连接电路的传输网路。半永久性连接是指 DDN 所提供的信道是非交换性的，用户之间的通信通常是固定的。一旦用户提出改变的申请，由网络管理人员，或在网络允许的情况下由用户自己对传输速率、传输数据的目地以及传输路由进行修改，但这种修改不是经常性的，所以称为半永久性交叉连接或半固定交叉连接。它克服了数据通信专用链路永久连接的不灵活性，也克服了以 X.25 协议为核心的分组交换网络的处理速度慢、传输时延大等缺点。

2. 数字交叉连接

DDN 是利用 PCM 数字信道，以传输不同速率数据信号为主，向用户提供可靠的端到端（非交换型的、全透明的）电路和各种数据网间高速数据中继链路，它的主要节点设备是智能化的数字交叉连接（DXC）设备。

数字交叉连接（DXC）设备是对数字群路信号及其子速率信号进行智能化交换的传输节点设备，原 CCITT 对 DXC 的定义是："它是一种具有 G.703 建议的准同步数字系列和 G.707 建议的同步数字系列的数字端口，可对任何端口或其子速率进行可控制连接或再连接的设备。"通俗地讲，它就是一个半永久性连接的，由计算机控制输入和输出数字流进行交叉连接的复用器和配线架。这里数字群路信号指的是 PDH 的零次群信号，一、二、三及四次群信号和 SDH 的 STM-1，STM-4 及 STM-16 等群路信号。

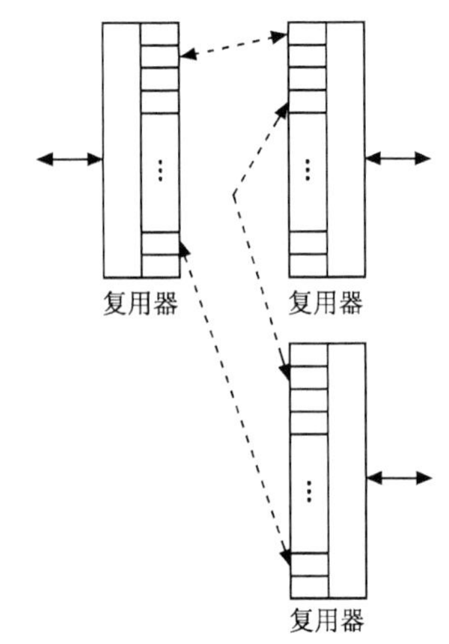

图 6-3 背靠背复用器人工布线交叉连接方法示意图

对于数字群路信号及其子速率信号进行交叉连接，传统的方法是采用背靠背复用器人工布线的方法，如图 6-3 所示。采用这种方法，连接建立的周期长，准确性差，设备也比较庞大。

如果在数据网的传输节点上采用数字交叉连接（DXC），如图 6-4 所示，就可以通过计算机控制全部输入端和输出端之间的数字群路信号及其子速率信号实现智能化的交叉连接。与传统的方法相比，DXC 的接续速度快、准确、可靠、灵活，具有明显的优越性。

DXC 实现交叉连接的时隙互换，如图 6-5 所示。进行交叉连接的数字信号占据时分复用帧中的某一时隙，在时隙互换网络的左侧是输入口的时隙的排列顺序，在 DXC 网管系统的计算机控制信号的控制下，在 DXC 时隙互换网络（即交换网络）中进行时隙互换，经过时隙互换后，在网络右侧的输出端口的时隙排列顺序发生了改变，通过时隙排列顺序的改变，实现了输入端口和输出端口之间的数字信号交叉连接。这里示意的时隙不一定指一次群中的 3.9μs 的时隙，而是泛指任意复接帧结构中的子时间段。

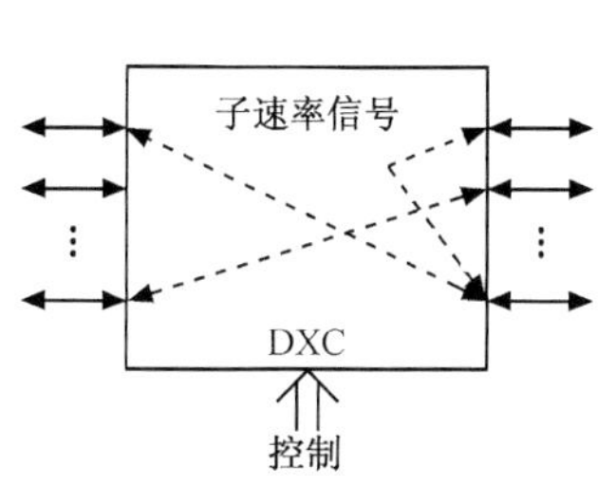

图 6-4　数字交叉连接方法示意图

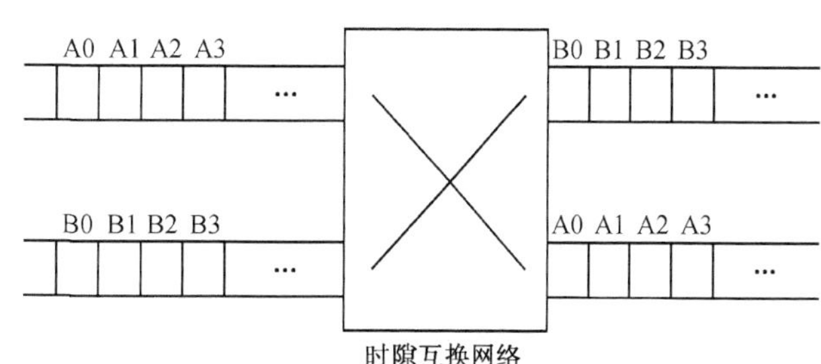

图 6-5　DXC 中的时隙互换示意图

数字交叉连接（DXC）设备的设备系列代号为“DXC *m*/*n*”，其中 *m* 表示输入数字流的最高复用等级，*n* 表示可以交叉连接的数字流的最低复用等级。*m* 的数值范围是 1～6，*n* 的数值范围是 0～6。其含义如下：

0 表示 64kbit/s

1 表示 2Mbit/s　（PDH）　或 VC–12　（SDH）

2 表示 8Mbit/s　（PDH）　或 VC–2　（SDH）

3 表示 34Mbit/s　（PDH）　或 VC–3　（SDH）

4 表示 140Mbit/s　（PDH）　或 155Mbit/s（SDH 的 STM–1）

5 表示 622Mbit/s　（SDH 的 STM–4）

6 表示 2.5Gbit /s　（SDH 的 STM–16）

在 DDN 中 DXC 起着核心的作用，通过 DXC 把数字数据电路准动态地汇接起来，使得组成的 DDN 具有灵活性；DXC 能对通过数字数据电路传输的业务进行集中、分散和疏导；DXC 能把长距离的数字数据电路分为若干段，这样就可以进行分段测试和维护，当某一数字数据电路出现故障时，通过 DXC 将其传输的信号切换到其他电路上去，有利于提高传输质量和管理水平。DXC 不仅用于 DDN 网，还可用于 SDH、ATM 等网中。

3．DDN 的组成

如图 6-6 所示，DDN 由 DDN 节点、数字信道、用户环路和网络控制管理中心组成。

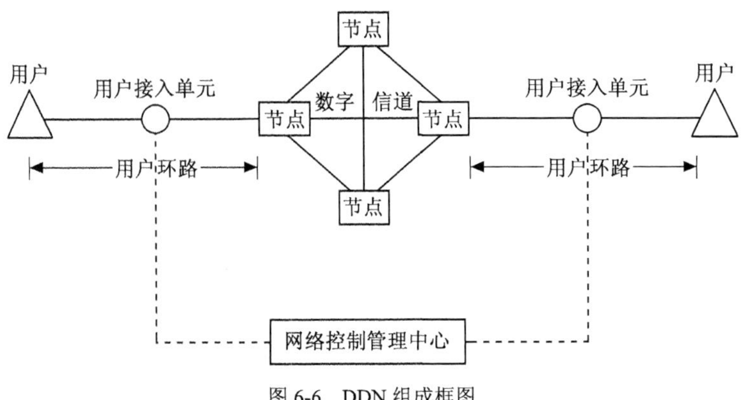

图 6-6　DDN 组成框图

（1）DDN 节点

从组网的功能来分，DDN 的节点可分为用户节点、接入节点、E1 节点和枢纽节点。从网络的结构来分，DDN 的节点可分为一级干线网节点、二级干线网节点及本地网节点。

用户节点主要为 DDN 用户入网提供接口并进行必要的协议转换。用户节点包括小容量时分复用设备以及 LAN 通过帧中继互连的桥接器和路由器等。其中小容量时分复用设备也可包括压缩话音/G3 传真用户接口。

接入节点主要为 DDN 的各类业务提供接入功能，主要包括有：N×64kbit/s（N=1～31）；2048kbit/s 数字信道的接口；N×64kbit/s 的复用；小于 64kbit/s 的子速率复用和交叉连接；帧中继业务用户的接入；压缩话音/G3 传真用户的接入功能等。

E1 节点用于网上的骨干节点，执行网络业务的转接功能。主要提供 2048kbit/s（E1）接口，对 N×64kbit/s 进行复用和交叉连接，收集来自不同方向的 N×64kbit/s 电路，并把它们归并到适当方向的 E1 输出，或直接接到 E1 进行交叉连接。

枢纽节点用于 DDN 的一级干线网和各二级干线网。它与各节点通过数字信道相连，容量大，因而故障时的影响面大。在设置枢纽节点时，可考虑备用数字信道的设备，同时合理地组织各节点互连，充分发挥其效率。

（2）数字信道

各节点间数字信道的建立要考虑其网络的拓扑结构、网络中各节点间的数据业务量的流量、流向以及网络的安全。网络的安全问题主要考虑的是在网络中任一节点且遇到与它相邻的节点相连接的一条数字信道发生故障时，该节点会自动转到迂回路由以保持通信正常进行。

（3）用户环路

用户环路又称用户接入系统，通常包括用户设备、用户线和用户接入单元。

用户设备通常是数据终端设备（如电话机、传真机、PC 以及用户自选的其他用户终端设备）。目前用户线一般采用市话电缆的双绞线。用户接入单元可由多种设备组成，对目前的数据通信而言，通常是基带型或频带型单路或多路复用传输设备。

（4）网管中心

网络控制管理是保证全网正常运行，发挥其最佳性能效益的重要手段。网络控制管理一般应具有以下功能：用户接入管理（包括安全管理）；网络结构和业务的配置；网络资源与路由管理；实时监视网络运行；维护、告警、测量和故障区段定位；网络运行数据的收集与统计；计费信息的收集与报告等。

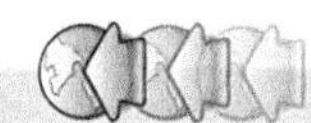

4．DDN 的特点

DDN 向数据用户提供端到端的数字型传输信道，它与用模拟信道传输数据信号相比，有下列特点。

① 传输差错率（误比特率）低：一般数字信道的正常误码率在 10^{-6} 以下，这是模拟信道较难达到的。

② 信道利用率高：一条 PCM 数字话路的典型传输速率为 64kbit/s，通过复用可以传输多路 19.2 kbit/s 或 9.6 kbit/s 或更低速率的数据信号。

③ 不需要 Modem：与用户的数据终端设备相连接的数据电路终接设备（DCE）一般只是一种功能较简单的通常称作数据业务单元（DSU）或数据终接单元（DTU）的基带传输装置，或者直接就是一个复用器及相应的接口单元。

与分组交换网和帧中继网相比，DDN 是一个非交换型的数字传输网，一旦给用户建立半永久连接后，就为用户提供透明的数据传输。所以，网络的传输速率高、延时小。

但 DDN 要求全网的时钟系统必须保持同步，否则，在实现电路的转接、复接和分接时就会遇到较大的困难。DDN 是全通型网络，建网的投资较大，用户使用费用较高。

5．我国 DDN 的网络结构

我国 DDN 按组建、运营和管理维护的责任区域来划分网络的等级，可分为本地网和干线网，干线网又分为一级干线网、二级干线网。因此，DDN 分为三级的网络结构。

一级干线网：一级干线网由设置在各省、市、自治区的节点组成，它提供省间长途 DDN 业务，一级干线网可在省会和省内发达城市中设置节点。此外，由电信主管部门根据国际电路的组织和业务要求设置国际出入口节点，国际间的信道应优先使用 2048kbit/s 数字信道，也允许采用 1544kbit/s 数字信道，但此时该出入口节点应提供 1544kbit/s 和 2048kbit/s 之间的转换功能。为减少备用线的数目，或充分提高备用数字信道的利用率，在一级和二级干线网中，应根据电路组织情况、业务量和网路可靠性要求，选定若干节点为枢纽节点。一级干线网的核心层节点互连应遵照下列要求：① 枢纽节点之间采用全网状连接；② 非枢纽节点应至少与两个枢纽节点相连；③ 国际出入口节点之间、出入口节点与所有枢纽节点相连；④ 根据业务需要和电路情况，可在任意两节点之间设置连接。

二级干线网：二级干线网由设置在省内的节点组成，它提供本省内长途和出入省的 DDN 业务。二级干线在设置核心层网络时，应设置枢纽节点，省内发达地、县级城市可组建本地网。没有组建本地网的地、县级城市所设置的中、小容量接入节点或用户接入节点，可直接连接到一级干线网节点上或经二级干线网其他节点连接到一级干线网节点。

本地网：本地网是指城市范围内的网络，在省内发达城市可组建本地网，为用户提供本地和长途 DDN 网络业务。本地网可由多层次的网络组成，其小容量节点可直接设置在用户室内。

6．DDN 业务及 DDN 的应用

公用 DDN 能为用户提供点对点、点对多点、全数字、全透明、高质量的半永久性数字传输电路。支持数据、语音、图像传输等业务，且网络延时小、实时性好。DDN 支持的业务速率有：高速 DDN 业务；N×64kbit/s（$2<N<32$）业务（如 256kbit/s，512kbit/s，1984kbit/s 等）；中低速业务（如 64kbit/s，128kbit/s）；子速率业务（64kbit/s 以下的 DDN 业

务，如 2400bit/s，9600bit/s，19.2kbit/s）。

DDN 作为一种基本的数据通信系统，应用范围十分广泛，根据 DDN 所提供的业务，还可应用于以下几个方面。

（1）数据传输信道

DDN 可为公用数据交换网、各种专用网、无线寻呼系统、可视图文系统、高速数据传真、会议电视、ISDN（2B+D 信道或 30B+D 信道）以及邮政储蓄计算机网络等提供中继信道或用户的数据通信信道。

（2）网间连接

DDN 可为帧中继、虚拟专用网、LAN 以及不同类型的网络互连提供网间连接。

（3）其他方面的应用

利用 DDN 单点对多点的广播业务功能进行市内电话升位时通信指挥；利用 DDN 实现集团用户（如银行）计算机局域网的连网。在建立 DDN 之前，这些用户使用调制解调器通过话音频带传送计算机数字信号，这种方式不但速度慢，而且误码率高，加上用户电缆线路经常出现故障，通信得不到保证。采用数据终接单元（DTU）进入 DDN，不仅可提高传输速率，达到与计算机 I/O 接口相对应的速率（9.6kbit/s 以上），而且在大多数情况下误码率小于 10^{-10}（由于 DDN 网大部分采用光纤作为传输介质），质量及可靠性均有保证。

利用 DDN 建立集中操作维护中心。由于 DDN 独立于公用电话交换网（PSTN），所以可使用 DDN 为集中操作维护中心提供传输通路。不论交换机处于何种状态，它均能有效地将信息送到集中操作维护中心。

6.3 帧中继网

1. 帧中继技术的引入

随着计算机技术的发展，许多、企业、机关、学校等采用局域网（LAN）将多台计算机连网，实现本地网络资源共享。同时，通过网桥或路由器等将局域网接入公用电信网。这些用户传的数据量大、突发性高。除局域网外，计算机辅助设计（CAD）、计算机辅助制造（CAM）以及图像传输业务等也具有很大的数据量。如果用分组交换网为这些用户开放大数据量业务，将会由于分组网较低的接入速率和较大的传输延时而使他们得不到满意的服务。如果用数字数据网为大数据量用户开放业务，虽然接入速率高、传输延时很小，但费用较高。为此，人们考虑采用新的通信技术。与此同时，网络技术发生了很大的变化。用户设备的智能化程度也普遍提高，光纤也已经广泛应用于中继传输线路中。光纤的传输容量大、误码率低、可靠性高。在这种情况下，纠错和流量控制问题可以部分地交给用户终端设备解决，网络协议可以大大简化。因此，在分组交换技术的基础上，简化了分组交换的传输协议后，产生了帧中继技术。

所以说，帧中继（Frame Relay）是分组交换技术的新发展，它是在通信环境改善和用户对高速传输技术需求的推动下发展起来的（亦称简化 X.25 网）。

2. 帧中继的帧格式

帧中继采用 D 信道链路访问规程 LAPD（高级数据链路控制规程 HDLC 的子集），

LAPD 的帧格式，如图 6-7 所示。

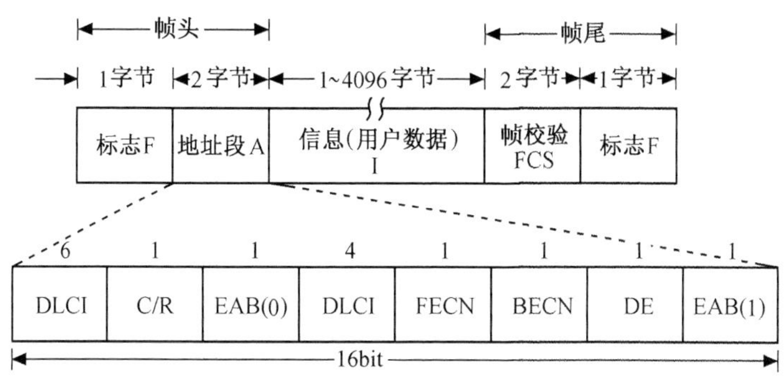

图 6-7　帧中继的格式

帧中继的帧由帧头（标志 F 和地址段 A）、信息字段（I）、帧尾（帧校验 FCS 和 F）三部分组成。与分组交换的帧格式相比，简化了地址字段和控制字段，并将两部分合并，仍称为地址段 A。帧格式中各段含义说明如下。

F（帧标志）：1 字节，用于帧定位。

DLCI（数据链路连接标识）：如图 6-7 所示，DLCI 由两部分组成，前一部分 6bit，后一部分 4bit，共 10bit，用于区分不同的帧中继连接。根据标识把帧送到适当的邻近节点，并选择路由到达目的地。根据 ITU-T 的有关的建议，DLCI 的 0 号保留为通路接收控制信令使用。DLCI 的 1～15 号和 1008～1022 号保留为将来应用；DLCI 的 1023 号保留为在本地管理接口（LMI）通信时使用；DLCI 的 16～1007 号共有 992 个地址可为帧中继使用。根据需要，地址字段还可扩展。

C/R（命令/响应比特）：该比特在帧中继中不用。

EAB（地址段扩张比特）：该比特用于指示地址是否扩展。若 EAB 置为“0”，表示本字节是 A 字段的最后一个字节；若 EAB 置为“1”，表示还有下一个字节。

FECN（前向拥塞告知比特）：用于通知远端用户已遇到网络阻塞，要设法防止数据丢失。

BECN（后向拥塞告知比特）：用于通知源用户，告之数据在传送的返回支路上遇到了阻塞。

DE（丢弃指示）：用于指示在网路拥塞情况下丢弃信息帧的适用性。通常当网路拥塞后，帧中继网络会将 DE 比特置“1”。但对于具有较高优先级别的帧，不可以丢弃，此时 DE 应置“0”。

I（信息字段）：长度 1～4096 字节可变，用于传送用户数据。该字段也可以用来传送各种规程信息，为网络的互连提供了方便。

FSC（帧序列校验序列）：用于保证在传输过程中帧的正确性。在帧中继接入设备的发端及收端都要进行 CRC 校验的计算。如果结果不一致，则丢弃该帧。如果需要重新发送，则由高层协议来处理。

3．帧中继的协议结构

帧中继的协议结构如图 6-8 所示。智能化的终端设备把数据发送到链路层，并封装在 LAPD 信道链路接入协议中，由于用 X.25 的 LAPB 派生出来的这种可靠的链路层协议的帧

结构中，实施以帧为单位的信息传送，帧不需要在第三层处理，能在每个交换机中直接通过，即帧的尾部还未收到之前，交换机就可以把帧的头部发送给下一个交换机。一些属于第三层的处理，如流量控制，留给了智能终端去处理。这样，帧中继把通过节点间的分组重发、流量控制、纠错和拥塞的处理程序从网内移到网外或终端设备，从而简化了交换过程，使得网络吞吐量大、时延小。

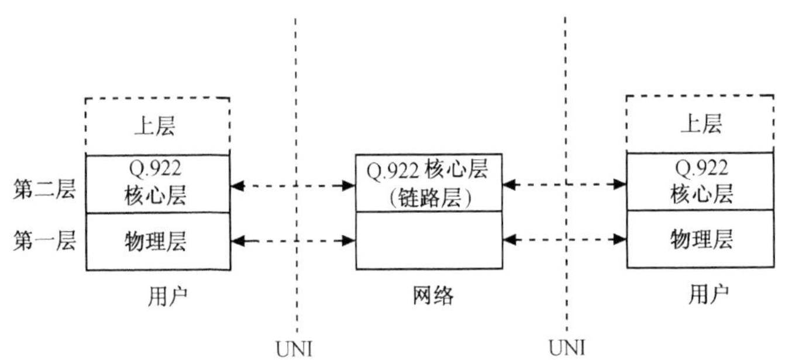

图 6-8　帧中继的协议结构

帧中继采用统计复用，即按需分配带宽，适用于各种具有突发性数据业务的用户。用户可以有效地利用预先约定的带宽，并且当用户的突发性数据超出预定带宽时，网络可及时提供所需带宽。

4．帧中继网的特点

帧中继网是在分组交换网的基本上发展起来的，它继承了分组网的存储转发、统计复用等核心技术，简化了分组网的传输协议。所以，帧中继网继承了分组网网络资源利用率高等优点，减少了传输时延。帧中继网具有以下特点。

① 高效：帧中继在 OSI 的第二层以简化的方式传送数据，仅完成物理层和链路层核心层的功能，简化节点机之间的处理过程。智能化的终端设备把数据发送到链路层，并封装在帧的结构中，实施以帧为单位的信息传送，网路不进行纠错、重发、流量控制等，帧不需要确认，就能在每个交换机中直接通过。

② 经济：帧中继采用统计复用技术（即带宽按需分配）向客户提供共享的网络资源，每一条线路和网络端口都可以由多个终端按信息流共享。同时，由于帧中继简化了节点之间的协议处理，将更多的带宽留给用户数据，用户不仅可以使用预定的带宽，在网络资源富裕时，网络允许客户数据突发占用高于预定的带宽。

③ 可靠：帧中继传输质量好，保证网路传输不容易出错，网路为保证自身的可靠性，采取了 PVC 管理和拥塞管理，用户智能化终端和交换机可以清楚了解网路的运行情况，不向发生拥塞和已删除的 PVC 上发送数据，以避免造成信息的丢失。

④ 灵活：帧中继协议简单，可对分组网上的硬件设备稍加修改，同时进行软件升级就可以实现了，操作简单实现灵活。同时在用户接入方面，帧中继网络能为多种业务类型提供公用的网路传送能力，并对高层协议保持透明，客户不必担心协议的不兼容，很多路由器厂家支持帧中继 UNI 协议，用户便于接入。

5．我国帧中继网的结构

根据国家电信总局的《帧中继业务网技术体制》规定，我国帧中继业务采用三级网络结

构，即国家骨干网、省内网和本地网。

国家骨干网由各省会城市、直辖市节点组成，覆盖全国 31 个城市，其中北京、上海、广州、沈阳、武汉、南京、成都、西安 8 个节点为骨干网枢纽节点，负责汇接、转接骨干节点的业务并负责省内和本地网的出口业务。在建网初期，除完成上述任务外，还可直接接入帧中继用户。骨干枢纽节点之间采用完全网状的网络结构。网内其他骨干节点之间近期采用不完全的网状网络结构，每个骨干节点至少与两个骨干枢纽节点相连。随着业务的不断发展，骨干网的网络结构可逐渐过渡到完全的网状网络结构。

全网在北京、上海建立国际出入口局，在广州建立港澳地区出入口局，负责国际业务和港澳业务的转接。

6．帧中继业务

公用帧中继网为用户提供基本业务和多项选用业务。

帧中继基本业务包括永久虚电路业务（PVC）业务和交换虚电路（SVC）业务。PVC 是指在两个帧中继用户终端之间建立固定的虚电路连接，并在其上提供数据传送业务。SVC 是指在两个帧中继用户终端之间通过虚呼叫建立的虚电路，网络在建立好的虚电路上提供数据传送业务。用户终端通过呼叫清除操作来拆除虚电路。CHINAFRN 虽然支持 SVC 和 PVC 业务，但目前主要向用户提供 PVC 连接。随着 SVC 业务的引进，会增加相应的选用业务，如闭合用户群、转接网络的选择、反向计费等。

帧中继的适用范围如下。

① 局域网间互连：帧中继可以应用于银行、大型企业、政府部门的总部与其他地方分支机构的局域网之间的互连、远程计算机辅助设计（CAD）、计算机辅助制造（CAM）、文件传送、图像查询业务，图像监视及会议电视等。

② 组建虚拟专用网：帧中继只使用了通信网络的物理层和链路层的一部分来执行其交换功能，有着很高的网络利用率。所以，利用它构成的虚拟专用网，不但具有高速和高吞吐量，而且费用也相当低。

③ 电子文件传输：由于帧中继使用的是虚拟电路，信号通路及带宽可以动态分配，特别适用于突发性的使用，因而它在远程医疗、金融机构及 CAD/CAM（远程计算机辅助设计/计算机辅助制造）的文件传输、计算机图像、图表查询等业务方面有着特别好的适用性。

思考题

1．简述分组交换的概念；说明数据报和虚电路方式。

2．简述 DDN 概念；说明 DXC 在 DDN 中的作用。

3．为什么称帧中继网为简化 X.25 网？

4．比较分组交换网、DDN、帧中继网。

第 7 章 综合业务数字网

以上各章介绍的网络都是针对专门的业务设计，为各自的业务服务的。但是，建设众多的专用业务网，投资大、网络利用率低。对用户而言，要使用不同的业务，就得以不同的方式接入不同的业务网，既不方便，也不经济。进入 20 世纪 70 年代后，通信领域出现了把语音、数据、图像等不同的信息传输业务综合到一个网内的设想，并将其称之为综合业务数字网（ISDN）。

综合业务数字网分为窄带和宽带两种，即 N-ISDN 和 B-ISDN，下面分别介绍。

7.1 窄带综合业务数字网

1．窄带综合业务数字网的引入

随着计算机的普及和 Internen 的发展，早期，固定电话用户也可以通过 Modem 上网。但是普通的 PSTN 用户通过 Modem 上网，不仅速度较慢、价钱贵，而且上网和打电话不能同时进行。为了解决这些问题，开发了窄带综合业务数字网（Narrow Integrated Services Digital Network，N-ISDN）。

窄带综合业务数字网是针对后来出现的宽带综合业务数字网 B-ISDN 而言的，习惯上人们将窄带综合业务数字网称为 ISDN，所以下面简称 N-ISDN 为 ISDN。

2．N-ISDN 的概念

N-ISDN 是以传统的电话网为基础通过数字化改造和业务的综合演变而来，并逐步替代传统的电话网。综合业务数字网可以理解为利用综合数据网（IDN）开展综合业务（ISN）的网络。

所谓综合数字网，就是网络的交换、传输、接入均采用数字技术。这样，N-ISDN 的核心网在 PSTN 电路交换的基础上，增加了分组交换，以支持数据业务；广泛采用数据传输；并对接入信道进行数字化。N-ISDN 只需一条用户线就可把多种业务终端接入网内，并按统一的协议进行通信，具有经济、灵活，使用方便等优点。

3．N-ISDN 的组成及用户接口

N-ISDN 的组成如图 7-1 所示。整个 ISDN 网络应包括由 ISDN 交换机（含电路交换和分组交换）为代表的数字交换设备和数字传输链路组成的数字交换与传输网、用户—网络接口设备和标准的 ISDN 用户终端设备，以及通过适配装置（可以做到用户—网络接口设备内

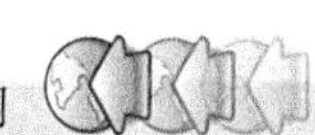

部）接入的非标准的 ISDN 用户终端设备。

其中，用户—网络接口设备俗称 ISDN Modem，它提供多个用户终端的接口、用户和网络（局端）的接口、用户线上多个数字信道的复用以及这些信道资源的控制和管理。

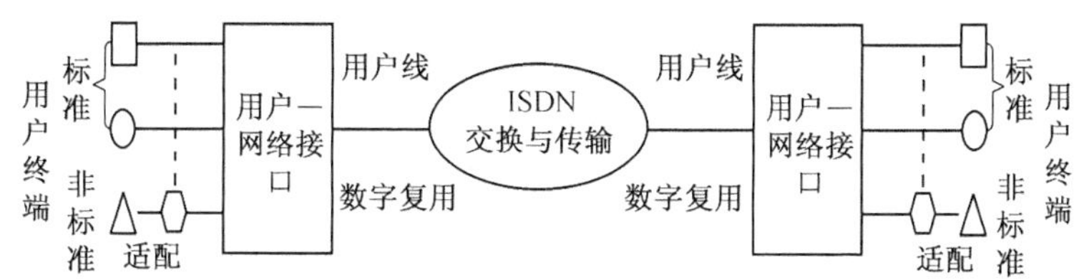

图 7-1　N-ISDN 的组成示意图

N-ISDN 的用户—网络接口有两种标准，一种是基本速率接口，一种是基群速率接口。

（1）基本接口

基本接口（BRI）也叫基本速率接口，是把现有电话网的普通用户线作为 ISDN 用户线而规定的接口，它是 ISDN 最常用、最基本的用户—网络接口，它是为了满足大部分单个用户的需要设计的。基本接口由两个 64kbit/s 的 B 信道和一个 16kbit/s 的 D 信道构成，复用在一对用户线上，即 2B+D。用户可以利用的最高信息传输速率是 2×64+16=144kbit/s，加上帧定位、同步及其他控制比特，基本接口的速率达 192kbit/s。

基本接口的三个信道通过用户—网络接口设备可以供 8 个用户终端共用，同时最多三个用户终端对外通信。对于有电话和计算机的个人用户可实现上网和打电话同时进行，即"一线通"业务。

（2）基群速率接口

基群速率接口（PRI）又称一次群速率（2048kbit/s）接口，主要面向网吧和设有 PBX 或者具有召开电视会议用的高速信道等业务量很大的用户。接口的信道结构为 30B+D，其中 30 个 B 信道（业务信道）的速率为 64kbit/s，D 信道（控制信道）的速率也为 64kbit/s。30B+D 基群速率接口的最高速率接近 2Mbit/s。

7.2　宽带综合业务数字网

1．宽带综合业务数字网的引入

N-ISDN 给人们带来了多业务、全数字化的综合通信方式，在过去的 20 多年中，得到长足发展和普遍应用。但是随着通信技术的快速发展和人们的需求的增长，N-ISDN 已越来越不适应大量出现的需要更高速率与更大带宽的通信业务，其局限性明显突现，体现如下。

① 带宽有限，最高为 2Mbit/s 的基群速率，很难利用它提供高质量的图像业务和高速数据通信。

② 业务综合能力有限，N-ISDN 通过用户—网络接口实现了业务综合，而在网络内部仍需电路交换和分组交换两种模式并存。

③ 网络资源利用率不高，不能提供低于 64kbit/s 的数字交换，若不采取额外的措施，对于低速业务就会浪费网络资源；而采取复用等措施，将会增加技术和过程的复杂性，而且降低灵活性。

业务的需求和网络现状的矛盾，促使人们探索新的网络结构，发展新的技术，使其具有更大的灵活性、更宽的带宽、更强的业务综合能力。自 20 世纪 80 年代以来，一些与通信相关的基础技术，如微电子、光电子技术等的发展和光纤的传输距离和传输容量的提高，为新网络的实现提供了基础。

就是在这种环境下，出现了宽带综合业务数字网（broadband integrated services digital network，B-ISDN）。B-ISDN 能够满足：提供高速传输业务的能力；网络设备与业务特性无关；信息的转移方式与业务种类无关。为了研究开发适应 B-ISDN 的传输模式，人们提出了很多种解决方案，如多速率电路交换、帧中继、快速分组交换等。最后得到了一个最适合 B-ISDN 的传输模式——异步转移模式（Asynchronous Transfer Mode，ATM）。

ATM 技术作为 B-ISDN 的核心技术，已经由 ITU-T 于 1992 年规定为 B-ISDN 统一的信息转移模式。ATM 技术克服了电路模式和分组模式的技术局限性，采用光通信技术，提高了传输质量。同时，在网络节点上简化操作，使网络时延减小，而且采取了一系列其他技术，从而达到了 B-ISDN 的要求。

2. 异步转移模式的基本原理

异步转移模式（ATM），作为 B-ISDN 的核心技术，以其强大的业务综合能力和灵活的信息处理功能，在宽带通信网中得到了广泛的应用。ATM 的基本原理涉及信息的结构、复用形式、交换方式等。

（1）ATM 信息结构——ATM 信元

ATM 信息结构是指 ATM 对信息进行分割组装后的结构形态。将所需传送的信息简单地分割成许多相同长度的分组，并给每个分组加上用于传输控制的信头，形成 ATM 信元。

ATM 信元结构如图 7-2（a）所示。考虑到传输效率、时延特性及系统实现的复杂性等因素，ATM 信元的长度定为 53 字节，其中 48 字节为信息净荷（payload），用于装载用户业务信息；另外 5 个字节为信头（header），主要包含表示信元去向的逻辑地址和一些维护信息、优先标识以及信头的纠错码等控制信息。信元载着用户信息透明地穿过网络。信元从第一个字节（见图 7-2（a）的第 1 行）开始顺序向下发送，在同一字节（行）中从第 8 比特开始发送。

ATM 信元的信头结构如图 7-2（b）、（c）所示。图 7-2（b）所示为用户网络-接口 UNI（User– Network Interface：ATM 网与用户终端之间的接口）上的信头结构。它表示信元经过 UNI 接口时，信头中各字段所赋值的意义。

图中各字段的含义如下。

① GFC：一般流量控制，4bit。用于控制用户向网络发送信息的流量，以避免网络用户侧出现业务量过负荷。该字段只在 UNI 中使用而在 NNI 中不用。

② VPI：路由信息，一串表示虚路径（VP）的数据。UNI 上 VPI 为 8bit，NNI 上 VPI 为 12bit。

③ VCI：路由信息，一串表示虚路径内虚信道（VC）的数据。UNI 和 NNI 上，VCI 均为 16bit。

VPI 和 VCI 合起来组成信元的路由信息，即 VPI/VCI 标识一个虚连接。同时它也用于网络资源管理。

④ PT：净荷类型标识，3bit。它指出净荷区的信息类型是用户数据还是管理数据。

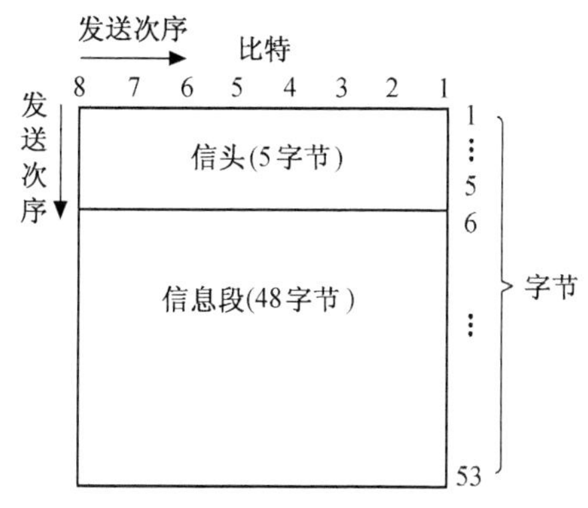

(a) ATM 信元结构

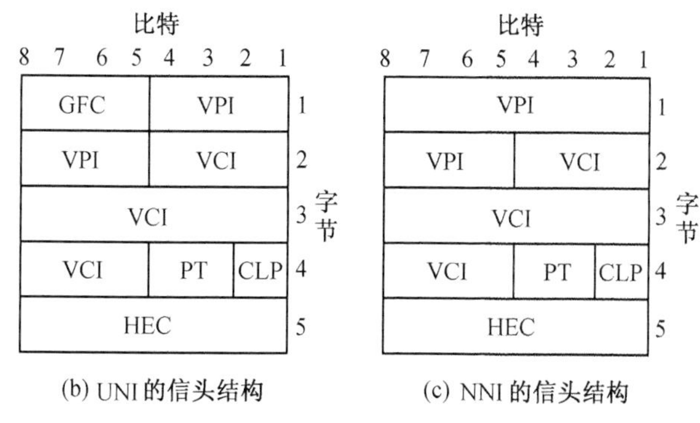

(b) UNI 的信头结构　　(c) NNI 的信头结构

图 7-2　ATM 信元及信头结构

⑤ CLP：信元丢失优先级比特，1bit。用于拥塞控制，当发生信元突出时，低优先度（CLP=1）的信元可以先被丢弃。

⑥ HEC：信头差错控制码，8bit。对信头的前 4 个字节进行 CRC 循环冗余校验，检验信头的差错，并起信元定界作用。

图 7-2（c）所示为网络节点接口 NNI（Network-Node Interface：网络中交换设备之间的接口）上的信头结构。它表示信元经过 NNI 接口时，信头中的各段所赋值的意义。图 7-2（b）与图 7-2（c）比较，NNI 中无 GFC，而由 VPI 取代，即 VPI 的位数在此增加了 4 位。而 VPI 每增加 1 位（bit）就意味着 VP 的数量在原来的基础上翻了一番（×2）。这表示在网络内部节点之间使用 12bit 的 VPI，可提供与识别更多的 VP 链路。

由上述可见，ATM 信元的信头功能比分组转移模式中分组头的功能大大简化，不再进行逐段链路的检错与纠错，端到端的差错控制只在需要时由终端处理，且只需通过 HEC 对信头进行校验。

（2）ATM 的复用方式——异步时分复用

ATM 采用异步时分复用（Asynchronous Time Division Multiplex），又称统计时分复用。

图 7-3（a）所示为同步转移模式（STM）同步时分复用成帧情况。多个用户信道按时隙顺序复用成规定大小的帧，代表每个用户信道的时隙在帧中的位置是固定的，因而周期性地出现在每一帧中，只需以时隙在一帧中的位置来识别用户信道，而无需另外的信头来标识。

图 7-3（b）所示为异步转移模式（ATM）异步时分复用的情况。可以看到，相同编号

的信道（信元）在信息流中并不按周期性地排列，因此要识别每个信元，需对每个信元加上信头。

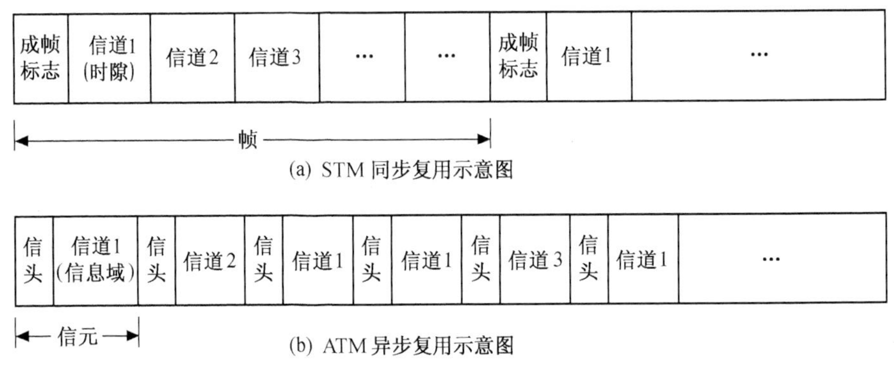

图 7-3　STM 和 ATM 的复用示意图

图 7-4 所示为 ATM 信元的复用过程示意图。来自不同信息源（不同业务和不同的源点）的信元汇集到一起，在一个缓冲器中排队，队列中的信元按排队顺序输出复用到传输线上，形成信元流。具有相同信头标志的信元在传输线上并不对应着某个固定的时隙，也不是按周期出现，信息按信头中的标志来区分。

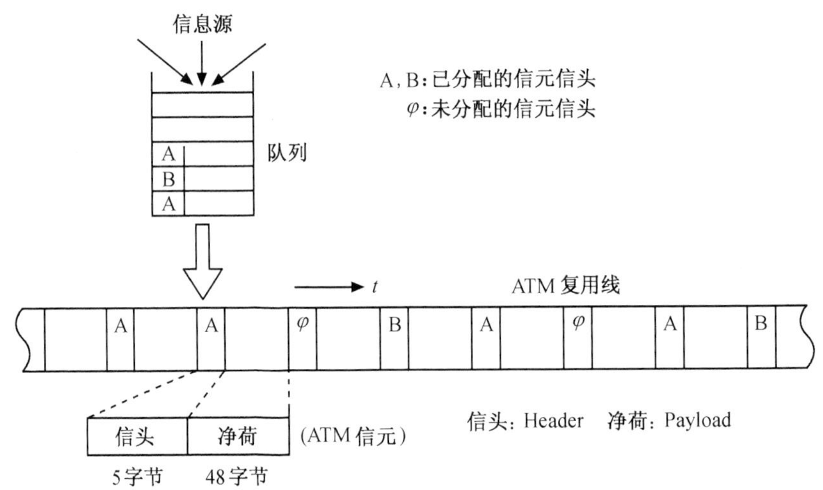

图 7-4　ATM 信元的复用

这里有两个问题需要说明：①在 ATM 网内，不管有无用户信息，都在传 cell（信元），如果某时刻图 7-4 的队列排空了所有用户信息的信元，这时线路上就会出现未分配空闲信元φ。②如果在某个时刻传输线路上找不到可以传送信元的机会，信元已充满缓冲区，这时后面来到的信元就要丢失。为保证通信质量，所以应根据信息流量合理地设置缓冲区的容量，使信元丢失率保持在 10^{-9} 以下。

（3）ATM 交换——VP/VC 交换

在 ATM 中一个物理传输通道被分成若干的虚通路 VP（Virtual Path），一个 VP 又由上千个虚通道 VC（Virtual Channel）所复用。ATM 信元的交换既可以在 VP 级进行，也可以

在 VC 级进行。虚通路 VP 和虚通道 VC 都是用来描述 ATM 信元单向传输的路由。每个 VP 可以用复用方式容纳多达 65536 个 VC，属于同一 VC 的信元群拥有相同的虚通道识别符 VCI（VC Identifier），属于同一 VP 的不同 VC 拥有相同的虚通路识别符 VPI，VCI 和 VPI 都作为信元头的一部分与信元同时传输。传输通道、虚通路 VP、虚通道 VC 是 ATM 中的三个重要概念，其关系如图 7-5 所示。

ATM 的呼叫接续不是按信元逐个地进行选路控制，而是采用分组交换中虚呼叫的概念，也就是在传送之前预先建立与某呼叫相关的信元接续路由，同一呼叫的所有信元都经过相同的路由，直至呼叫结束。其接续过程是：主叫通过用户网络接口 UNI 发送一个呼叫请求的控制信号，被叫通过网络收到该控制信号并同意建立连接后，网络中的各个交换节点经过一系列的信令交换后就会在主叫与被叫之间建立一条虚电路。虚电路是用一系列 VPI/VCI 表示的。在虚电路建立过程中，虚电路上所有的交换节点都会建立路由表，以完成输入信元 VPI/VCI 值到输出信元 VPI/VCI 值的转换。

虚电路建立起来以后，需要发送的信息被分割成信元，经过网络传送到对方。若发送端有一个以上的信息要同时发送给不同的接收端，则可建立到达各自接收端的不同虚电路，并将信元交替送出。

在虚电路中，相邻两个交换节点间信元的 VCI/VPI 值保持不变。此两点间形成一条 VC 链，一串 VC 链相连形成 VC 连接 VCC（VC Connection）。相应地，VP 链和 VP 连接 VPC 也以类似的方式形成。

VCI/VPI 值在经过 ATM 交换节点时，该 VP 交换点根据 VP 连接的目的地，将输入信元的 VPI 值改为新的 VPI 值赋予信元并输出，该过程称为 VP 交换。可见 VP 交换完成将一条 VP 上所有的 VC 链路全部送到另一条 VP 上，而这些 VC 链路的 VCI 值保持不变（见图 7-6）。VP 交换的实现比较简单，往往只是传输通道的某个等级数字复用线的交叉连接。

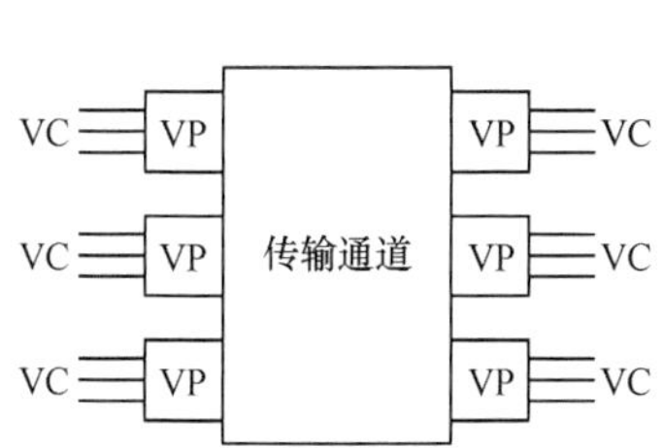

图 7-5　传输通道、虚通路 VP、虚通道 VC 的关系

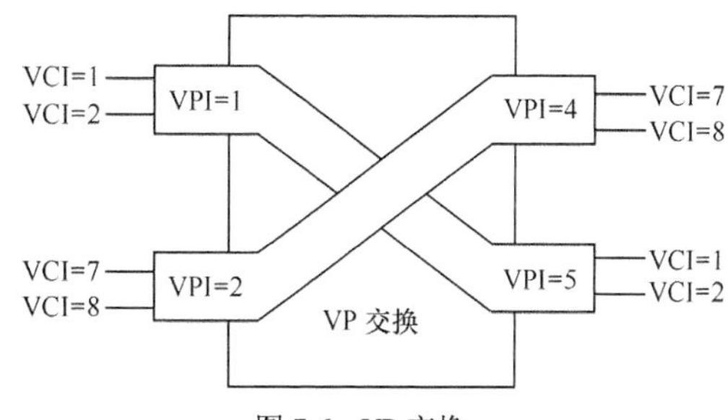

图 7-6　VP 交换

VC 交换要和 VP 交换同时进行，因为当一条 VC 链路终止时，VP 连接（即 VPC）就终止了，这个 VPC 上的所有 VC 链路将各自执行交换过程，加到不同方向的 VPC 中去，如图 7-7 所示。

（4）ATM 交换的特点

ATM 作为综合业务宽带网络的核心技术，其优异的性能特点表现在以下一些方面。

① 采用统计时分复用。传统的电路交换中用 STM（Synchronous Transfer Mode）方式将来自各种信道上的数据组成帧格式，每路信号占固定比特位组，在时间上相当于固定的时隙，即属于同步时分复用。在 ATM 方式中保持了时隙的概念，但是采用统计时分复用的方式，取消了 STM 中帧的概念，在 ATM 时隙中存放的实际上是信元。

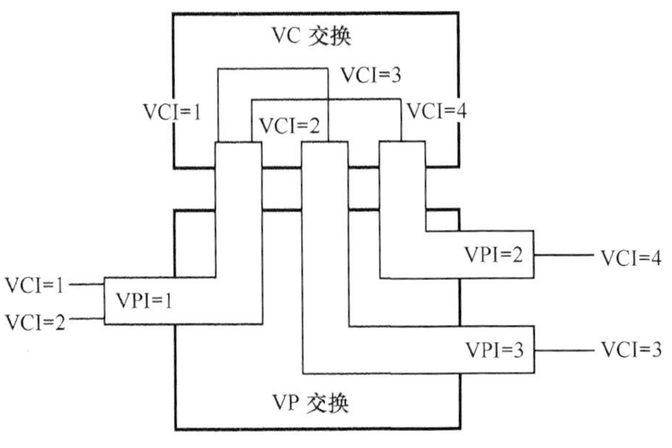

图 7-7　VC 交换过程

② 以固定长度（53 字节）的信元为传输单位，响应时间短。ATM 的信元长度比 X.25 网络中的分组长度要小得多，这样可以降低交换节点内部缓冲区的容量要求，减少信息在这些缓冲区中的排队时延，从而保证了实时业务短时延的要求。

③ 采用面向连接并预约传输资源的方式工作。在 ATM 方式中采用的是虚电路形式，同时在呼叫过程向网络提出传输所希望使用的资源。考虑到业务具有波动的特点和网络中同时存在连接的数量，网络预分配的通信资源小于信源传输时的峰值速率（PCR）。

④ 在 ATM 网络内部取消逐段链路的差错控制和流量控制，而将这些工作推到了网络的边缘。X.25 运行环境是误码率很高的频分制模拟信道，所以 X.25 执行逐段链路的差错控制。又由于 X.25 无法预约网络资源，任何链路上的数据量都可能超过链路的传输能力，因此 X.25 需要逐段链路的流量控制。而 ATM 协议运行在误码率较低的光纤传输网上，同时预约资源保证网络中传输的负载小于网络的传输能力，ATM 将差错控制和流量控制放到网络边缘的终端设备完成。

3. B-ISDN/ATM 参考模型

B-ISDN 的协议参考模型及为 ATM 的协议参考模型，由 ITU-T I.321 建议描述的参考模型如图 7-8 所示。这是一个立体的分层模型，由 3 个平面组成：用户平面、控制平面和管理平面。在每个平面内，采用了 OSI 原则的分层结构。

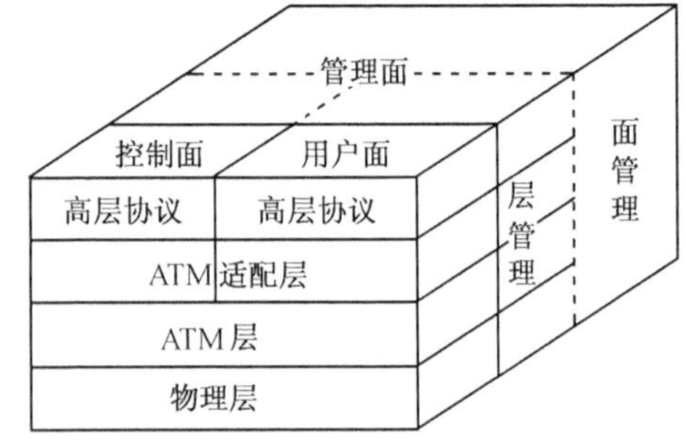

图 7-8　ATM 协议参考模型

（1）用户平面

用户平面（User Plane，UP）提供用户信息传送功能，其分层为物理层、ATM 层、ATM 适配层（AAL 层）以及高层。

（2）控制平面

控制平面（Control Plane，CP）提供呼叫和连接的控制功能，它的分层结构及各层的名称与 UP 相同。

注意：UP 与 CP 两个平面的高层和 ATM 适配层（AAL）是各自分开的。这是因为各平面的高层涉及不同的业务信息源，AAL 则用不同的协议完成对不同信息结构的适配转换；当 UP 和 CP 两个平面的高层信息经 AAL 适配成 ATM 信元后，其处理与传送的方法、过程

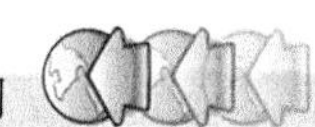

就统一起来，使用相同的协议，其 ATM 层和物理层就分别连接起来。

（3）管理平面

管理平面（Management Plane，MP）提供两种管理功能。

① 面管理：不分层，实现与整个系统有关的管理功能和所有平面（包括 MP 自身）之间的协调。

② 层管理：本身也分层，用于各层内部网络资源和协议参数的管理，处理 OAM 信息流。

ATM 协议参考模型的各层又进一步划分为功能子层，如图 7-9 所示。此图只给出了各层的概貌。后面将对各层功能作较详细的介绍。

AAL（适配层）	CS（汇聚子层）	汇　聚
	SAR（拆装子层）	分段与重组
ATM（ATM 层）		一般流量控制 信头产生与提取 信元 VPI/VCI 翻译 信元复接/分解
PH（物理层）	TC（传输汇聚子层）	信元速率解偶 信元定界 信头差错控制 传输帧适配 传输帧的产生/恢复
	PM（物理媒介相关子层）	传送编码、比特定时、 同步物理传送接口

图 7-9　ATM 协议参考模型分层功能

图 7-10 所示为 ATM 网络用户平面 UP 和控制平面 CP 的分层模型。可以看到，用户终端设备中 UP 和 CP 均有物理层、ATM 层、AAL 层（CP 的 AAL 层称为 SAAL——信令适配层）和高层；而网络节点中 UP 仅有物理层和 ATM 层，CP 则有全部四层。图中未画出管理平面 MP，实际上用户终端设备和网络节点（设备）均有管理平面功能，由网络管理中心控制。

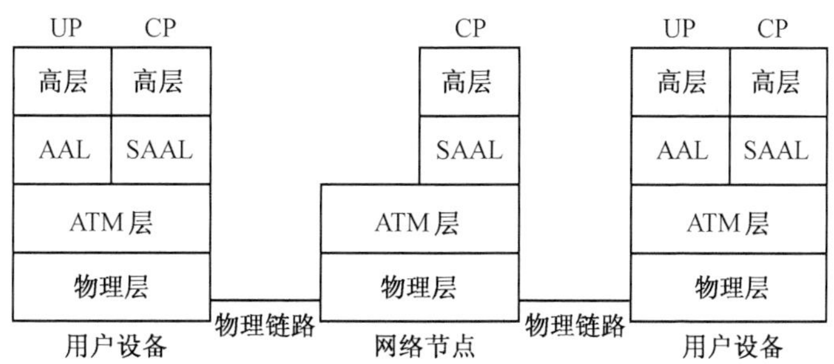

图 7-10　ATM 网络分层模型

在介绍各层之前，有必要先给出 ATM 层和物理层中不同种类的信元定义。

空闲信元（Idle Cell）：用以适配传输系统，可以提供有效传输速率和物理层向 ATM 层提供的速率之间的差别。发送端物理层插入空闲信元，在接收端物理层删除空闲信元。

有效信元（Valid Cell）：信元头部经过 HEC 校验纠错后保证信元的正确。HEC 操作在物理层进行，所以信元是否有效，是在物理层进行判断。

无效信元（Invalid Cell）：信元头部发生错误且无法通过 HEC 纠错的信元。这些信元由物理层直接丢弃，不上交 ATM 层。

分配信元（Assigned Cell）：通过 ATM 层向上层提供服务的信元，表示该信元承载有用的通信过程的信息，信息的内容可以是用户信息、信令控制以及管理信息。

未分配信元（Unassigned Cell）：表明该信元没有承载信息，所占据的信道带宽未经使用。

发送端 ATM 层向物理层传输信息时，只有分配信元和未分配信元向下传送，物理层为了适配传输系统将加入空闲信元，为了物理层的管理将加入 OAM 信元，然后将这些信元变成比特流进行传送。接收端物理层向 ATM 层传输信元时，只有分配信元和未分配信元向上传送，其他的诸如无效信元和空闲信元以及物理层的管理控制信元由于不含有 ATM 层及高层的信息，所以直接由物理层进行处理。

ATM 的各层完成不同的功能，均有协议进行定义规范。下面简要介绍各层的协议及相应的功能。

（1）物理层

物理层是承运信息流的载体，它的主要功能是信元和传输系统比特流适配、实际媒体中传输信号定时以及和媒体特性有关的功能等。物理层有传输会聚（TC）和物理介质连接（PM）两个子层。TC 子层执行的是和物理介质相对无关的协议，向 ATM 层提供业务接入点 SAP；而相应的 PM 子层和实际物理通信线路相关，执行物理层中和物理介质有关的功能。

传输会聚（TC）子层：TC 子层负责将 ATM 信元嵌入正在使用的传输介质的传输帧中，或相反从传输介质的传输帧中提取有效的 ATM 层信元。ATM 层信元嵌入传输帧的过程如下：ATM 信元解调（缓存）→信头差错控制（HEC）产生→信元定界→传输帧适配→传输帧生成。从传输帧中提取有效 ATM 层信元的过程如下：传输帧接收→传输帧适配→信元定界→信头差错控制（HEC）检验→ATM 信元排队。传输会聚（TC）子层的主要功能是信元定界和信头差错控制 HEC。

物理介质连接 PM 子层：PM 子层负责在物理介质上正确传输和接收比特，其中包括比特传送、比特定位、线路编码和光电转换。物理介质主要由 ITU-T 和 ATM F 建议的规范描述。

（2）ATM 层

ATM 层利用物理层提供的信元（53 字节）传送功能，向外部提供传送 ATM 业务数据单元（48 字节）的功能。ATM 业务数据部分（ATM-SDU）是任意的 48 字节长的数据段，它在 ATM 层中成为 ATM 信元的负载区部分。从原理上来说，ATM 层本身处理的协议控制信息是 5 字节长的信头，如图 7-11 所示，但是实际上为了提高协议处理的速度和降低协议开销，在物理层和 AAL 层都使用了部分信元头部某些域。

（3）AAL 层

AAL 层的主要作用是将高层的用户信息分段装配成信元，吸收信元延时抖动和信元丢失，并进行流量控制和差错控制。网络只提供到 ATM 层为止的功能。AAL 层的功能由用户本身提供，或由网络与外部的接口提供。AAL 层可以分成两个子层：拆装子层（SAR）和汇聚子层（CS）。

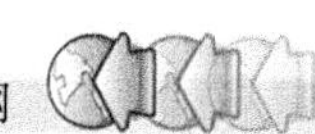

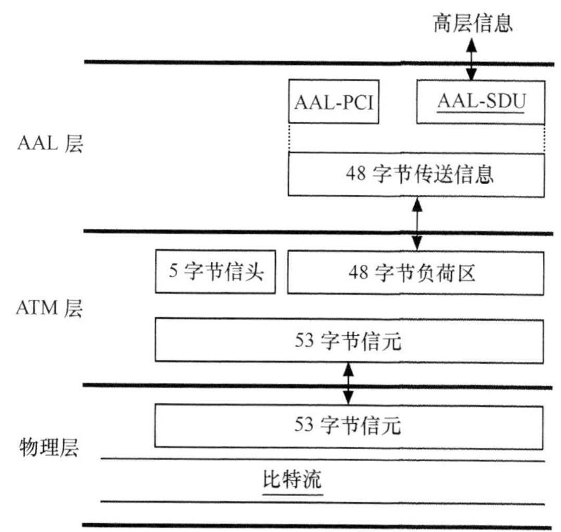

图 7-11 ATM 网络协议分层之间的数据传输

AAL 用于增强 ATM 层的能力，以适合各种特定业务的需要。这些业务可能是用户业务，也可能是控制平面和管理平面所需的功能业务。在 ATM 层上传送的业务可能有很多种，但根据三个基本参数来划分，可分为四类业务。三个参数是：源和目的之间的定时要求、比特率要求和连接方式。业务类划分为 A，B，C 和 D 四类。

A 类：固定比特率（CBR）业务。ATM 适配层 1（AAL1），支持面向连接的业务，其比特率固定，常见业务为 64kbit/s 话音业务，固定码率非压缩的视频通信及专用数据网的租用电路。

B 类：可变比特率（VBR）业务。ATM 适配层 2（AAL2），支持面向连接的业务，其比特率是可变的。常见业务为压缩的分组语音通信和压缩的视频传输。该业务具有传递界面延迟物性，其原因是接收器需要重新组装原来的非压缩语音和视频信息。

C 类：面向连接的数据服务，AAL3/4。该业务为面向连接的业务，适用于文件传递和数据网业务，其连接是在数据被传送以前建立的。它是可变比特率的，但是没是界面传递延迟。

D 类：无连接数据业务，常见业务为数据报业务和数据网业务。 在传递数据前，其连接不会建立。AAL3/4 或 AAL5 均支持此业务。

AAL 业务分类如表 7-1 所示。

表 7-1 AAL 业务分类

	业务类别			
属性	A 类	B 类	C 类	D 类
发端和收端之间的定时关系	要求		不要求	
比特率	均匀	可变		
连接方式	面向连接			非连接
AAL（s）	AAL1	AAL2	AAL3/4 或 AL5	AAL3/4 或 AL5
举例	DS1，E1，N×64kbit/s 传真	分组视频分组音频	帧中继 X.25	IP，SMDS

4．B-ISDN 业务

与 N-ISDN 业务对比，B-ISDN 提供的业务，除了宽带终端业务，还包括宽带承载业务和补充业务。补充业务不属于基本业务，不能单独向用户提供，只能随承载业务或终端业务一起向用户提供。随着智能网的发展，各种电信业务网络的补充业务都向智能平台集中整合，各种补充增值业务不再为某个网络所特有，而由各业务网的基本业务用户所共享并选择使用。关于补充业务，本节不单独介绍，读者可参见智能网的相关章节。

（1）宽带承载业务

B-ISDN 的承载业务是在用户—网络接口间提供传送信号的能力。它实际上是利用 ATM 的宽带、高速、高服务质量、资源的灵活配置与高效利用等优异性能，构筑一个宽带公用骨干网，为局域网（LAN）、广域网（WAN）和帧中继（FR）网等各种数据或多媒体业务网络提供传输与交换平台。

根据源点与目的地之间的定时关系、比特率和连接方式三个因素，宽带承载业务分为以下 4 类。

A 类：使用 ATM 传输固定比特率信号的电路传真业务，由 AAL1 支持。

B 类：可变比特率的图像和话音业务，由 AA2 支持。

C 类：面向连接的数据传输业务，由 AAL3/4 和 AAL5 支持。

D 类：无连接的数据传输业务，由 AAL3/4 和 AA5 支持。

由 ATM 构筑的宽带传输与交换平台提供的承载业务主要有下面几种。

① 宽带面向连接的承载业务。面向连接的承载业务可以灵活地通过虚连接以任意比特率支持面向连接的通信。它包括：固定比特率（CBR）的视频应用、音频应用、数据应用等业务，可变频率（VBR）的 VBR 视频、VBR 音频业务，非实时的 VBR 业务等。

② 宽带无连接数据承载业务。宽带无连接数据承载业务无需在用户间执行呼叫建立程序，可提供高速可变长数据单元传递的公用分组交换业务。它包括：高速文件传送、LAN 互连、分布型处理、多点交互式计算机辅助设计等。

③ 预定和永久通信的 VP 业务。该业务基于 B-ISDN 中的 ATM VP 连接。它允许在用户—网络接口的参考点之间传送不受限制的信息。通信的建立可以是预定方式或永久方式。

④ 宽带无结构电路传送（2 048kbit/s）承载业务。

⑤ 宽带 G.704（2048kbit/s）帧结构的透明承载业务。

⑥ 宽带 G.704 帧结构独立时隙帧的传送承载业务。

⑦ 宽带 N×64 kbit/s 承载业务。

（2）宽带用户终端业务

B-ISDN 的宽带用户终端业务通常是指传输速率超过一次群（2Mbit/s）的业务。ITU-T 针对宽带业务的特性对其定义为。

- 有提高连接灵活性能力的业务。
- 有灵活分配带宽能力的业务。

在宽带环境中，B-ISDN 所提供的用户终端业务分为交互型和分配型两类。B-ISDN 业务分类如图 7-12 所示。

① 交互型用户终端业务。交互型业务是指在两用户间或用户与主机间提供双向实时信息（或信令等其他信息）交换的一种业务。这类业务包括会话型业务、消息型业务和

检索型业务。

a．会话型业务。会话型业务以实时端到端的消息传送方式在用户之间或用户与主机之间提供双向的通信。这类业务主要包括用户应用在内的广泛的信息传送。对信息传输有很高的实时性要求，不可对信息进行存储转发。

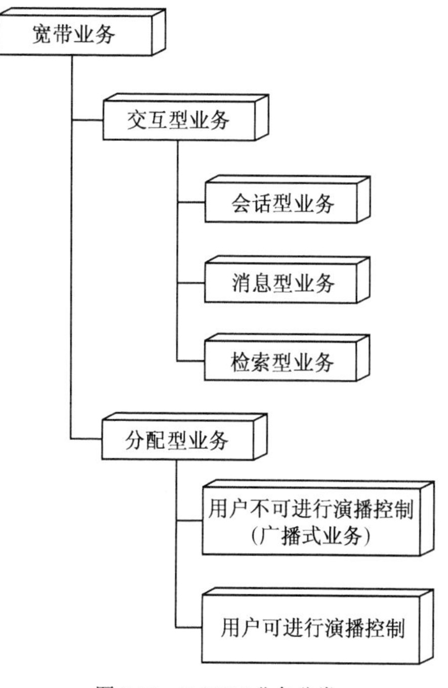

图 7-12 B-ISDN 业务分类

会话型业务的应用界定很广，可划分为四大类：活动图像（即视频）业务、话音业务、数据业务和文档（文本）业务。

其中，会话业务中最重要的是视频会话业务，包括语音和图像。目前这类业务的终端如可视电话等，均可在 64kbit/s 的标准电话线上使用，如有更高的质量要求，可申请更大的带宽来实现。视频业务的典型应用是会议电视，有点到点和点到多点两种应用形式；视频业务还包括了视频监控，它以点到点、点到多点，双向对称或双向异步的方式用于安全监测、交通监管等；视频音频信息传送业务，应用于电视信号传送，视频、音频对话等。

音频业务可传播多声道声音节目信号，同样它以点到点、点到多点，双向对称或双向异步的方式实现多种语言注释通路、多套节目传送。这种业务具有视频业务的一切属性。

数据业务是一种高速不受限数字信息传送业务。它包括高速数据传输，视频和其他信息传送，交互式的计算机辅助设计与制造（CAD/CAM），以及实时控制、遥测、报警等高速遥测遥控信息的传送等。

文档的会话式传送业务中，用户间互传的文档可能是高分辨率的图像，也可能是含有语音注释或有视频组成成分。如含有文本、声音、图片、图像的混合文本；专业级图像、医疗图像、远程游戏和网络游戏等。

b．消息型业务。消息型业务通过具有存储转发功能、电子信箱功能或消息处理功能（Message Handling System，MHS）的存储设备为用户间的消息传递提供通信手段。如由电子信箱升级而来的视频邮件集视频信号、文件数据和声频信号同时发送。消息业务可对信息进行编辑，处理与转换。与会话业务不同的是消息业务是非实时性的，对网络的要求较低，并且无需通信双方都同时在网上，和会话业务一样也有点对点及点对多个点的连接形式。这种业务典型应用有活动图像（电影）、视频邮件、电子信箱、混合文档等传送。

c．检索型业务。检索型业务提供用户从可用的公众信息中心检索信息的能力。特点是仅当用户提出检索请求时才开始传送被检索的信息，并且可以控制信息序列开始的时间。这种检索业务又叫做宽带（图文）检索系统，可以提供高清晰图像检索及文本检索服务，其信息是声音、图像和文本的结合。典型应用是对电影、高分辨率图像、音频信息和档案信息的检索，包括视频远程教育培训、下载软件、证券行情与交易、电视购物与观光、新闻检索、专业图像和医疗图像检索以及混合文本检索等。

另一检索业务即电视检索，即通常说的视频点播（Video On Demand，VOD）。可使用户从电影或电视储存库中获得完整的电影电视节目。

② 分配型用户终端业务。分配型业务是由网络中的一个给定点向其他多个地点单向传送信息流的业务。分配型业务又可分为用户不能参与控制的分配型业务和用户能够参与控制的分配型业务。

用户不可进行演播控制的分配型业务是一种广播式业务，它提供连续的信息流，可把这些信息流从中心源分配至网络中数量不限的有权接收机。用户可以获取这一信息流，但不能控制信息流的起始时间和顺序。这种业务的典型例子是电视节目（有线和无线）和音频广播等业务。

用户可进行演播控制的分配型业务是将信息从中心源分配到大量用户，用户能够各自选择、接收信息库中的信息，并能够控制节目的开始和顺序。在光纤同轴电缆混合网（FHC）上用户利用准视频点播（NVOD）功能可以看到自己选定的电影、电视节目就是此类业务的一个应用实例。

思考题

1．什么是 N-ISDN？画出 N-ISDN 的组成示意图。
2．分别说明 N-ISDN 的两种用户接口、各信道速率。
3．画出 ATM 信元及信头结构，说明各部分的作用。
4．比较同步复接与异步复接。
5．画出 ATM 协议参考模型，并作简要说明。
6．简要介绍 B-ISDN 的业务。

第 8 章 移动通信网

随着社会和经济的发展，人们对通信的要求越来越高。理想的通信是能在任何时候、在任何地方与任何人及时沟通联系、交流信息。显然，没有移动通信，这种愿望是难以实现的。

8.1 概述

“移动通信”是指正在通信的双方（或多方）至少有一方可以处于移动状态。

1．移动通信的特点

由于移动通信系统允许在移动状态（甚至很快速度、很大范围）下通信。所以，系统与用户之间的信号传输一定得采用无线方式。移动通信的主要特点如下。

（1）信道特性差

由于采用无线传输方式，电波会随着传输距离的增加而衰减（扩散衰减）；不同的地形、地物对信号也会有不同的影响；信号可能经过多点反射，会从多条路径到达接收点，产生多径效应（电平衰落和时延扩展）；当用户的通信终端快速移动时，会产生多卜勒效应（附加调频），影响信号的接收。并且由于用户的通信终端是可移动的，所以，这些衰减和影响还是不断变化的。

（2）干扰复杂

移动通信系统运行在复杂的干扰环境中，如外部噪声干扰（天电干扰、工业干扰、信道噪声）、系统内干扰和系统间干扰（邻道干扰、互调干扰、交调干扰、共道干扰、多址干扰和远近效应等）。如何减少这些干扰的影响，也是移动通信系统要解决的重要问题。

（3）有限的频谱资源

考虑到无线的覆盖、系统的容量和用户设备的实现等问题，移动通信系统基本上选择在特高频 UHF（分米波段）上实现无线传输，而这个频段还有其他的系统（如雷达、电视、其他的无线接入），移动通信可以利用的频谱资源非常有限。而随着移动通信的发展，通信容量不断提高，必须研究和开发各种新技术，采取各种新措施，提高频谱的利用率，合理地分配和管理频率资源。

（4）用户终端设备（移动台）要求高

用户终端设备除了技术含量很高外，对于手持机（手机）还要求体积小、质量轻、防振动、省电、操作简单、携带方便；对于车载台还应保证在高低温变化等恶劣环境下也能正常工作。

（5）要求有效的管理和控制

由于系统中用户终端可移动，为了确保与指定的用户进行通信，移动通信系统必须具备很强的管理和控制功能，如用户的位置登记和定位、呼叫链路的建立和拆除、信道的分配和管理、越区切换和漫游的控制、鉴权和保密措施、计费管理等。

2．移动通信的系统和分类

移动通信站在不同的角度，可以有各种不同的分类方式。按使用对象可分为民用和军用移动通信系统；按使用环境可分为陆地、海上和空中移动通信系统；按服务范围可分为专用和公用移动通信系统；按信号形式可分为模拟和数字移动通信系统；按占用频带可分为窄带和宽带移动通信系统；按双工方式可分为频分双工（FDD）和时分双工（TDD）移动通信系统；按多址方式可分为频分多址（FDMA）、时分多址（TDMA）和码分多址（CDMA）移动通信系统等。

随着移动通信应用范围的扩大，移动通信系统的类型也越来越多。下面是几种典型的移动通信系统。

（1）蜂窝移动通信系统

蜂窝移动通信系统是把整个服务区划分成若干个较小的区域（Cell，在蜂窝系统中称为小区），各小区均用较小功率的发射机（即基站发射机）进行覆盖，许多小区像蜂窝一样能布满（即覆盖）任意形状的服务地区，如图8-1所示。对于服务区很大的公用移动通信网通常采用蜂窝的方式覆盖。在规划设计时蜂窝的形状通常理解为正六边形，以实现有效、无缝覆盖。根据划分的蜂窝大小不同又可分为宏蜂窝、微蜂窝和微微蜂窝系统。

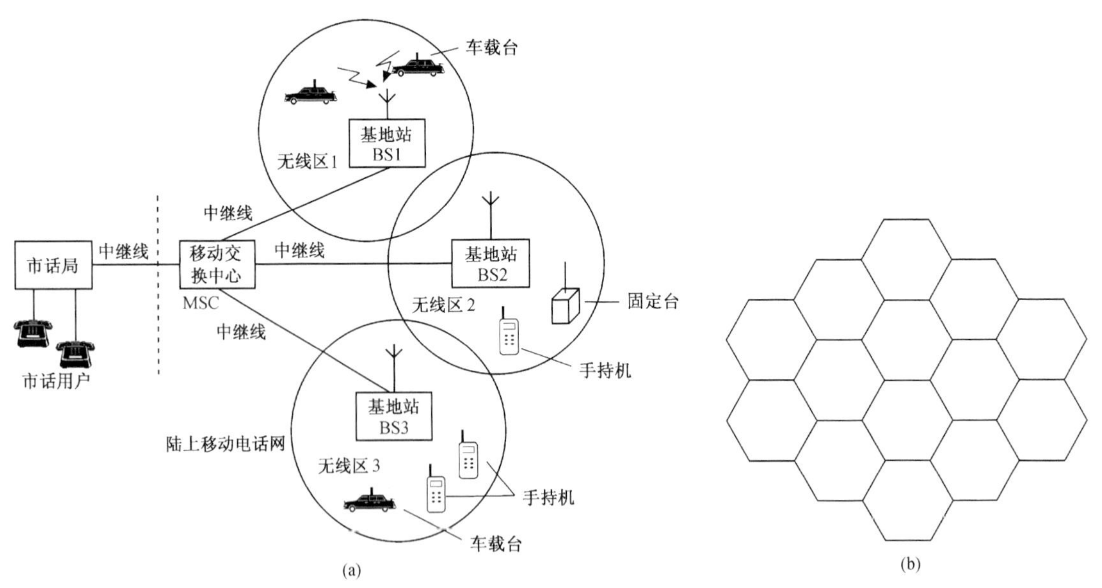

图8-1　蜂窝覆盖方式示意图

蜂窝移动通信系统大致上由移动交换中心、基站、中继传输系统和移动台组成。移动交换中心与基站之间通过中继线相连，基站和移动台之间的信号通过无线方式传送，移动交换

中心又可与本地网相连。

采用蜂窝系统组网最大的优越性之一就是可以实现无线资源再用，即在非相邻的小区（保证足够间隔）可使用相同的无线资源，使有限的系统带宽，能容纳为很广很多的用户。

（2）无线寻呼系统

无线寻呼系统是一种单向（下行）通信系统，其用户设备是袖珍式接收机，俗称“BB 机”。当电话用户要呼叫某一“BB 机”用户时，可直拨寻呼中心的专用号码，寻呼中心将通过人工或自动的方式记录被叫号码和要代传的消息，经无线信道发出呼叫。被叫用户设备收到寻呼信号后发出“B…B…”提示声，并能在显示屏上显示主叫号及简要消息。

（3）集群移动通信系统

集群移动通信系统属于专用移动通信系统，主要实现某行业内部调度和指挥的通信。简单的调度通信系统可由若干移动台组成，其中一个移动台充当调度台，由它用广播方式向所有其他的移动台发送消息，进行指挥与控制，这种调度系统的通信是单向的（调度台到移动台）。为了增加系统的功能，人们采用了很多技术措施，建立了具有双向通信能力的专用系统。

（4）移动卫星通信系统

移动卫星通信系统是利用卫星实现移动通信的系统。由于卫星比地面的无线基站高得多，所以卫星上面的无线收发信机的覆盖范围很大，尤其是可以覆盖海上、空中和地形复杂的地区。但也正是由于卫星的高度太高，在实现海上和陆地卫星移动通信时，要求用户终端的发信功率大、接收灵敏度高、天线增益高，甚至使用伺服系统以保证天线跟踪卫星。这些要求在船载终端或车载终端上可以实现，而在便携式终端和手持式终端难以实现。尽管如此，因为移动卫星通信系统的特殊优势，人们仍然不懈地研究和开发利用卫星为手持式终端提供话音和数据服务的系统。典型的系统有美国 Motorola 公司研制的“铱”（Iridium）星系统、全球星（Globalstar）系统、Skybridge 系统及 Teledesic 系统等。

常用的移动通信系统很多，下面只介绍电信运营的公用陆地移动通信网（PLMN、蜂窝结构）及其为广大公众提供的业务。

3. 移动通信的发展

早在 1897 年，马可尼在陆地和一只拖船之间用无线电进行了消息传输，这就是移动通信的开端。20 世纪 20 年代移动通信开始应用于军事和某些特殊领域，20 世纪 40 年代在民用方面逐步有所应用，直到最近三四十年移动通信才真正迅猛发展、广泛应用。在这短短几十年里，移动通信已经历了第一代系统（模拟系统，现已基本停止运营）、第二代系统（窄带数字系统，目前正广泛应用）、第三代系统（宽带数字系统）以及已经启动的第四代系统。

第一代移动通信系统（1st Generation，1G）的典型代表是美国的 AMPS 系统和欧洲的 TACS 系统，以及 NMT 和 NTT 等。AMPS（先进移动电话系统）使用模拟蜂窝传输的 800MHz 频带，在美洲和部分环太平洋国家广泛使用；TACS（全向入网通信系统）是 20 世纪 80 年代欧洲的模拟移动通信的制式，也是我国 20 世纪 80 年代采用的模拟移动通信制式，使用 900MHz 频带。而北欧的瑞典开通了 NMT（Nordic 移动电话）系统，德国开通 C-450 系统等。第一代移动通信系统为模拟制式，提供话音业务。

蜂窝移动通信的出现可以说是移动通信的一次革命。其频率复用大大提高了频率利用率并增大系统容量，网络的智能化实现了越区转接和漫游功能，扩大了客户的服务范围，但上述模拟系统有以下缺点：

① 各系统间没有公共接口；

② 很难开展数据业务；

③ 频谱利用率低无法适应大容量的需求；

④ 安全保密性差，易被窃听，易被盗号。

尤其是在欧洲由于系统间没有公共接口相互之间不能漫游，给客户之间通信造成很大的不便。

第二代移动通信系统（2nd Generation，2G）是数字通信系统，典型的系统有 GSM（采用 TDMA 方式）、DAMPS、IS-95 CDMA 和日本的 JDC（现在改名为 PDC）等数字移动通信系统。2G 除提供语音通信服务之外，也可提供低速数据服务和短消息服务。

归纳起来，第二代移动通信系统的优点有：

① 频谱效率高；

② 容量大；

③ 话音质量高；

④ 安全性。

第三代移动通信系统（3rd Generation，3G），国际电联也称 IMT-2000（International Mobile Telecommunications in the year 2000），欧洲的电信业巨头们则称其为 UMTS（通用移动通信系统）。它能够将语音通信和多媒体通信相结合，其可能的增值服务将包括图像、音乐、网页浏览、视频会议以及其他一些信息服务。3G 意味着全球适用的标准、新型业务、更大的覆盖面以及更多的频谱资源，以支持更多用户。

3G 系统与 2G 系统有根本的不同。3G 系统采用 CDMA 技术，加入了分组交换技术，与 2G 系统相比，3G 将支持更多的用户，实现更高的传输速率。

3G 的无线传输技术（RTT）可以满足以下需求。

① 信息传输速率：144 kbit/s（终端高速运动），384 kbit/s（终端运动速度较低），以及 2Mbit/s（终端基本不动，或小范围运动）。

② 根据带宽需求实现的可变比特速率信息传递。

③ 一个连接中可以同时支持具有不同 QoS 要求的业务。

④ 满足不同业务的延时要求（从实时要求的语音业务到尽力而为的数据业务）。

4．移动通信的主要无线技术

移动通信系统非常复杂，涉及的技术相当多。其中，移动用户终端通过基站以无线的方式接入到局端，在无线方面主要采用的技术如下。

（1）多址方式

蜂窝系统中是以信道来区分通信对象的，一个信道只容纳一个用户进行通话，许多同时通话的用户，相互间以信道来区分，这就是多址。如何建立用户之间的无线信道的连接，就是多址接入方式。

多址技术解决多个移动用户终端如何共享系统无线信道资源，实现同时接入，而且互不干扰的问题。多址技术的实现有几种方法，其中基本方式有 3 种，它们分别频分多址（FDMA）、时分多址（TDMA）和码分多址（CDMA）方式，如图 8-2 所示。

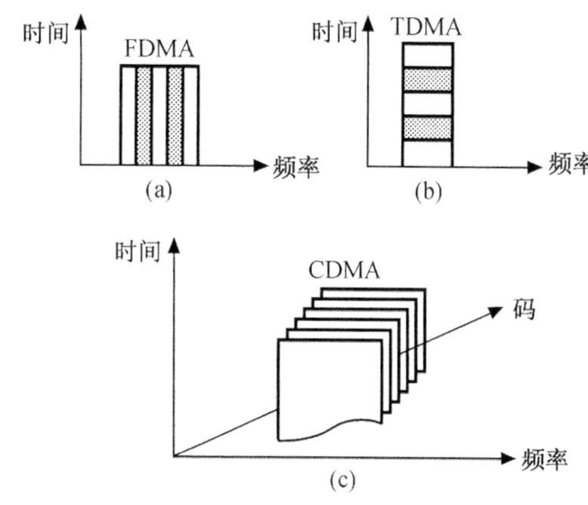

图 8-2　3 种多址方式的概念示意图

当以传输信号的载波频率不同来区分信道建立多址接入时，称为频分多址方式（FDMA）。FDMA 是以不同的频率信道实现通信的，就是把整个可分配的频谱划分成许多个无线信道，每个频率信道可以传输一路信号。在系统的控制下，任何一个用户都可以接入这些信道中的任何一个，如图 8-2（a）所示。

当以传输信号存在的时间不同来区分信道建立多址接入时，称为时分多址方式（TDMA），如图 8-2（b）所示。TDMA 是以不同的时隙实现通信的，就是在一个较宽频带的无线载波上，按时间（或称为时隙）划分为若干时分信道，每一用户占用一个时隙，只在这一指定的时隙内收（或发）信号。

当以传输信号的码型不同来区分信道建立多址接入时，称为码分多址方式（CDMA），如图 8-2（c）所示。CDMA 是以不同的代码序列实现通信的，这种多址方式不需要将划分频率和时隙，就是信号在传输以前要进行特殊的编码，且每一个用户的编码序列是相互正交的，多个用户信号可同时用同一载波传送，在接收端进行正交解码恢复信号。

目前在移动通信中应用的多址方式有：频分多址（FDMA）、时分多址（TDMA）、码分多址（CDMA）以及它们的混合应用方式等。

（2）双工方式

在无线电通信中，收发两个电台之间的工作方式分为单向工作方式和双向工作方式（简称单工方式和双工方式）。所谓单工方式是指无线电台中，某些电台只发射信号，而另一些电台只接收信号，无线信号的传输是单方向的。双工方式是指系统中的无线电台既能发射，又能接收，互相传递信号，现代先进的移动通信系统基本上都采用双向工作方式。

双工方式根据收发信道的不同划分又分为频分双工 FDD 和时分双工 TDD。其中，频分双工 FDD 系统的收发信道频率不同（需要一对频点），且收发频点之间应有足够的间隔，以避免发信干扰自电台的收信。时分双工 TDD 系统的收发信道频率相同，但时间不同，即收的时间不发、发的时间不收。两种双工方式各有利弊，在移动通信系统都得到广泛的应用。

（3）语音编码技术

比较先进的移动通信系统为了保证语音信号的质量，提高无线信道频率资源的利用率，提高系统容量，都采用了语音编码技术。

语音编码技术是在对语音信号完成数字化的同时，进行适当的编码压缩。通常对模拟语音信号进行抽样、量化和编码可以实现其数字化。而语音的编码压缩算法很多，如：基于波

形的压缩算法、基于参量的压缩算法、混合编码算法等。算法的选择要根据系统的需求，综合考虑算法的压缩比、保真度、复杂度等特性。

（4）调制技术

将待传的信号通过调制可以搬移到载波上传送，可见，调制是实现无线电通信的关键技术之一。基于幅移键控（ASK）、频移键控（FSK）、相移键控（PSK）三种最基本的数字调制。在移动通信的实际应用中主要有两大类方案：线性调制和衡包络调制。其中，线性调制（如 PSK、QPSK、DQPSK、OQPSK、π/4-QPSK、QAM、16QAM 及 64QAM 等）的频谱利用率较高，但对无线发信机的发信功率放大器的线性要求很严格；而衡包络调制（如 2FSK，MSK 及 GMSK 等）频谱利用率虽然不太高，但对无线发信机的发信功率放大器的线性要求也不太高，实现起来相对容易些。

（5）抗干扰和抗衰落技术

如前所述，移动通信系统运行在复杂的衰落和干扰环境中。通常从多方面、采用多种技术综合抗干扰和衰落。如在移动通信系统中常采用：纠错编码技术、交织技术、分集技术、自适应均衡技术、扩频技术、功率控制技术、天线技术等，从各个角度补偿或抵销无线信道的衰落和干扰。

（6）网络安全

由于移动通信的无线接口是开放的，通信信息容易被截取窃听，必须采用相应的安全技术措施，提供完备的安全功能。移动通信中的安全措施主要包括：对用户身份和移动通信终端进行识别和鉴权，对无线信道上的信息进行加密等。

随着各项移动通信技术的发展，移动通信系统的功能越来越强大，性能越来越完善，质量越来越好。

8.2 第二代移动通信

随着移动通信系统的发展，第一代模拟系统早已退出市场并被第二代移动通信系统所取代，第二代移动通信系统与第三代移动通信系统共同生存，并正在向第四代移动通信系统平滑演进。我国正在运营的第二代移动通信系统有两个不同的制式即 GSM 和 CDMA，下面分别介绍这两个系统。

1. GSM 及 GPRS 移动通信系统

迄今为止，数字蜂窝移动通信网发展最快的是欧洲的全球移动通信（Global System for Mobile Communication，GSM）网。世界很多国家采用 GSM 标准，使之成为在全球广泛应用，占据了移动通信 50%以上的市场。

（1）GSM 系统的结构与功能

全球移动通信 Global System for Mobile Communication（GSM）是第二代移动通信网，1991 年问世于欧洲，也是我国目前移动公司和联通公司运营的移动通信网。

GSM 系统的典型结构如图 8-3 所示。由图可见，GSM 系统是由若干个子系统或功能实体组成。其中，基站子系统（BSS）在移动台（MS）和网络子系统（NSS）之间提供和管理传输通路，特别是包括了 MS 与 GSM 系统的功能实体之间的无线接口管理。NSS 管理通信业务，保证 MS 与相关的公用通信网或与其他 MS 之间建立通信。MS、BSS 和 NSS 组成

GSM 系统的实体部分。操作支持系统（OSS）则提供运营部门一种手段来控制和维护这些实体运行部分。

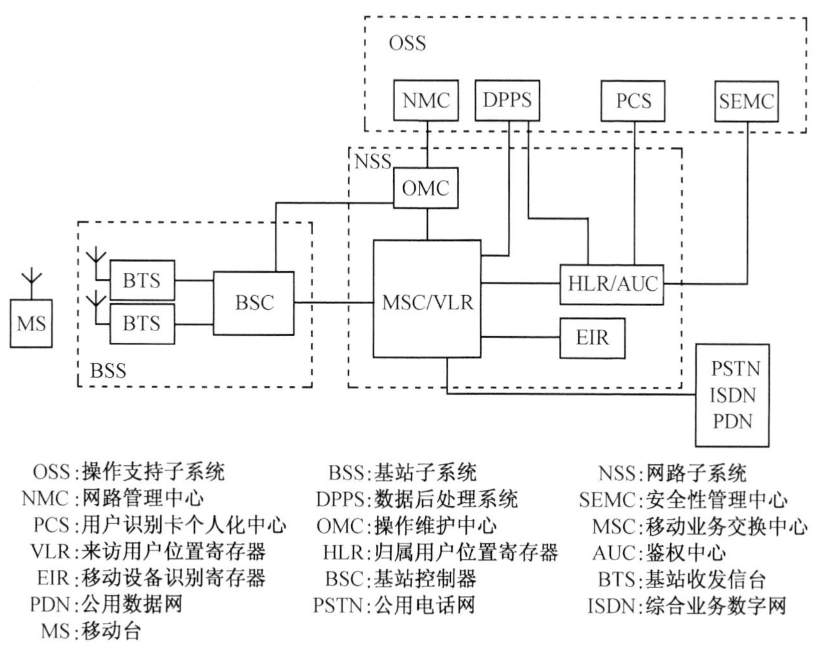

OSS:操作支持子系统　BSS:基站子系统　NSS:网路子系统
NMC:网路管理中心　DPPS:数据后处理系统　SEMC:安全性管理中心
PCS:用户识别卡个人化中心　OMC:操作维护中心　MSC:移动业务交换中心
VLR:来访用户位置寄存器　HLR:归属用户位置寄存器　AUC:鉴权中心
EIR:移动设备识别寄存器　BSC:基站控制器　BTS:基站收发信台
PDN:公用数据网　PSTN:公用电话网　ISDN:综合业务数字网
MS:移动台

图 8-3　GSM 系统的结构

① 网络子系统（NSS）。网络子系统（NSS）主要完成交换功能和用户数据与移动性管理、安全性管理所需的数据库功能。NSS 由一系列功能实体所构成，各功能实体介绍如下。

移动交换中心 MSC 是 GSM 系统的核心。它是对位于它所覆盖区域中的移动台进行控制和完成话路交换的功能实体。它是通向其他 MSC 与其他公用通信网（如公共交换电话网、综合业务数字网等）之间的接口，可完成与其他网路接口、公共信道信令系统和计费等功能，还可完成 BSS 与 MSC 之间的切换和辅助性的无线资源管理、移动性管理等。

拜访用户位置寄存器 VLR 是一个数据库。它是存储 MSC 为了处理所管辖区域中 MS（统称来访用户）的来话、去话呼叫所需检索的信息。例如，用户的号码，所处位置区域的识别，向用户提供的服务等参数。

归属用户位置寄存器 HLR 也是一个数据库。它是存储管理部门用于移动用户管理的数据。每个移动用户都应在其归属位置寄存器（HLR）注册登记，它主要存储两类信息：一是有关用户的参数；二是有关用户目前所处位置的信息，以便建立至移动台的呼叫路由，例如 MSC，VLR 地址等。

鉴权中心 AUC 用于产生为确定移动用户的身份和对呼叫保密所需鉴权、加密的三参数（随机号码 RAND，符合响应 SRES，密钥 Kc）的功能实体。

移动设备识别寄存器 EIR 也是一个数据库，存储有关移动台设备参数。主要完成对移动设备的识别、监视、闭锁等功能，以防止非法移动台的使用。

操作和维护中心 OMC：GSM 系统还有个操作维护中心（OMC），它主要是对整个 GSM 网路进行管理和监控。通过它实现对 GSM 网内各种部件功能的监视、状态报告、故障诊断等功能。

② 基站子系统（BSS）。基站子系统 BSS 是在一定的无线覆盖区中由 MSC 控制，与 MS 进行通信的系统设备，它主要负责完成无线发送接收和无线资源管理等功能。基站子系统 BSS 可分为基站控制器（BSC）和基站收发信台（BTS）两个功能实体。

基站控制器 BSC：具有对一个或多个 BTS 进行控制的功能，它主要负责无线网路资源的管理、小区配置数据管理、功率控制、定位和切换等，是个很强的业务控制点。

基站收发信台 BTS：无线接口设备，由 BSC 控制，主要负责无线传输，完成无线与有线的转换、无线分集、无线信道加密、跳频等功能。

③ 移动台（MS）。移动台就是移动用户终端，它由两部分组成，移动终端设备（MT）和用户识别卡（SIM）。移动终端设备就是“机”，它可完成话音编码、信道编码、信息加密、信息的调制和解调、信息发射和接收。SIM 卡代表“人”，它类似于现在的 IC 卡，因此也称作智能卡，存储认证用户身份所需的所有信息，并能执行一些与安全保密有关的重要信息，以防止非法客户进入网络。SIM 卡还存储与网络和用户有关的管理数据，只有插入 SIM 后移动终端才能接入进网。

④ 操作支持子系统（OSS）。操作支持子系统（OSS）是一个相对独立的对 GSM 系统提供管理和服务功能的单元，主要包括网路管理中心（NMC）、安全性管理中心（SEMC）、用于用户识别卡管理的个人化中心（PCS）、用于集中计费管理的数据库处理系统（DPPS）等功能实体。

（2）GSM 系统的接口

为了保证网路运营部门能在充满竞争的市场条件下灵活选择不同供应商提供的数字蜂窝移动通信设备，GSM 系统在制定技术规范时就对其子系统之间及各功能实体之间的接口和协议作了比较具体的定义，使不同供应商提供的 GSM 系统基础设备能够符合统一的 GSM 技术规范而达到互通、组网的目的。

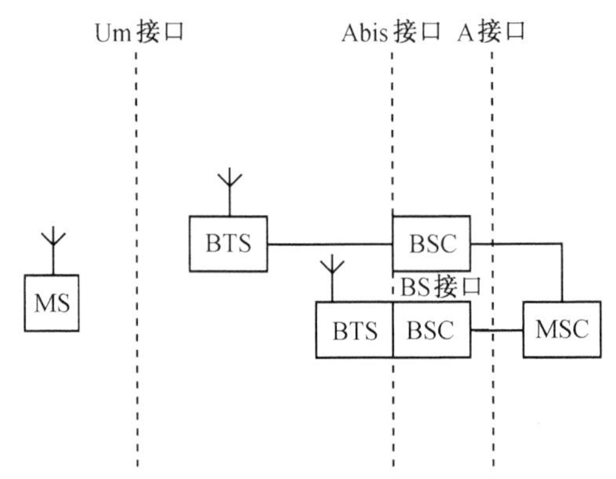

图 8-4 GSM 系统的主要接口

GSM 系统的主要接口有 A 接口、Abis 接口和 Um 接口，如图 8-4 所示。这三种主要接口的定义和标准化能保证不同供应商生产的移动台、基站子系统和网络子系统设备能纳入同一个 GSM 数字移动通信网运行和使用。

① A 接口：A 接口定义为网络子系统（NSS）与基站子系统（BSS）之间的通信接口。从系统的功能实体来说，就是移动交换中心（MSC）与基站控制器（BSC）之间的互连接口，其物理链接通过采用标准的 2.048Mbit/sPCM 数字传输链路来实现。此接口传递的信息包括移动台管理、基站管理、移动性管理和接续管理等。

② Abis 接口：Abis 接口定义为基站子系统的两个功能实体基站控制器（BSC）和基站收发信台（BTS）之间的通信接口，其物理链接通过采用标准的 2.048Mbit/s 或 64kbit/s 的 PCM 数字传输链路来实现。此接口支持所有向用户提供的服务，并支持对 BTS 无线设备的

控制和无线频率的分配。

③ Um 接口（空中接口）：Um 接口定义为移动台与基站收发信台（BTS）之间无线通信的空中接口，用于移动台与 GSM 系统的固定部分之间的互通，其物理链接通过无线链路实现。此接口传递的信息包括无线资源管理、移动性管理和接续管理等。

（3）GSM 的无线传输方式及特征

GSM 以蜂窝方式组网，开始使用 900MHz 频段。随着用户的增加，通信业务量不断增加，继 900MHz 之后，GSM 又开发使用了 1800MHz 频段，以微蜂窝方式组网。为了加以区别，称为 DCS（数字通信系统）。目前，DCS1800 网与 GSM900 网双层覆盖，除使用的射频频段和蜂窝大小不一样外，其他方面（结构和工作原理等）基本一致，一般 GSM 都包含 DCS 在内。

① GSM 空中接口的主要特性参数。

• 工作频段：	900MHz 频段：	上行	905MHz～915MHz
		下行	950MHz～960MHz
	1800MHz 频段：	上行	1710MHz～1785MHz
		下行	1805MHz～1880MHz
• 双工间隔：	900MHz 频段：	45MHz	
	1800MHz 频段：	95MHz	
• 邻道间隔：	200kHz		
• 多址方式：	TDMA/FDMA（8 时隙/每载波）		
• 双工方式：	FDD		
• 调制方式：	GMSK		
• 话音编码算法：	RPE-LTP		
• 信道纠错编码：	交织编码/卷积编码		
• 传输速率：	270.833kbit/s		

② GSM 的信道。GSM 中的无线信道分为物理信道和逻辑信道，一个物理信道对应 TDMA 的一个时隙（TS），而逻辑信道是根据 BTS 与 MS 之间传递的种类的不同而定义的。这些逻辑信道映射到物理信道上传送。从 BTS 到 MS 的方向称为下行链路，相反的方向称为上行链路。

逻辑信道又分为业务信道和控制信道两大类，如图 8-5 所示。

业务信道（TCH）主要传输数字话音或数据，其次还有少量的随路控制信令。业务信道有全速率业务信道（TCH/F）和半速率业务信道（TCH/H）之分。半速率业务信道所用时隙是全速率业务信道所用时隙的 1/2。目前使用的是全速率业务信道，将来采用低比特率话音编码器后可使用半速率业务信道，从而在信道传输速率不变的情况下，时隙数目可加倍。

载有编码话音的业务信道称为话音业务信道。话音业务信道又分为 22.8kbit/s 全速率话音业务信道和 11.4kbit/s 半速率话音业务信道。对于全速率话音编码，话音帧长 20ms，每帧含 260bit 话音信息，提供的净速率为 13kbit/s。

载有数据业务的信道称为数据业务信道。在全速率或半速率信道上，通过不同的速率适配，用户可使用下列各种不同的数据业务，如 9.6kbit/s，4.8kbit/s 和 2.4kbit/s 等。

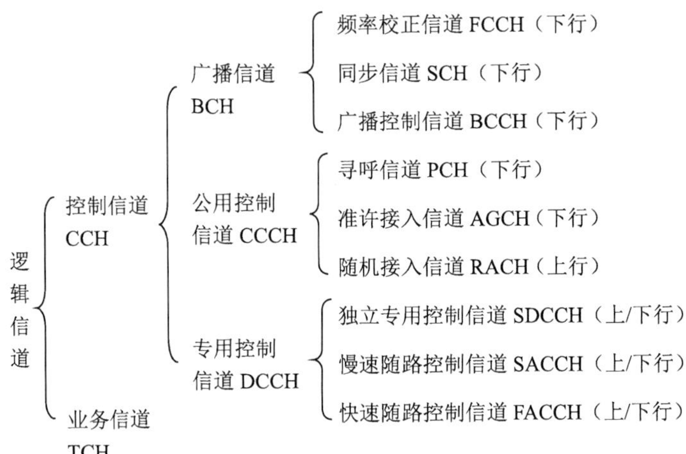

图 8-5　逻辑信道划分

此外，在业务信道中还可安排慢速随路控制信道或快速随路控制信道。

控制信道（CCH）用于传送信令和同步信号。它主要有 3 种：广播信道（BCH）、公共控制信道（CCCH）和专用控制信道（DCCH）。

其中，广播信道（BCH）是一种“一点对多点”的单方向控制信道，用于基站向移动台广播公用的信息。传输的内容主要是移动台入网和呼叫建立所需要的有关信息。广播信道（BCH）又分为：频率校正信道（FCCH），传输供移动台校正其工作频率的信息；同步信道（SCH），传输供移动台进行同步和对基站进行识别的信息；广播控制信道（BCCH），传输系统公用控制信息，例如公共控制信道（CCCH）号码以及是否与独立专用控制信道（SDCCH）相组合等信息。

公用控制信道（CCCH）是一种双向控制信道，用于呼叫接续阶段传输链路连接所需要的控制信令。公用控制信道（CCCH）又分为：寻呼信道（PCH），传输基站寻呼移动台的信息；随机接入信道（RACH），这是一个上行信道，用于移动台随机提出的入网申请，即请求分配一个独立专用控制信道（SDCCH）；准许接入信道（AGCH），这是一个下行信道，用于基站对移动台的入网申请作出应答，即分配一个独立专用控制信道（SDCCH）。

专用控制信道（DCCH）是一种“点对点”的双向控制信道，用途是在呼叫接续阶段以及在通信进行当中，在移动台和基站之间传输必需的控制信息。专用控制信道（DCCH）又分为：独立专用控制信道（SDCCH），用于在分配业务信道之前传送有关信令，如登记、鉴权等信令均在此信道上传输，经鉴权确认后，再分配业务信道（TCH）；慢速随路控制信道（SACCH），在移动台和基站之间，需要周期性地传输一些信息，如移动台要不断地报告正在服务的基站和邻近基站的信号强度、基站对移动台的功率调整、时间调整命令，因此 SACCH 是双向的点对点控制信道。SACCH 可与一个业务信道或一个独立专用控制信道联用；快速随路控制信道（FACCH），传送与 SDCCH 相同的信息，只有在没有分配 SDCCH 的情况下，才使用这种控制信道。使用时要中断业务信息，把 FACCH 插入业务信道，每次占用的时间很短，约 18.5ms。

综上所述，GSM 通信系统为了传输所需的各种信令，设置了多种控制信道。增强了系统的控制功能，同时也保证了通信质量。

（4）GSM 网无线覆盖的区域结构

从无线覆盖区域的划分来看 GSM 的网络结构如图 8-6 所示。GSM 无线覆盖的最小不可分割的区域是由一个基站（全向天线）或一个基站的一个扇形天线（BTS）所覆盖的区域（见图 8-7），称为小区或 Cell。每小区由全球小区识别码（GCI）来识别。

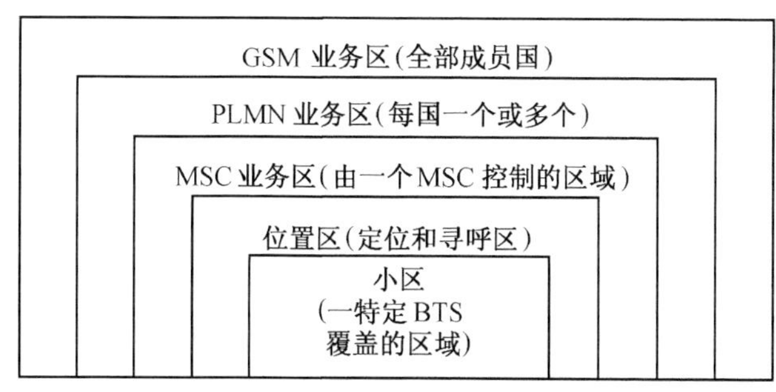

图 8-6　GSM 各区之间的关系

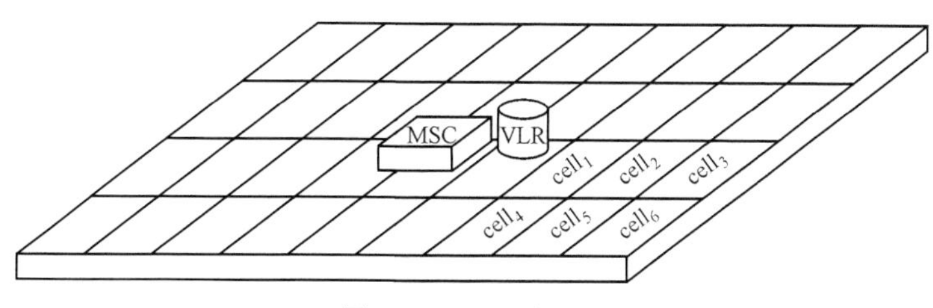

图 8-7　GSM“小区”

若干个小区组成一个位置区（LAI），如图 8-8 所示。位置区的划分是由网路运营者设置的。一个位置区可能和一个或多个 BSC 有关，但它只属于一个 MSC。位置区是系统用于搜索激活状态下的移动台，因此在一个位置区内，移动台可以“自由地”移动，不用更新控制该位置信息。系统利用位置区识别码识别不同的位置区。

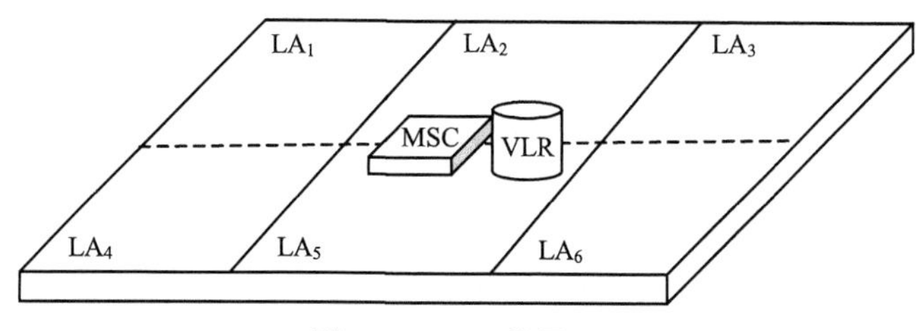

图 8-8　GSM“位置区”

一个 MSC 业务区是其所管辖的所有小区共同覆盖的区域，可由一个或几个位置区组成。

PLMN（公共陆地移动网）的业务区是由一个或多个 MSC 业务区组成。每个国家有一个或多个 PLMN 业务区。我国各电信公司的 PLMN 构成全国的移动通信网。

GSM 业务区由全球各国 GSM 的 PLMN 业务区组成。

（5）GPRS 介绍

随着数据通信技术发展，特别是因特网技术的日新月异，无线数据业务的范畴也在不断

拓展。由于 GSM 是基于电路交换的，虽然也可以提供数据业务，但接入速率较低（如 9.6kbit/s），只能实现小数据量业务的因特网接入、收发 E-mail 等业务。由于电路交换的固有特点，使得在 GSM 提供数据业务时资源利用率低、使用成本高，因此引入基于分组交换的移动业务网（GPRS）。

① GPRS 的概念和特点。通用分组无线业务（General Packet Radio Service，GPRS）是在原有 GSM 网络的基础上进行扩充，以提供分组无线业务的系统。GPRS 是为了使 GSM 满足未来移动数据通信业务的发展而引入的，出于数据业务的传送任务大多具有突发性的特点，对传输速率的要求往往变化较大，因此采用分组的方式进行处理比较合适。GPRS 是第 2 代移动通信系统向第 3 代移动通信系统过渡的一个系统，常被人们称为第 2.5 代移动通信系统。

在 GSM 的基础上发展起来的 GPRS，有很多特点。

GPRS 向用户提供从 9.6kbit/s 到多于 100kbit/s 的接入速率。

GPRS 支持多用户共享一个信道的机制（见图 8-9），每个时隙允许最多 8 个用户共享，提高了无线信道的利用率。

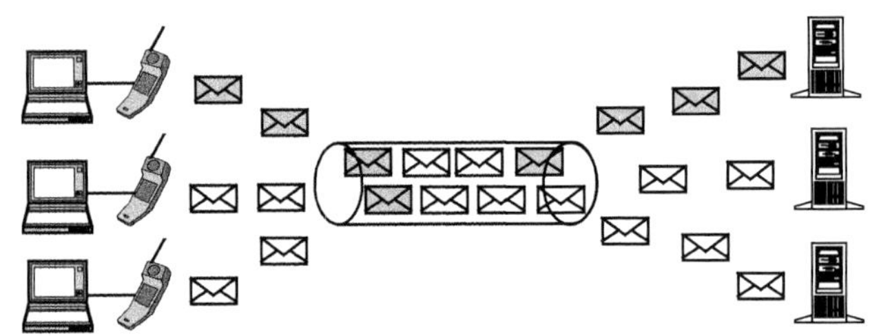

图 8-9　GPRS 支持多用户共享一个信道的机制

GPRS 支持一个用户占用多个信道（见图 8-10），提供较高的接入速率。

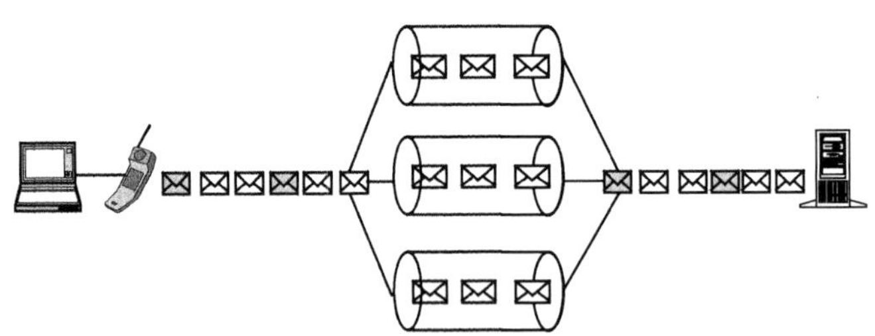

图 8-10　GPRS 支持一个用户占用多个信道

GPRS 是移动网和 IP 网的结合，可提供固定 IP 网支持的所有业务。

总之，GPRS 对于运营商可提供更多更优质的增值业务，提高无线资源的利用率，同时从 IP 业务的迅猛发展中得到更多的商机。GPRS 对于用户来说，有很多优点：计费合理（GPRS 可以采用以所传输的数据量为依据的计费方法）、覆盖广泛（依靠 GSM 广泛的覆盖，GPRS 向用户提供无处不在的业务）、业务丰富（GPRS 可向用户提供固定 IP 网可以提供的所有业务）、性能优越（GPRS 支持更高的接入速率、更短的建立时间）等。

② GPRS 的系统结构。GPRS 的系统结构如图 8-11 所示，它是在原 GSM 系统的基础上增加了服务 GPRS 支持节点（SGSN）、网关 GPRS 支持节点（GGSN）等网元。

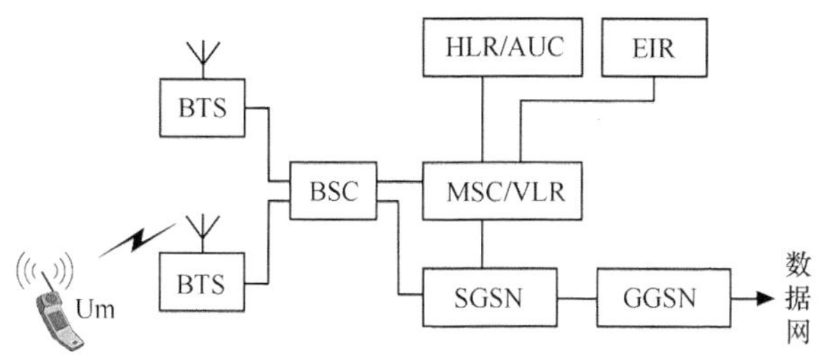

图 8-11　GPRS 系统结构示意图

服务 GPRS 支持节点（SGSN）为在本 SGSN 区域的 MS 提供服务，和 MSC/VLR/EIR 配合完成移动性管理功能，并对来自 BSS 系统的分组数据包提供路由转发功能，在 MS 和 GGSN 之间建立起一条分组数据传输通路。执行用户位置管理、安全功能和接入控制功能。

网关 GPRS 支持节点（GGSN），实际上就是网关或路由器，它提供 GPRS 和公共分组数据网之间的互连接口，并提供数据包在 GPRS 网和外部数据网之间的路由和封装。GGSN 可以 IP 协议接入因特网，也可以 X.25 协议接入 ISDN 网。

GPRS 给现有的 GSM 系统带来分组业务，使得 GSM 用户能通过手机接入因特网或企业网等公用数据网。

在 GSM 的基础上扩展 GPRS，除了能提供原 GSM 提供的电话业务和数据业务外，还能提供丰富的基于 IP 的业务和多彩的信息服务。

2. CDMA（IS-95）移动通信系统

我国电信运营商目前除了有 G 网（即 GSM 和 GPRS）为用户提供移动业务外，同时运营着 C 网（即 CDMA IS-95）。CDMA IS-95 是美国开发的移动通信系统，也属于移动通信的第二代。

各种公共陆地移动通信网（PLMN）的结构基本类似（见图 8-3、图 8-11）。CDMA IS-95 系统与 GSM 的根本区别在于无线接口，它们采用了不同的多址方式，GSM 采用 TDMA 时分多址方式，而 CDMA IS-95 采用 CDMA 码分多址方式。

（1）IS-95 标准

IS-95 是美国电信工业协会（TIA）于 1993 年公布的窄带码分多址（N-CDMA）移动通信的空中接口技术标准。IS-95 标准的主要参数如下。

- 使用频段：825～849MHz（上行）　或　1850～1910MHz（上行）
870～894MHz（下行）　　1930～1990MHz（下行）
- 双工间隔：45 MHz　或　80 MHz
- 多址方式：CDMA/FDMA
- 双工方式：频分双工（FDD）
- 载波间隔：1.25 MHz
- 调制方式：π/4-QPSK（反向信道）
QPSK　（正向信道）
- 码片速率：1.2288Mbit/s
- 话音编码：Q-CELP
- 信道纠错编码：卷积编码+分组交织

CDMA 码分多址技术，是网络给每一用户分配一个唯一的码序列（扩频码），并用它对承载信息的信号进行编码。知道该码序列用户的接收机对收到的信号进行解码，并恢复出原始数据，这是因为该用户码序列与其他用户码序列的互相关是很小的。由于码序列的带宽远大于所承载信息的信号的带宽，编码过程扩展了信号的频谱，所以也称为扩频调制，所产生的信号也称为扩频信号。CDMA 按照其采用的扩频调制方式的不同，可以分为直接序列扩频（DS）、跳频扩频（FH）、跳时扩频（TH）和复合式扩频。其中，被广泛采用于 CDMA 移动通信网的是直接扩频技术。

直接扩频就是在发端待传的数字信号直接用扩频码（随机序列）进行扩频调制（见图 8-12）。在收端，将已扩的码片解扩，恢复数字信号。扩频码比被扩数字信号的速率高很多，经过扩频后的码片能量谱比原数字信号占带宽得多，因此其抗干扰的性能大大增强。在多用户共享射频信道时，每个用户的信号被不同的扩频码调制，不同用户的扩频码必须相互正交，这样在接收端才能在众多的信号中选出并解调恢复欲接收的数字信号，所以，称为码分多址。

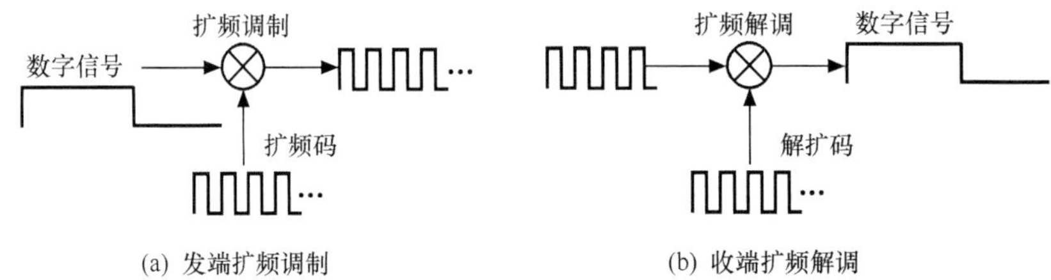

图 8-12　扩频技术

采用了 CDMA 技术的移动网有很多的优越性，例如，因为 CDMA 网络的抗干扰性能很强，所以瞬时发射功率比较小；CDMA 网络中的用户可以以相同的频率同时通信（分配的码不同），这样相邻的基站可以使用相同的频率，频率利用率非常高，且在组网规划上不用像 TDMA 和 FDMA 系统那样做复杂的射频配置规划。另外，CDMA 移动通信网的容量大、通话质量好、频率规划简单、手机电池寿命长，能够实现多种形式的分集（时间分集、空间分集和频率分集）和软切换等。

（2）IS-95 系统的无线链路

在 FDMA 和 TDMA 蜂窝系统的组网中，小区和扇区都是靠频率来划分的。也就是说，每个小区或扇区都有自己的频点。而 CDMA 蜂窝系统每个载频占用的频段为 1.25MHz 带宽，不同的 CDMA 蜂窝系统可采用不同的载频区分。而对同一个 CDMA 蜂窝系统的某一个载频，则是采用码分选择站址的，即对不同的小区和扇区基站分配不同的码型。

在 IS-95 系统中，这些不同的码型是由一个 PN 码序列生成的，PN 序列周期为 $2^{15}=32\,768$ 个码片（Chip），并将此周期序列每隔 64 码片移位序列作为一个码，共可得到 $\frac{32768}{64}=512$ 个码。这就是说，在 1.25 MHz 带宽的 CDMA 蜂窝系统中，可区分多达 512 个基站（或扇区站）。

在一个小区（或扇区）内，基站与移动台之间的信道，是在 PN 序列上再采用正交序列进行码分的信道。一般将基站到移动台方向的链路称作前向链路（下行），将移动台到基站方向的链路称为反向链路（上行）。前向链路和反向链路均是由码分物理信道构成的。利用

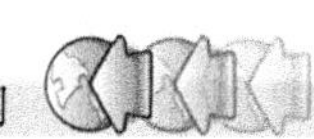

码分物理信道可以传送不同功能的信息。依据所传送的信息功能不同而分类的信道，称为逻辑信道。

① 前向链路。前向链路中的逻辑信道由导频信道、同步信道、寻呼信道和前向业务信道等组成。

前向逻辑信道及其功能如下。

导频信道：基站在此信道发送导频信号（其信号功率比其他信道高 20dB）供移动台识别基站并引导移动台入网。

同步信道：基站在此信道发送同步信息供移动台建立与系统的定时和同步。

寻呼信道：基站在此信道寻呼移动台，发送有关寻呼、指令及业务信道指配信息。

前向业务信道：供基站到移动台之间通信，用于传送用户业务数据；同时也传送信令信息，传送这种信令信息的信道被称为随路信令信道。例如，功率控制信令信息就是在随路信令信道中传送的。

在 IS-95 中，基站与移动台之间的前向链路的码分物理信道，是在 PN 序列上再采用正交信号进行码分的信道。其正交信号为 Walsh 函数，所生成的 Walsh 序列长度为 64 个码片。正交信号共有 64 个 Walsh 序列码型，记作 W0，W1，W2，…，W63，可提供 64 个码分信道。

前向码分物理信道按 Walsh 码可提供 64 个信道，即 W0～W63。前向链路的逻辑信道分配与码分物理信道的关系如表 8-1 所示。

表 8-1　　前向链路的逻辑信道分配与码分物理信道的关系

逻辑信道	信道个数	物理信道	逻辑信道	信道个数	物理信道
导频信道	1	W0	寻呼信道	1～7	W1～W7
同步信道	1	W32	前向业务信道	55	W8～W31 W33～W63

② 反向链路。反向链路中的逻辑信道由接入信道和反向业务信道等组成。

接入信道：接入信道是一个随机接入的信道，网内移动台可随机占用此信道发起呼叫及传送应答信息。

反向业务信道：反向业务信道供移动台到基站之间通信，它与前向业务信道一样，用于传送用户业务数据，同时也传送信令信息，如功率控制信道。

在 IS-95 中，反向链路的码分物理信道是用周期为 $2^{42}-1$ 的长 PN 序列（长码）构成的。长码 PN_A 和 PN_T 分别为反向接入逻辑信道和反向业务逻辑信道提供码分物理信道，最多可设置的接入信道数 n=32，对应的物理信道为 PN_{A1}～$PN_{A\,n}$；最多可设置的反向业务信道数 m=64，对应的物理信道为 PN_{T1}～$PN_{T\,m}$。

（3）CDMA 系统的同步与定时

在 CDMA 通信系统中，系统的同步与定时也是十分重要的。除数字通信本身的同步定时外，CDMA 系统还需要建立同步。

每个基站的标准时基与 CDMA 系统的时钟对准，它驱动导频信道的 PN 序列和帧，以及 Walsh 函数的定时。当 CDMA 系统的外部时钟丢失时，系统应能使基站发射定时误差保持在容限之内。全部基站应在 CDMA 系统时钟的±10μs 内发送导引 PN 序列，基站发送的所

有 CDMA 信道相互定时误差应在±10μs 之内。定时校正的改变率每 200ms 应不超过$\frac{1}{8}$PN chip（即 101.725 ns）。导频 PN 序列与 Walsh 函数（W0）序列间的时间误差应小于±50 ns，导频信道射频载波与同一前向信道中的任何其他信道射频载波间的相位差不应超过 0.05rad。

CDMA 系统的公共时钟基准是 CDMA 系统时间，它是采用 GPS（全球定位系统）时间标尺，GPS 时间标尺跟踪并同步于 UTC（世界协调时间）。

（4）CDMA 系统的功率控制

CDMA 功率控制的目的有两个：一个是克服反向链路的远近效应；另一个是在保证接收机的解调性能情况下，尽量降低发射功率，减少对其他用户的干扰，增加系统容量。IS-95 系统的功率控制分为前向功率控制和反向功率控制。

前向功率控制是基站根据每个移动台传送的信号质量信息（误帧率消息）来调节基站业务信道发射功率的过程，其目的是使所有移动台在保证通信质量的条件下，基站发射功率为最小。因为前向链路的功率控制将影响众多的移动用户通信，所以每次的功率调节量很小，调节范围有限，调节速度也比较低。

反向功率控制是指对移动台发射功率的控制，包括开环和闭环等功率控制。

移动台的开环功率控制是指移动台根据接收的基站信号强度来调节移动台发射功率的过程。系统内的每个移动台，根据其接收到的前向链路信号强度来判断传播路径衰耗，并调节移动台的发射功率。接收的信号越强，移动台的发射功率应越小。其目的是使所有移动台到达基站的信号功率相等，以免“远近效应”影响 CDMA 系统对码分信号的接收。

需要指出的是，在开环功率控制中，移动台的发射功率的调节是基于前向信道的信号强度，信号强时，发射功率调小；信号弱时，发射功率增大。但是，当前向和反向信道的衰落特性不相关时，基于前向信道的信号测量是不能反映反向信道传播特性的。因此，开环功率控制仅是一种对移动台平均发射功率的调节。为了能准确估算出反向信道的衰落，对移动台发射功率要进行准确的调节，还需要采用闭环功率控制的方法。

闭环功率控制是指移动台根据基站发送的功率控制指令来调节移动台的发射功率的过程。基站测量所接收到的每一个移动台的信噪比，并与一个门限相比较，决定发给移动台的功率控制指令是增大还是减少它的发射功率。移动台将接收到的功率控制指令与移动台的开环估算相结合，来确定移动台应发射的功率值。在功率控制的闭环调节中，基站起主导作用。

（5）CDMA 系统的切换和漫游

在 CDMA 蜂窝系统中，像 FDMA 蜂窝系统和 TDMA 蜂窝系统一样，存在移动用户越区切换及漫游。不同的是，在 CDMA 蜂窝系统中的信道切换可分为硬切换及软切换两大类。

硬切换是指在载波频率指配不同的基站覆盖小区之间的信道切换。这种硬切换将包括载波频率和导频信道 PN 序列偏移的转换。在切换过程中，移动用户与基站的通信链路有一个很短的中断时间。

软切换是指在导频信道的载波频率相同时小区之间的信道切换。这种软切换只是导频信道 PN 序列偏移的转换，而载波频率不发生变化。在切换过程中，移动用户与原基站和新基站都保持着通信链路，可同时与两个（或多个）基站通信；然后才断开与原基站的链路，而保持与新基站的通信链路。因此，软切换没有通信中断的现象，从而提高了通信质量。

软切换还可细分为更软切换和软/硬软切换。更软切换是指在一个小区内的扇区之间的

信道切换。因为这种切换只需通过小区基站便可完成，不需通过移动交换中心的处理，所以称之为更软切换。软/硬软切换是指在一个小区内的扇区与另一小区或另一小区的扇区之间的信道切换。

在 CDMA 系统中，为了区分和管理，将一个系统的覆盖分成若干个网络，而网络又分成区域，区域由若干个基站组成。不同的系统用系统识别码（SID）标记，不同的网络用网络识别码（NID）标记，CDMA 的系统和网络划分可由 SID 与 NID 决定，如图 8-13 所示。

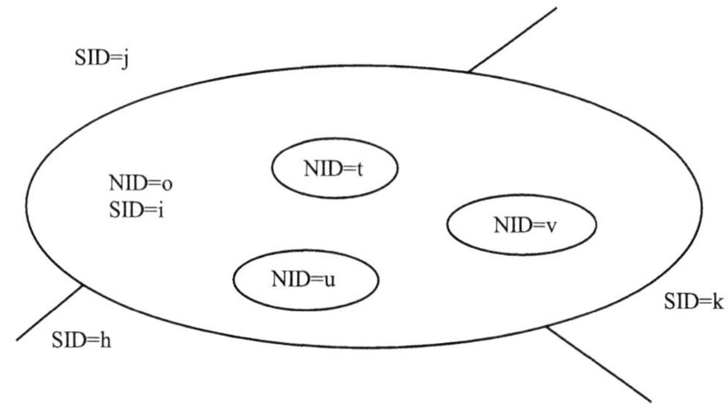

图 8-13　CDMA 的系统和网络划分

如果移动台的归属（SID，NID）与当前所在覆盖区（SID，NID）对应相同时，只存在切换的可能，而不发生漫游。如果移动台的归属（SID，NID）与当前所在覆盖区（SID，NID）不相同，则说明该移动台用户是漫游用户。

8.3　第三代移动通信

1. 第三代移动通信系统的引入

第二代移动通信系统的主要业务是语音业务，其核心技术主要是以语音业务为基础的，虽然也可以开展一些数据业务，但速率比较低，限制了高速数据业务的开展。为了移动用户能享受宽带的移动多媒体业务和同时享受多业务，必须推出第三代移动通信系统。所以第三代移动通信系统是因高速数据业务驱动而开发的宽带数字移动通信系统。

ITU-T 早在 1985 年就提出了第三代移动通信系统的概念，最初命名为 FPLMTS（未来公共陆地移动通信系统），后在 1996 年更名为 IMT-2000（International Mobile Telecommunications 2000）。

第三代移动通信系统的目标是：世界范围内设计上的高度一致性；与固定网络各种业务的相互兼容；高服务质量；全球范围内使用的终端；具有全球漫游能力；支持多媒体功能及广泛业务的终端。

为了实现上述目标，对第三代无线传输技术（RTT）提出了支持高速多媒体业务（高速移动环境：144kbit/s；室外步行环境：384kbit/s；室内环境：2Mbit/s），比现有系统有更高的频谱效率等基本要求。

第三代移动通信网络最终还是没有统一在一个标准上，各标准的主要区别在于它们采用的无线接口标准。2000 年，在芬兰赫尔辛基召开的 ITU 会议通过了 IMT-2000 无线接口技术

规范建议（IMT.RSPC），最终确立了 IMT-2000 所包含的无线接口技术标准。其中，3 个主要的无线接口标准是：IMT-2000 CDMA DS（其无线接口标准是 WCDMA），IMT-2000 CDMA MC（其无线接口标准是 CDMA2000）和 IMT-2000 CDMA TDD（其无线接口标准是 TD-SCDMA）。

2．第三代移动通信系统 IMT-2000 的系统结构

图 8-14 所示为 ITU 定义的 IMT-2000 的功能子系统和接口。从图中可以看到，IMT-2000 系统由终端（UIM+MT）、无线接入网（RAN）和核心网（CN）三部分构成。除了无线接口外，无线接入网和核心网两部分的标准化工作对 IMT-2000 整个系统和网络来讲，是非常重要的。

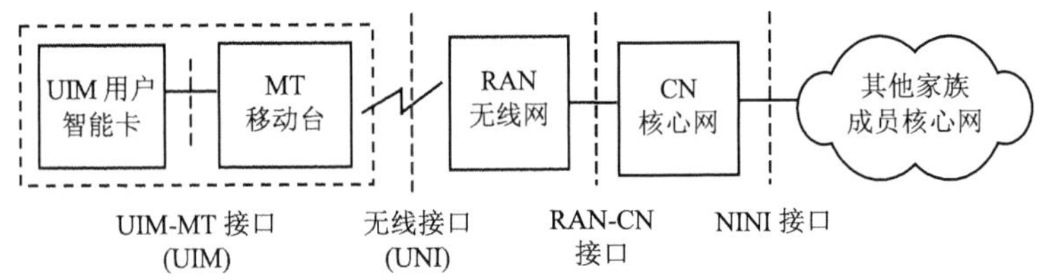

图 8-14　IMT-2000 功能子系统和接口

根据 ITU-T 在 1997 年定义的“家族概念”，这两部分的标准化主要由“家族成员”内部进行标准化。目前的家族成员主要有两个，一个是基于 GSM MAP 网络，另一个基于 ANSI-41 的核心网，分别由 3GPP 和 3GPP2 进行标准化。而两个“家族成员”网络之间的互连互通将通过网络—网络接口（NNI）来完成，ITU 正在制订该接口的技术要求。

3．向第三代移动通信网的演进

如前所述，IMT-2000 的无线接入网络与核心网的标准化主要由基于 GSM MAP 核心网络和基于 ANSI-41 两类。此两大网络与 IMT-2000 的三个主流 CDMA 无线接口技术的对应关系如图 8-15 所示。从图中可以看出，虽然一般来讲 WCDMA 和 CDMA TDD 对应 GSM MAP 核心网，CDMA2000 对应 ANSI-41 核心网。但目前的标准可以允许任意无线接口同时兼容两个核心网络，也就是通过在无线接口定义相应的兼容协议，通过各系统标准的 RAN-CN 接口，接入不同的核心网。

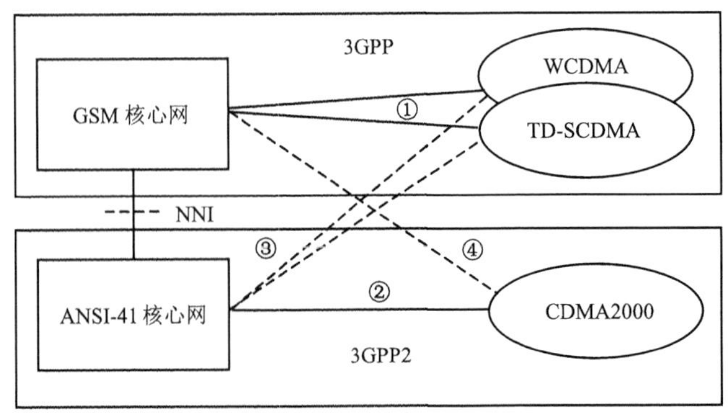

图 8-15　IMT-2000 CDMA 无线接口技术与核心网的关系

（1）基于 GSM 核心网演进的 WCDMA 和 TD-SCDMA 系统

3GPP 主要制定基于 GSM MAP 核心网，WCDMA 和 TD-SCDMA 为无线接口的标准，称为 UTRA。

基于 GSM 核心网演进的第三代系统如图 8-16 所示。

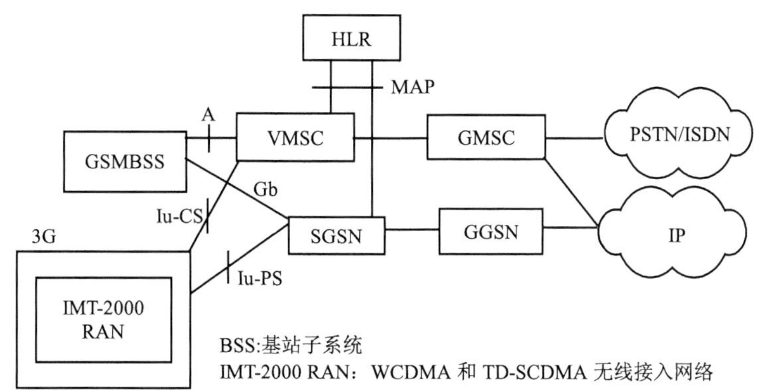

图 8-16　基于 GSM 核心网演进的第三代系统

从图 8-16 中可以看出，核心网基于 GSM 的电路交换网络（MSC）和分组交换网络（GPRS）平台，以实现第二代向第三代网络的平滑演进。通过无线接入网络新定义的 Iu 接口，与核心网连接。Iu 接口包括支持电路交换业务的 Iu-CS 和支持分组交换的 Iu-PS 两部分，分别实现电路和分组型业务。

无线接入网由 RNC 和节点 B 两个物理实体构成，分别对应第二代网络的 BSC 和 BTS。除 Iu 接口外，还定义了 Iub 和 Iur 接口，如图 8-17 所示。

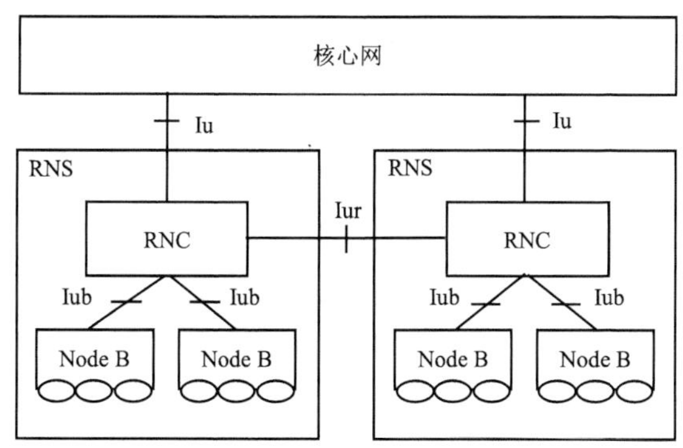

图 8-17　UTRA 无线接入网络的构成

目前定义的 Iu、Iub 和 Iur 接口协议的传输网络层规定了 ATM 和 IP 两种方式，供运营者和厂家选择。

（2）基于 ANSI-41 网演进的 CDMA2000 系统

3GPP2 主要制定基于 ANSI-41 核心网，CDMA2000 为无线接口的标准，即图 8-14 所示的路线 ANSI-41+CDMA2000。

基于 ANSI-41 核心网演进的 CDMA2000 系统如图 8-18 所示。

3GPP2 的标准化也是分阶段进行的，而且第二代与第三代之间无论无线还是核心网部分都是平滑过渡的。1999 年 3GPP2 完成了 CDMA2000-1X（单载波）和 CDMA2000-3X

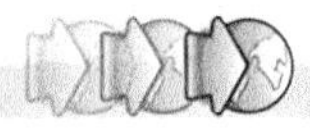

（多载波）无线接口的标准。A 接口在原来的基础新增加了支持移动 IP 的 A10 和 A11 协议，核心网部分则引入新的分组交换节点接入 IP 网络，以支持 IP 业务，同时电路型业务仍然由原来的 MSC 支持。新定义的 A10、A11 接口采用 IP 协议。

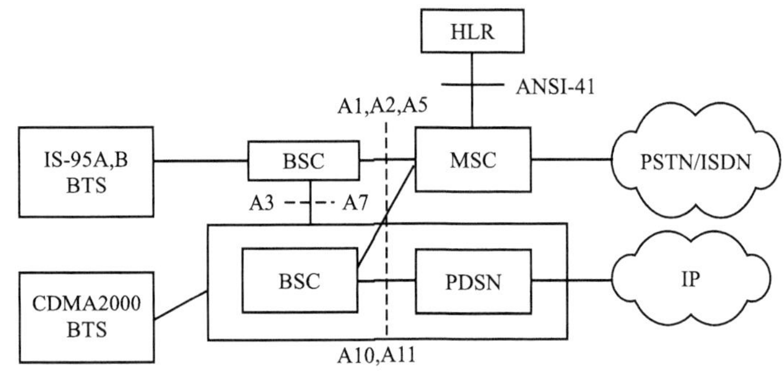

图 8-18　基于 ANSI-41 核心网演进的 CDMA2000 系统

4．我国移动通信网运营情况介绍

1987 年，中国首个 TACS 制式模拟移动电话系统建成商用，之后 AMPS 也曾被引入中国。1993 年，中国的第一个全数字移动电话 GSM 系统建成开通，原中国移动和原中国联通都采用了 GSM。之后原中国联通又建成开通了 CDMA 系统。

2008 年中国电信业完成第二次大重组，成立新的移动、联通和电信三大全业务电信运行商，同时给三大公司各发一张移动 3G 运营牌照。其中，新中国电信公司得到 CDMA2000 牌照；新中国移动公司得到 TD-SCDMA 牌照；新中国联通公司得到 WCDMA 牌照。

5．第三代移动通信的业务

第三代移动通信业务（以下简称 3G 业务）是从第二代移动通信业务（以下简称 2G 业务）继承而来，在新的体系结构下，又产生了一些新的业务能力，其支持的业务种类繁多、业务特性差异很大。对于语音等实时业务普遍有 QoS 的要求，向后兼容 2G 所有的业务，引入多媒体业务的概念。

3G 主要包括基本电信业务、补充业务、承载业务、智能业务、位置业务和多媒体业务。下面详细介绍各类 3G 业务。

（1）基本电信业务

基本电信业务包括以下几种。

语音业务：对于电路交换语音业务，其 QoS 有保证，不需另外提供保障机制；对于分组交换语音业务，需要提供专门的 QoS 保障机制。

紧急呼叫：属于传统业务，用户可以不受网络鉴权的限制，发起对特定紧急服务号码的呼叫。

短消息业务：包括点对点移动终止（MT）短消息业务，点对点移动发起（MO）短消息业务，小区广播型短消息业务。

电路型传真业务：包括交替话音和 G3 传真、自动 G3 传真业务。

（2）补充业务

补充业务有以下几种。

eMLPP2：eMLPP2（Enhanced Multi-Level Precedence and Pre-emption）增强多级优先权和强拆。

呼叫偏转：呼叫偏转是一种特殊的呼叫前转，是一种由用户而不是网络决定的移动用户忙呼叫前转。

号码标识：主叫显示、 主叫限制 、连接号显示及连接限制。

呼叫前转：无条件呼叫前转、移动用户忙呼叫前转、无应答呼叫前转、移动用户不可接前转。

呼叫完成：呼叫等待、呼叫保持。

多方会话：多方会话。

选择通信：紧密用户群。

用户到用户会话：用户/用户信令（UUS）。

计费：计费信息建议、计费建议。

呼叫限制：呼出限制、国际呼出限制、归属国外国际呼出限制、呼入限制及国外漫游呼入限制。

呼叫转移：直接呼叫转移。

用户忙呼叫完成：用户忙呼叫完成。

名字标识：主叫名显示。

（3）承载业务

承载业务包括以下几种。

基本电路型数据承载业务。

异步电路型数据承载业务。

同步电路型数据承载业务。

分组电路型数据承载业务。

（4）智能业务

智能业务有以下几种。

基本电路交换呼叫的 CAMEL（Customized Applications for Mobile Network Enhanced Logic）移动网增强逻辑的客户化应用：控制业务可以实现对呼叫的计费、鉴权等功能。

GPRS 的 CAMEL 控制业务。

可以实现 GPRS 承载的计费，鉴权等功能。

USSD（Unstructured Supplementary Service Data）非结构化补充数据业务的 CAMEL 控制业务。

SMS 的 CAMEL 控制业务。可以实现对短消息（SMS）的鉴权、计费、转移等功能。

移动性管理的 CAMEL 控制业务。

位置信息的 CAMEL 控制业务

（5）位置业务

位置业务是一种比较特殊的业务，是移动网上的一种特色服务，商业价值很大，种类十分丰富。在 3G 领域，由于定位精度的提高和开放体系结构的采用，其吸引力十分令人注目，被认为可能是 3G 的代表性应用。

公共安全业务：美国从 2001 年 10 月 1 日开始提供增强紧急呼叫服务，FCC（联邦通信委员会）规定无线运营公司必须提供呼叫者位置经度和纬度的估算值，其精度在 125m 以内

（在 67%的估算值中）或者低于用根均方值的方法所得的结果。该类业务主要由国家制定的法令驱动，属于运营商为公众利益服务而提供的一项业务，业务的开通无需用户申请，对于运营商而言无利润可言，但可以提升运营商的形象，并且提供此类业务是移动通信技术进步的必然结果。除了紧急呼叫之外，还有路边援助，车辆在公路上发生故障也可以进行报障定位自动事故报告，车辆运行时发生事故，检测设备侦测到之后可以进行自动报告并提供地点等信息。

基于位置的计费：基于位置的计费业务又分为特定用户计费业务、接近位置计费业务和特定区域计费业务。特定用户计费业务是指用户可以设定一些位置区为优惠区，在这些位置区内打/接电话能够获得优惠。接近位置计费业务是指主被叫双方位于相同或者相近的位置区时双方可获得优惠。特定区域计费业务是指通话的某一方或者双方位于某个特定位置时可以获得优惠，用以鼓励用户进入该区域，如购物区等。

跟踪业务：电话簿，可以表示同事及朋友的位置以及是否繁忙等信息。

资产管理业务：可以对用户的资产的位置进行定位，从而实现动态的实时管理。

增强呼叫路由（Enhanced Call Routing）：增强呼叫路由（ECR）允许用户的呼叫根据其位置信息被路由到最近的服务提供点，用户可以通过特定的接入号码来完成相应的任务，如用户可以输入 427（GAS）表示要求接入到最近的加油站。此项业务可以被连锁经营的企业使用，比如加德士、KFC 等，由这些公司申请专用的接入号码或者在同类（如加油站类）接入号码中被优选。对于银行业务，用户可以通过 ECR 获得最近的银行信息或者提款机信息等。

基于位置的信息业务（Location Based Information Services）：基于位置的信息业务可以让用户获得使用其位置信息进行筛选之后的信息，以下是一些可以应用的例子。城市观光提供旅游点间的方向导航或根据位置指示附近旅游点，查找最近的旅馆、银行、机场、汽车站、休息场所等；定点内容广播可以向特定区域范围内的用户发出信息，主要应用是广告类业务，比如向某商场附近范围内的用户发出该商场的商品广告用以吸引顾客。同时还可以针对用户进行筛选，比如某港口管理机构可以向港口区域内的工作人员发出调度信息；也可以提供向导信息，如向观光园区内的游客发出各种活动安排等。

移动黄页：移动黄页同 ECR 类似，但它指示按照用户的要求提供最近的服务提供点的联系方式。如顾客可以输入词条“餐馆”用来进行搜索，并且可以输入条件如“中餐”、“3km 之内”等进行搜索匹配，输出的结果可以是联系电话或者地址等。

网络增强业务（Network Enhancing Services）：该类业务尚待定义，可以考虑的是合法监听。

（6）多媒体业务

在 3G 中的多媒体业务首先发展的将是分布式的多媒体业务。语音业务由于所需的带宽较少，将首先发展起来，尤其是压缩率高的 MP3 将广泛应用。而视频业务，出现应用的首先是基于低码率、小图像的 MPEG4 制式的单向视频应用，如实时的广告业务，或电影的片段公告。

电路型实时多媒体业务：在电路域上实现的多媒体业务，主要使用 H.324 协议实现。

分组型实时多媒体业务：在分组域上实现的多媒体业务，主要使用 SIP 协议实现。

非实时多媒体消息业务：此种业务称多媒体短信 MMS，属于短消息业务的自然发展，它使用户可以发送或接收由文字、图像、动画、音乐等组成的多媒体消息，为了保持互操作

性，它必须兼容现有的多媒体格式。

总之，因为 3G 系统都有较高的接入速率、独立的业务开发平台和开放的业务接口，随着用户的业务需求，将有很大的业务发展空间，新的业务将会层出不穷。

8.4 LTE 简介

1. LTE 的背景及引入

当前，全球无线通信正呈现出移动化、宽带化和 IP 化的趋势，移动通信行业的竞争极为激烈。在现有移动 4G 技术还没有大规模商用之前，一些无线宽带接入技术也开始提供部分的移动功能，通过宽带移动化，试图接入移动通信市场。为了维持在移动通信行业中的竞争力和主导地位，3GPP 组织在 2004 年 11 月启动了长期演进过程（Long Term Evolution，LTE）以实现 3G 技术向 4G 的平滑过渡。

继 2007 年年底国际电信联盟（ITU）给第四代蜂窝移动通信系统分配了无线频段后，新一轮标准大战已经打响。根据 ITU 的计划，4G 标准草案的征集工作将于 2009 年 10 月结束。然后再经过一段时间的评估、甄选、完善、融合以及相互妥协的过程，正式的 4G 标准 IMT．GCS 于 2010 年年底的第 31 次会议后提交，最早于 2012 年开始商用。

但实际上通信产业界以及学术界对 4G 技术的研究工作早在多年前已经开始了。并且在各种因素的促进下，各个 3G 标准向 4G 的演进一直没有间断过。目前呼声较高的准 4G 标准有 3GPP 的 LTE 和 3GPP2 的 UMB，以及 IEEE 的 WiMAX 等。虽然它们采用了不少下一代的技术，但毕竟没有完全达到 IMT-Advanced（ITU 对 4G 的正式称呼）的要求，所以仍然需要做最后的冲刺。

从目前的形势来看，其中的 LTE 标准应该是最有前途的。不仅多数主流的 WCDMA 运营商声称要向 LTE 演进或者表示感兴趣，就连一些较大的 CDMA2000 运营商也都纷纷倒戈到 LTE 阵营来了。目前尚无明确打算采用 UMB 的运营商。WiMAX 倒是有一些支持者，但总是雷声大雨点小。所以，被称为“3.9G”的 LTE 标准的下一步演进路线备受关注。

2. 3GPP 的计划目标及 LTE 的技术特点

虽然第三代移动通信可以比第二代移动通信传输速率快上千倍，但是未来仍无法满足多媒体的通信需求。第四代移动通信系统的提供便是希望能满足提供更大的频宽需求，满足第三代移动通信尚不能达到的在覆盖、质量、造价上支持的高速数据和高分辨率多媒体服务的需要。

3GPP 的计划目标是：更高的数据速率、更低的延时、改进的系统容量和覆盖范围以及较低的成本。

LTE 是 3GPP 的长期演进，是 3G 与 4G 技术之间的一个过渡，是 3.9G 的全球标准，它增强了 3G 的空中接入技术，采用 OFDM 和 MIMO 作为其无线网络演进的唯一标准，为降低用户面延迟，取消了无线网络控制器（RNC），采用扁平网络架构。在 20MHz 频谱带宽下能提供下行 100Mbit/s 与上行 50Mbit/s 的峰值速率。改善了小区边缘用户的性能，提高小区容量和降低系统延时。

3. LTE 的系统架构

从整体上说，LTE 系统架构与 3GPP 已有系统类似，仍然分为两部分，如图 8-19 所示，包括演进后的核心网 EPC （即图中的 MME/S-GW）和演进后的接入网 E-UTRAN。演进后的系统仅存在分组交换域。

LTE 接入网仅由演进后的节点 B（evolved NodeB，eNB）组成，提供到 UE 的 E-UTRAN 控制面与用户面的协议终止点。eNB 之间通过 X2 接口进行连接，并且在需要通信的两个不同 eNB 之间总是存在 X2 接口，如为了支持 LTE- ACTIVE 状态下不同 eNB 之间的切换，源 eNB 与目标 eNB 之间会存在 X2 接口。LTE 接入网与核心网之间通过 S1 接口进行连接，S1 接口支持多—多连接方式。

与 3G 系统的网络架构相比，接入网仅包括 eNB 一种逻辑节点，网络架构中节点数量减少，网络架构更加趋于扁平化。这种扁平化的网络架构带来的好处是降低了呼叫建立时延以及用户数据的传输时延，并且由于减少了逻辑节点，也会带来运营成本与资本支出的降低。

由于 eNB 与 MME/S-GW 之间具有灵活的连接（S1-flex），UE 在移动过程中仍然可以驻留在相同的 MME/S-GW 上，这将有助于减少接口信令交互数量及 MME/S-GW 的处理负荷。当 MME/S-GW 与 eNB 之间的连接路径相当长或进行新的资源分配时，与 UE 连接的 MME/S-GW 也可能会改变。

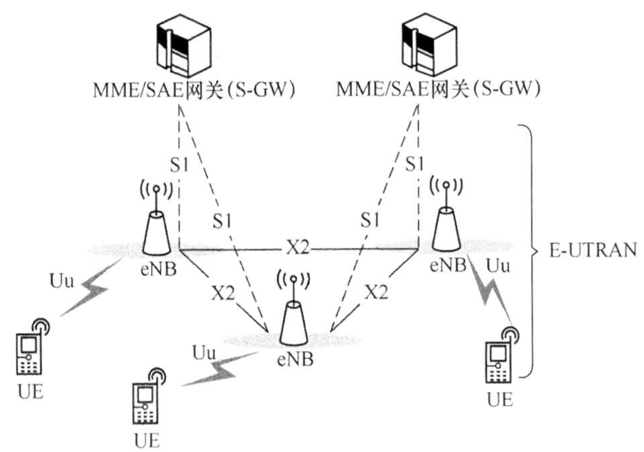

图 8-19 LTE 系统架构

eNode B 功能包括下列几个方面。

① 无线资源管理相关的功能，如无线承载控制、接纳控制、连接移动性管理、上/下行动态资源分配/调度等。

② IP 头压缩与用户数据流的加密。

③ UE 附着时的 MME 选择。由于 eNB 可以与多个 MME/SAE 网关之间存在 S1 接口，因此在 UE 初始接入网络时，需要选择一个 MME 进行附着。

④ 提供到 SAE 网关的用户面数据的路由。

⑤ 寻呼消息的调度与传输。eNB 在接收到来自 MME 的寻呼消息后，根据一定的调度原则向空中接口发送寻呼消息。

⑥ 系统广播信息的调度与传输。系统广播信息的内容可以来自 MME 或者操作维护，

这与 UMTS 系统是类似的，eNB 负责按照一定的调度原则向空中接口发送系统广播信息。

⑦ 测量与测量报告的配置。

MME 具有如下功能。

① 寻呼消息分发。MME 负责将寻呼消息按照一定的原则分发到相关的 eNB。

② 安全控制。

③ 空闲状态的移动性管理。

④ SAE 承载控制。

⑤ 非接入层信令的加密与完整性保护。

服务网关 S-GW 具有如下功能。

① 终止由于寻呼原因产生的用户平面数据包。

② 支持由于 UE 移动性产生的用户平面切换。

思考题

1．什么是移动通信?简述移动通信的特点。

2．多址方式解决无线接入中哪方面问题的技术？简述几种多址方式。

3．画出 GSM 的系统结构图，说明各部分的作用。

4．从结构和业务提供上将 GPRS 与 GSM 做逐一比较。

5．介绍 CDMA IS-95 系统采用的多址方式，该多址方式在抗干扰和切换等方面带来的好处。

6．简述第三代移动通信系统在接入速率上的标准，我国 3 大全业务电信运营商分别运营哪 3 个主流 3G 制式？

7．什么是 LTE？简述 LTE 的目标及技术特点。

第 9 章 IP 网及 IP 技术应用

随着通信和计算机技术的发展，各种形式和结构的网络不断涌现，电信网和计算机网也不断融合。其中，可以将应用 TCP/IP 的网络统称为 IP 网。TCP/IP 与 Internet 相伴而生，并且得到非常广泛的应用。

9.1 IP 网

1. Internet 简介

Internet 是全世界最大的计算机网络，它起源于美国国防部高级研究计划局（ARPA，现在叫 DARP）于 1968 年主持研制的用于支持军事研究的计算机实验网 ARPANET。ARPANET 建网的初衷旨在帮助那些为美国军方工作的研究人员通过计算机交换信息，它的设计与实现是基于这样的一种主导思想：网络要能够经得住故障的考验而维持正常工作，当网络的一部分因受攻击而失去作用时，网络的其他部分仍能维持正常通信。

1985 年在美国政府的帮助下美国国家科学基金（NSF）组建了第一个计算机网络，并将其命名为 NSFnet，伴着 TCP/IP 的不断完善，1986 年 NSFnet 取代了 ARPANET 成为真正意义上早期 Internet 的主干网。1991 年由于数据业务量大增，骨干网上的负荷过大,迫使 NSFnet 的骨干网升级为 45Mbit/s 的链路。一直到 20 世纪 90 年代早期，NSFnet 还仅共研究和教育之用，政府部门的骨干网保留下来用于面向具体任务。由于不同部门之间需要信息交流，需要连网，于是出现了许多 Internet 业务提供商（ISP），如 Sprint、MCI、BBN 等通过网络节点进行连接。后来为了简化不断增加复杂程度的网络，NSFnet 网络的核心网络逐步转移到 ISP 的网络结构中，NSFnet 网络就演变成为现代的 Internet——当今世界最大的计算机互联网，而 NSFnet 在 1995 年 4 月停用。

现在 Internet 实质上是由世界范围内众多计算机网络连接而成的一个逻辑网络，不是一个具有独立形态的网络，而是由计算机网络汇合成的一个网络集体。Internet 连接了全球不计其数的网络和计算机，几乎所有发达国家的政府、大企业、科研机构、大学以及很多个人用户都加入了 Internet，它是世界上最为开放的网络。这个大网络仍在不断地扩大、成长，每秒钟都有难以计数的信息在网上流动，每分钟都会有新的信息资源出现和更新，每天又有数以千计的用户加入这个大村落，目前它已有过亿网民了。

Internet 的网络互连是多种多样复杂多变的，其结构是开放的，并且易于扩展。典型 Internet 的构成如图 9-1 所示。开放性的结构将 ISP（Internet 业务提供商）、ICP（Internet 内容提供商）、IDC（Internet 数据中心）等用户连接起来，这种连接是通过电信网络作为承载

网络连接起来的。因此，Internet 已离不开电信网络而独立存在。

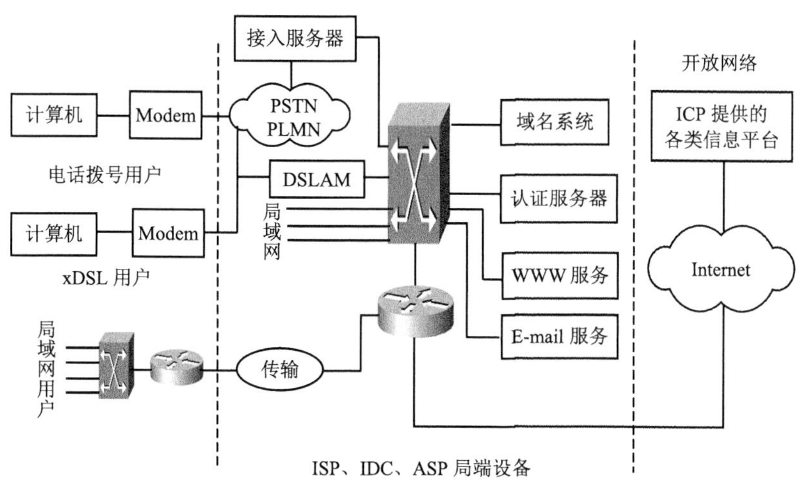

图 9-1　典型 Internet 的构成示意图

总而言之，Internet 是由众多的计算机网络互连组成，主要应用 TCP/IP，采用分组交换技术，由众多路由器通过电信传输网连接而成的一个世界性范围信息资源网。

2. TCP/IP 体系结构

Internet 是基于 TCP/IP 协议组来实现网间通信的。TCP/IP 协议组不仅只包含网际协议（IP）和传输控制协议（TCP），还包括许多与之相关的协议和应用程序，其体系结构如表 9-1 所示。

表 9-1　TCP/IP 体系结构

应用层	TELNET，FTP，SNMP，SMTP，HTTP，DNS，RPS，NFS，XDR
传输层	TCP，UDP
网际层	IP
网络接口层	LAN，WAN，X.25，ISDN，FR

如图 9-2 所示，TCP/IP 层次模型分为网络接口层、网际层（IP 层）、传输层（TCP 层）和应用层。

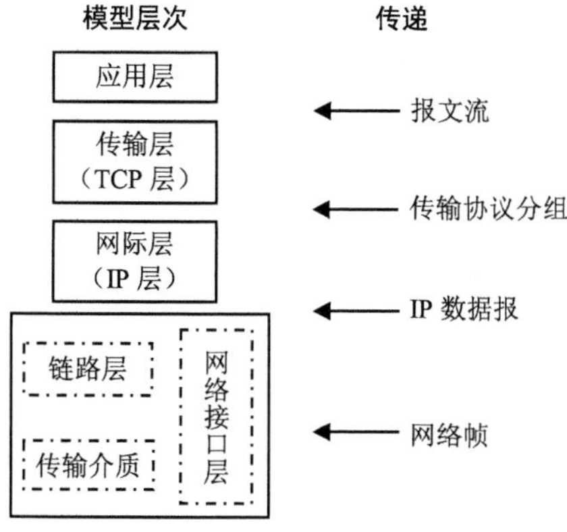

图 9-2　TCP/IP 的层概念模型示意图

TCP/IP 是针对 Internet 开发的体系结构和协议标准，其目的在于解决各种不同网络之间的通信问题，将网络技术细节屏蔽起来，以便为用户提供通用、一致的通信服务。可以说 TCP/IP 是一种通用的网络互连技术。Internet 的计算机网络可分为两部分：第一部分是通信网，它对应于协议层次模型中网络层及其以下各层；第二部分是高层应用层，对应于传输层及其以上各层。

应用层：向用户提供一些常用的应用程序，如文件传输、电子邮件等。用户还可以根据需要，建立自己的专用程序。应用层协议包括 FTP、DNS、TELNET、SMTP、HTTP 及 SNMP 等。

传输层：提供应用程序端到端的通信。主要包括 TCP 和 UDP。传输层的主要功能是：① 格式化信息流，提供可靠传输。传输层采用接受确认、出错重发的通信机制。每一个分组中都带有校验和接收端以此来校验接收分组的正确性。② 不同应用程序间的识别。为了区别不同的应用程序，传输层在每个分组总增加识别信源和信宿应用程序的信息。不同的应用程序具有不同的端口编号。

网际层：负责相邻计算机之间的通信，即负责将数据分组从源转发到目的地。在每一个分组中，都包含一个目的 IP 地址的字段，网际层利用这个字段信息来把分组转发到其目的地。它向传输层提供统一的数据报，屏蔽各种物理网络的数据格式的差别。网际层协议包括 IP、ICMP 等。具体来说，网际层的主要功能：① 数据格式的转换。接收来自传输层的呼叫请求，将呼叫请求分组装入 IP 数据报，填充报头，选择去往目的地址的路径，然后将数据报发往适当的网络端口。② IP 地址功能。③ 寻址。接收来自网络的数据报，检查其合法性，然后寻找路由——如果数据报已到达目的地（本机），则去掉报头，将剩下的分组交给传输层上适当的传输协议；如果该数据报还未到达目的地，则转发该数据报。④ 寻径。处理 ICMP 报文。

网络接口层：负责接收数据报，通过网络向外发送，或者从网络上接收物理帧，抽出 IP 数据报，交给网际层。它是 TCP/IP 网络结构的最低层，分为两个子层。其中，链路层负责流量控制、差错控制及阻塞控制等；而传输介质层定义了与某特定介质的物理连接特性，以及用于在该介质上发送和接收的信息帧的格式。TCP/IP 支持的数据链路技术很多，包括以太网（各种速率的以太网）、ATM、令牌环、光纤分布数据接口（FDDI）、帧中继等。

TCP/IP 的完美之处就在于它可以在几乎任何一种物理网络上运行。

3．IPv4

TCP/IP 的商业化应用长期以来主要是 IPv4 版本，随着通信的发展又推出 IPv6 版本的应用。目前，这两个版本的应用并存，处于由 IPv4 向 IPv6 过渡的阶段。下面先介绍 IPv4 版本。

（1）IP 地址的表示方法

把 Internet 看成为一个网络。所谓 IP 地址就是给每一个连接在 Internet 上的主机分配一个唯一的 32bit 地址。IP 地址的结构可以在 Internet 上方便地进行寻址，这就是：先按 IP 地址中的网络号码 net-id 把网络找到，再按主机号码 host-id 把主机找到。所以 IP 地址并不只是一个计算机的号码，而是指出了连接到某个网络上的某个计算机。IP 地址由美国国防数据网（DDN）的网络信息中心（NIC）进行分配。

为了便于对 IP 地址进行管理，同时又考虑到网络的差异很大，有的网络拥有很多的主

机，而有的网络上的主机则很少。因此 Internet 的 IP 地址就分成为 5 类，即 A 类到 E 类。这样，IP 地址由 3 个字段组成（见图 9-3），即：

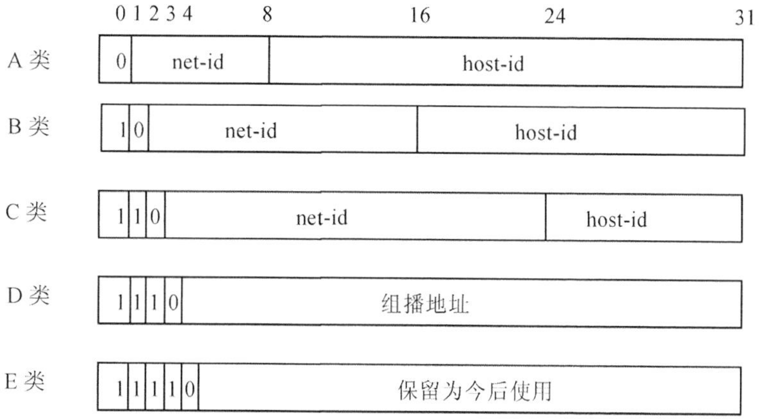

	0 1 2 3 4	8	16	24	31
A 类	0	net-id	host-id		
B 类	1 0	net-id		host-id	
C 类	1 1 0	net-id			host-id
D 类	1 1 1 0	组播地址			
E 类	1 1 1 1 0	保留为今后使用			

net-id—网络号码，host-id—主机号码

图 9-3　IP 地址的 5 种类型

类别字段（又称为类别比特），用来区分 IP 地址的类型；

网络号码字段 net-id；

主机号码字段 host-id。

D 类地址是一种组播地址，主要是留给 Internet 体系结构委员会（Internet Architecture Board，IAB）使用。E 类地址保留在今后使用。目前大量 IP 地址仅 A 至 C 类 3 种。

A 类 IP 地址的网络号码数不多，目前几乎没有多余的可供分配。现在能够申请到的 IP 地址只有 B 类和 C 类两种。当某个单位向 IAB 申请到 IP 地址时，实际上只是拿到了一个网络号码 net-id，具体的各个主机号码 host-id 则由该单位自行分配，只要做到在该单位管辖的范围内无重复的主机号码即可。

为方便起见，一般将 32bit 的 IP 地址中的每 8 个比特用它的等效十进制数字表示，并且在这些数字之间加上一个点。例如，有下面这样的 IP 地址：

10000000 00001011 00000011 00011111

这是一个 B 类 IP 地址，可记为 128.11.3.31，这显然就方便得多了。

在使用 IP 地址时，还要知道下列地址是保留作为特殊用途的，一般不使用。

全 0 的网络号码，这表示“本网络”或“我不知道号码的这个网络”。

全 1 的网络号码。

全 0 的主机号码，这表示该 IP 地址就是网络的地址。

全 1 的主机号码，表示广播地址，即对该网络上所有的主机进行广播。

全 0 的 IP 地址，即 0.0.0.0。

网络号码为 127.X.X.X.，这里 X.X.X 为任何数。这样的网络号码用作本地软件回送测试（Loopback test）之用。

全 1 地址 255.255.255.255，这表示“向我的网络上的所有主机广播”。原先是使用 0.0.0.0。

这样，IP 地址的使用范围如表 9-2 所示。

表 9-2　IP 地址的使用范围

网络类别	最大网络数	第一个可用的网络号码	最后一个可用的网络号码	每个网络中的最大主机数
A	126	1	126	16.777.214
B	16.382	128.1	191.254	65.534
C	2.097.150	12.0.1	223.255.254	254

（2）IP 数据报的格式

在 TCP/IP 的标准中，各种数据格式常常以 32bit（即 4 字节）为单位来描述。如图 9-4 所示为 IP 数据报的格式。

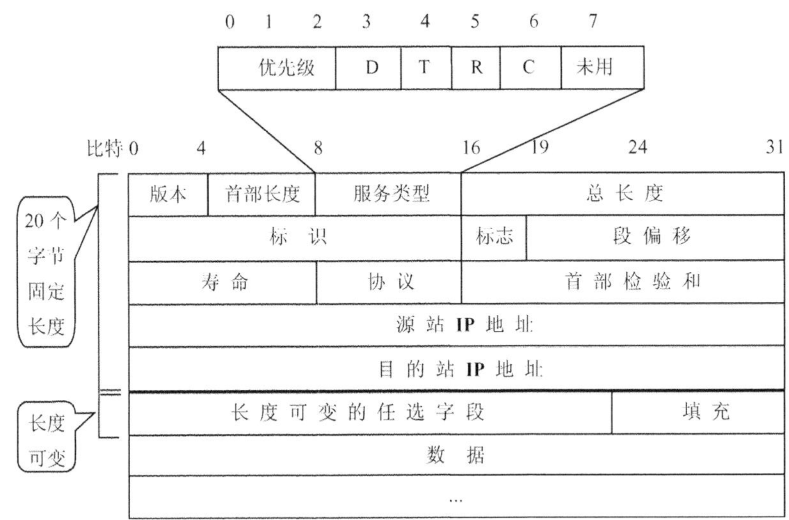

图 9-4　IP 数据报的格式

如图 9-4 所示，一个 IP 数据报由首部和数据两部分组成。首部的前一部分长度是固定的 20 个字节，后面部分的长度则是可变长度。下面介绍首部各字段的意义。

① IP 数据报首部的固定部分。

版本：版本字段站 4bit，指 IP 协议的版本。通信双方使用的 IP 协议的版本必须一致。

首部长度：首部长度字段占 4bit，可表示的最大数值是 15 个单位（一个单位为 4 字节），因此 IP 的首部长度的最大值是 60 字节。

服务类型：服务类型字段共 8bit，用来获得更好的服务（优先级、时延、吞吐量及可靠性等）。

总长度：总长度指首部和数据之和的长度，单位为字节。总长度字段为 16bit，因此数据报的最大长度为 65535 字节。

标识：标识字段的意义和 OSI 的 IPDU 中的数据单元标识符的意义一样，是为了使分段后的各数据报段最后能准确地重装成为原来的数据报。

标志：标志字段占 3bit。目前只有前两个比特有意义。

标志字段中的最低位记为 MF（More Fragment）。MF=1 即表示后面还有分段的数据报。MF=0 表示这已是若干数据报段中的最后一个。

标志字段中间的一位记为 DF（Don't Fragment）。只有当 DF=0 时才允许分段。

段偏移：段偏移字段的意义和 OSI 的 IPDU 中规定的相似，只是表示的单位不同。这里

是以 8 个字节为偏移单位。可见 IP 数据报的段偏移字段（13bit 长）和 OSI 的 IPDU 的段偏移字段（16bit 长）是相当的。

寿命：寿命字段记为 TTL（Time To Live），其单位为 s。寿命的建议值是 32s。但也可设定为 3s～4s，或甚至 255s。

协议：协议字段占 8bit，它指出此数据携带的传输层数据是使用何种协议，以便目的主机的网际层知道应将此数据报上交给哪个进程。常用的一些协议和响应的协议字段值（写在协议后面的括弧中）是：UDP（17），TCP（6），ICMP（1），GGP（3），EGP（8），IGP（9），OSPF（89），以及 ISO 的 TP4（29）。

首部检验和：此字段只检验数据报的首部，不包括数据部分。不限数据部分是因为数据报每经过一个节点，节点处理机就要重新计算一下首部检验和（一些字段，如寿命、标志、段偏移等都可能发生变化）。如将数据部分一起检验，计算的工作量就太大了。

地址：源站 IP 地址字段和目的站 IP 地址字段各占 4 字节。

② IP 首部的可变部分。

IP 首部的可变部分就是一个任选字段。任选字段用来支持排错、测量以及安全等措施，内容很丰富。此字段的长度可变，从一个字节到 40 个字节不等，取决于所选择的项目。

4．IPv6

（1）IPv6 的引入

现在被全球广泛使用的是“互联网协议第四版 IPv4”，已经有 30 年的历史。从技术上看，尽管 IPv4 在过去的应用有辉煌的业绩，但是现在看来已经露出很多弊端。

全球范围内 WLAN，2.5G 及 3G 无线移动数据网络的发展加快了以 Internet 为核心的通信模式的形成，由于移动通信用户的增长要比固定网用户快得多，特别是各种具有连网功能的移动终端的迅猛发展，考虑到随时随地的、任何形式、直接的个人多媒体通信的需要，现有的 IPv4 已经远远不能满足网络市场对地址空间、端到端的 IP 连接、服务质量、网络安全和移动性能的要求。因此，人们寄希望于新一代的 IP 来解决以上问题。

IPv6 正是基于这一思想提出的，它是“互联网协议第六版”的缩写。在设计 IPv6 时不仅仅扩充了 IPv4 的地址空间，而且对原 IPv4 各方面都进行了重新考虑，作了大量改进。除了提出庞大的地址数量外，IPv6 与 IPv4 相比，还有很多的工作正在进行以期得到更高的安全性、更好的可管理性，对QoS和多播技术的支持也更为良好。下面将从几个主要的方面探讨一下 IPv6 与 IPv4 的区别。

（2）IPv6 与 IPv4 协议的比较

① 报头格式。IPv4 报头如图 9-4 所示，包含 20 字节+选项，13 个字段，包括 3 个指针。

IPv6 报头由基本报头+扩展报头链组成，其中基本报头如图 9-5 所示，包含 40 字节，8 个字段。

0　4	8	16　24	32
版本	业务类别	流标记	
载荷长度		下一个报头	跳限
128bit 源地址			
128bit 目的地址			

图 9-5　IPv6 报头格式

IPv4 和 IPv6 报头格式主要区别如下：

IPv6 报头采用基本报头+扩展报头链组成的形式，这种设计可以更方便地增添选项以达到改善网络性能、增强安全性或添加新功能的目的。

固定的 IPv6 基本报头。IPv6 基本报头被固定为 40 字节，使路由器可以加快对数据包

的处理速度，提高了转发效率，从而提高网络的整体吞吐量，使信息传输更加快速。

简化的 IPv6 基本报头。IPv6 基本报头中去掉了 IPv4 报头中部分的字段，其中段偏移和选项和填充字段被放到 IPv6 扩展报头中进行处理。

IPv6 报头新增流标记字段。IPv6 协议不仅保存了 IPv4 报头中的业务类别字段，而且新增了流标记字段，使得业务可以根据不同的数据流进行更细的分类，实现优先级控制和 QoS 保障，极大地改善了 IPv6 的服务质量。

IPv6 报头采用 128bit 地址长度。这是 IPv4 与 IPv6 最主要的区别。IPv4 采用 32bit 长度，理论上可以提供大约 43 亿个 IP 地址，这么多的 IP 地址似乎可以满足网络连接的需要，但事实上网络中任意交换机和交换机任意端口均需一个独立地址，为此网络缺乏足够地址满足各种潜在的用户。

IPv6 采用 128bit 长度，相对 IPv4，增加了 296 倍的地址空间。按保守方法估算 IPv6 实际可分配的地址，整个地球的每平方米面积上仍可分配 1000 多个地址。这样几乎可以不受限制地提供 IP 地址，从而确保了端到端连接的可能性。表 9-3 所示为 IPv4 和 IPv6 的可用地址空间。

表 9-3　IPv4 和 IPv6 的可用地址空间

IP 版本	可用地址空间
IPv4	4 294 967 296
Ipv6	340 282 366 920 938 463 374 607 431 768 211 456

② IP 地址分配。IPv4 地址分配初期采用基于类别的方式，有 3 类主要方式：A，B 和 C 以及 2 种特殊的网络地址 D 和 E。

IPv4 基于上述类别处理的管理方式限制了实际可使用的地址，如一个拥有 300 个用户的网络期望采用一个 B 类地址，然而如果实际分配一个 B 类地址则用户拥有了 65536 个地址域，这远远超过用户需要的地址空间，造成地址的大量浪费。

为解决这种地址分配方式的弱点，IETF 通过了无类域间路由选择，ClassInter-DomainRoutin，CIDR）方案。CIDR 方案取消了 IPv4 中地址类别分配方式，可以任意设定网络号和地址号的边界，即根据网络规模的需要重新定义地址掩码，这样可为用户提供聚合多个 C 类的地址。

IPv6 可根据用户的需要进行层状地址分配，这和 IPv4 采用块状地址分配是不同的，后者方式导致某些地址无法使用。在 IPv6 的分层地址分配方式中，高级网络管理部门可为下级网络管理部门划分地址分配区域，下级网络管理部门则可为更下层的管理部门进一步划分地址分配区域。

IPv6 将用户划分成以下 3 种类型。

使用企业内部网络（Internet）和 Internet。

目前使用企业内部网络，将来可能会用到 Internet。

通过家庭、飞机场、旅馆以及其他地方的电话线和 Internet 互连。

IPv6 协议为这些用户提供了以下不同地址分配方式。

4 种类型的点到点通信/单播地址：用于标识单一网络设备接口，单播通信传播的分组可传送到地址标识的接口。

改进的多播地址格式：用于标识归属于不同节点的设备接口集合，多播通信传送的分组

可发送到地址标识的所有接口，这种地址方式是非常有用的。例如，可将网络中发送的新消息传送给所有登记的用户。特殊的多播地址可限制在特定网络链路或特定的系统组中进行通信。IPv6 没有定义广播地址，但可使用多播地址替代。

新的任意播（Anycast）地址格式：IPv6 中引入了任意播地址，用于标识属于不同节点的设备接口集合，任意播传送的分组可发送到地址标识的某一接口，接收到信息的接口通常是最近距离的网络节点，这种方式可提高路由选择的效率，网络节点可通过地址表示通信过程传输路由可经过的中间跳数，即信息传输路由可不必由路由器决定。

与 IPv4 相比，IPv6 还在路由协议、域名解析、自动配置和安全等几个主要方面进行了改进和完善。IPv6 可满足 21 世纪的高性能、可扩展性的网络互连，并可解决 IPv4 中存在的许多问题。新技术支持新应用，新应用推动新技术的标准化和商业化，IPv6 的商业应用将迎来明媚的曙光。

5．IP 网结构及 IP 业务

（1）IP 网结构

如前所述，凡是应用 TCP/IP 的网络均属于 IP 网，各网络间由路由器互连。按照 IP 网的覆盖范围可分为局域网、城域网、广域网，如图 9-6 所示。按照功能层次可分为接入层、汇聚层及核心层，并通过通信骨干网通信（见图 9-7）。

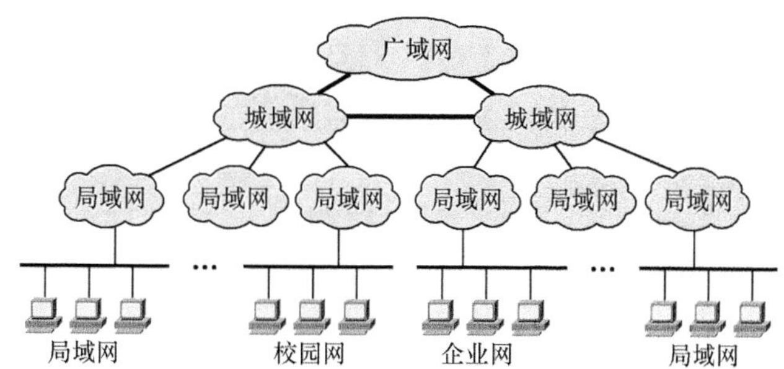

图 9-6　局域网、城域网和广域网之间的关系

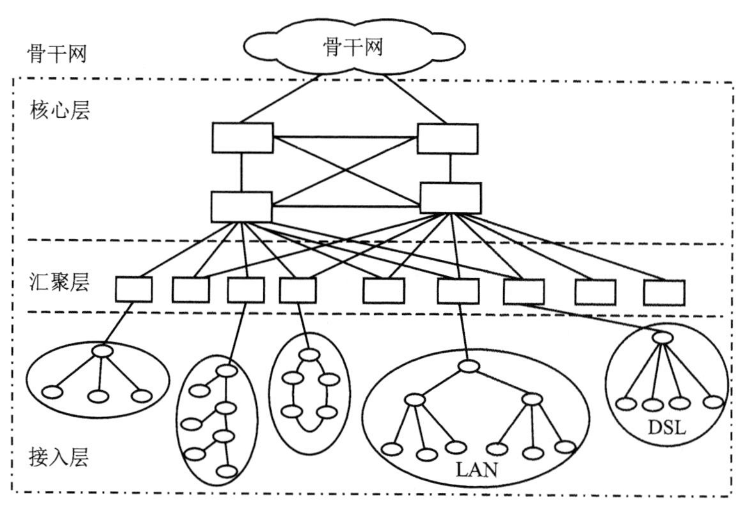

图 9-7　IP 网分层结构示意图

（2）IP 业务

IP 网发展非常之快，覆盖非常之广，可以说是 Everything over IP 和 IP over Everything。IP 业务几乎涵盖语音、数据、图像、视频，即当前可能的所有业务。下面重点介绍 Internet 提供的服务。

当进入 Internet 后就可以利用其中各个网络和各种计算机上无穷无尽的资源，同世界各地的人们自由通信和交换信息，以及去做通过计算机能做的各种各样的事情，享受 Internet 提供的各种服务。

Internet 上提供了高级浏览 WWW 服务。WWW，也叫做 Web，是登录 Internet 后最常利用到的 Internet 的功能。连入 Internet 后，有 50%以上的时间都是在与各种各样的 Web 页面打交道。在基于 Web 方式下，可以浏览、搜索、查询各种信息，可以发布自己的信息，可以与他人进行实时或者非实时的交流，可以游戏、娱乐、购物等等。

Internet 上提供了电子邮件 E-mail 服务。在 Internet 上，电子邮件（E-mail）系统是使用最多的网络通信工具，E-mail 已成为倍受欢迎的通信方式。可以通过 E-mail 系统同世界上任何地方的朋友交换电子邮件。不论对方在哪个地方，只要对方也可以连入 Internet，那么发送的信只需要几分钟的时间就可以到达对方的手中了。

Internet 上提供了远程登录 Telnet 服务。远程登录就是通过 Internet 进入和使用远距离的计算机系统，就像使用本地计算机一样。远端的计算机可以在同一间屋子里，也可以远在数千千米之外。它使用的工具是 Telnet。它在接到远程登录的请求后，就试图把用户所在的计算机同远端计算机连接起来。一旦连通，用户的计算机就成为远端计算机的终端。可以正式注册（login）进入系统成为合法用户，执行操作命令，提交作业，使用系统资源。在完成操作任务后，通过注销（logout）退出远端计算机系统，同时也退出 Telnet。

Internet 上提供了文件传输服务。FTP（文件传输协议）是 Internet 上最早使用的文件传输程序。它同 Telnet 一样，使用户能登录到 Internet 的一台远程计算机，把其中的文件传送回自己的计算机系统，或者反过来，把本地计算机上的文件传送并装载到远方的计算机系统。利用这个协议，用户就可以下载免费软件，或者上传自己的主页了。

9.2 IP 技术应用

IP 技术的应用也是非常的广泛，下面介绍几个典型的应用。

1. IP 电话

IP 电话是按 IP 规定的网络技术内容开通的电话业务，简单来说就是通过 Internet 网进行实时的语音传输服务。由于其通信费用的低廉，所以得到大家的青睐。其基本原理是将普通电话的模拟信号进行压缩打包处理，通过 Internet 传输，到达对方后再进行解压，还原成模拟信号，对方用普通电话机等设备就可以接听。

最初的 IP 电话是个人计算机与个人计算机之间的通话。通话双方拥有计算机，并且可以上 Internet，利用双方的计算机与调制解调器，再安装好声卡及相关软件，加上送话器和扬声器，双方约定时间同时上网，然后进行通话。在这一阶段，只能完成双方都知道对方网络地址及必须约定时间同时上网的点对点的通话，在普通的商务领域中就显得相当麻烦，因

而，不能商用化或进入公众通信领域。

目前，更广泛采用的是普通电话与普通电话之间的通话，普通电话客户通过本地电话拨号上本地的 Internet 电话的网关，输入帐号、密码，确认后键入被叫号码，这样本地与远端的网络电话通过网关透过 Internet 网络进行连接，远端的 Internet 网关通过当地的电话网呼叫被叫用户，从而完成普通电话客户之间的电话通信。

IP 电话是通信网络通过 TCP/IP 实现的一种电话应用，而这种应用主要包括 PC to PC，PC to Phone 和 Phone to Phone 3 种实现方式。

（1）PC to PC

这种方式适合那些拥有多媒体计算机（声卡须为全双工的，配有麦克风）并且可以连上 Internet 的用户，通话的前提是双方计算机中必须安装有同套网络电话软件。

这种网上点对点方式的通话，是 IP 电话应用的雏形，它的优点是相当方便与经济，缺点是通话双方必须事先约定时间同时上网，而这在普通的商务领域中就显得相当麻烦，因此这种方式不能商用化或进入公众通信领域。

（2）PC to Phone

随着 IP 电话的优点逐步被人们认识，许多电信公司在此基础上进行了开发，从而实现了通过计算机拨打普通电话。

作为呼叫方的计算机，要求具备多媒体功能，能连接上 Internet，并且要安装 IP 电话的软件。

拨打从计算机到市话类型的电话的好处是显而易见的，被叫方拥有一台普通电话即可，但这种方式除了付上网费和市话费用外，还必须向 IP 电话软件公司付费。目前这种方式主要用于拨打到国外的电话。

（3）Phone to Phone

这种方式即“电话拨电话”，需要 IP 电话系统的支持。IP 电话系统一般由 3 部分构成：电话、网关和网络管理者。电话是指可以通过本地电话网连到本地网关的电话终端；网关是 Internet 与电话网之间的接口，同时它还负责进行语音压缩；网络管理者负责用户注册与管理，具体包括对接入用户的身份认证、呼叫记录并有详细数据（用于计费）等。

IP 电话网拓扑络结构如图 9-8 所示。目前，电信运营商广泛开展的是 Phone to Phone IP 长途电话业务。由于 IP 电话不通过传统的 PSTN 长途网，而是通过 Internet 实现长途传输，所以 IP 电话与传统的长途电话相比，在经济上具有明显的优势。

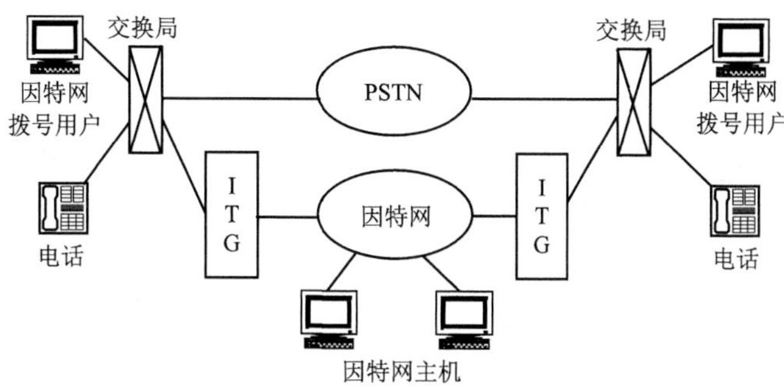

图 9-8　实现 IP 电话通信的网络拓扑结构

2. IPTV

IPTV即交互式网络电视，是一种利用宽带有线电视网，集IP网、多媒体、通信等多种技术于一体，向家庭用户提供包括数字电视在内的多种交互式服务的崭新技术。用户在家中可以有两种方式享受IPTV服务：计算机、网络机顶盒+普通电视机。IPTV能够很好地适应当今网络飞速发展的趋势，充分有效地利用网络资源。IPTV既不同于传统的模拟式有线电视，也不同于经典的数字电视。因为，传统的和经典的数字电视都具有频分制、定时、单向广播等特点；尽管经典的数字电视相对于模拟电视有许多技术革新，但只是信号形式的改变，而没有触及媒体内容的传播方式。

IPTV的网络结构如图9-9所示，主要包括流媒体服务器、内容服务器、数据库、认证计费等子系统，主要存储及传送的内容是以MP-4为编码核心的流媒体文件，基于IP网络传输，通常要在边缘设置内容分配服务节点，配置流媒体服务及存储设备，用户终端可以是IP机顶盒＋电视机，也可以是PC。

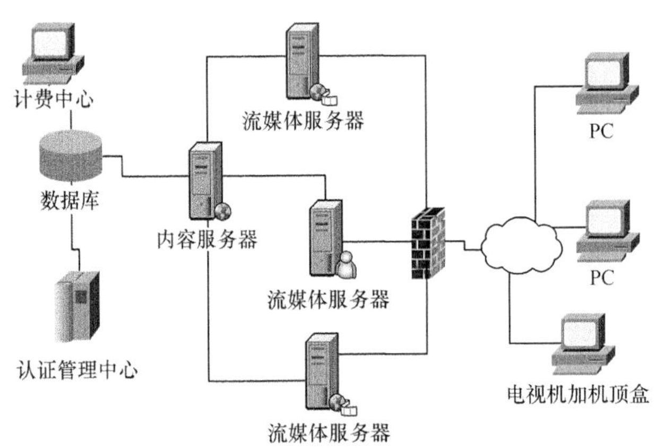

图9-9 IPTV的网络结构

传统电视播放存在的问题是单向广播方式，它极大地限制了电视观众与电视服务提供商之间的互动，也限制了节目的个性化和即时化。另外，特定内容的节目在特定的时间段内播放对于许多观众来说是不方便的。

IPTV有很灵活的交互特性，因为具有IP网的对称交互先天优势，其节目在网内，可采用广播、组播、单播多种发布方式。可以非常灵活地实现电子菜单、节目预约（点播）、实时快进、快退、终端账号及计费管理、节目编排等多种功能。另外，基于Internet的其他内容业务也可以展开，如网络游戏、电子邮件、电子理财等。

3. 移动IP

随着IP网的飞速发展和移动计算机日益广泛的应用，推动了对移动计算机无线接入——移动IP网的研究。像其他台式机用户一样，移动计算机用户希望接入同样的网络，共享网络资源和服务，而不局限于某一固定区域。且当它移动时，能够方便地断开原来的连接，并建立新的连接。

传统IP技术的主机使用固定的IP地址和TCP（传统控制协议）端口进行相互通信。在通信期间，IP主机的IP地址和ICP端口号必须保持不变，否则IP主机之间的通信将无法继

续。而移动 IP 主机在通信期间可能需要在网络的覆盖范围内移动，移动 IP 主机的 IP 地址也许会经常发生变化。若采用传统方式，IP 地址的变化会导致通信中断。为解决这一问题，移动 IP 技术引用了处理蜂窝移动电话呼叫的原理，使移动节点采用固定不变的 IP 地址，一次登录即可实现在任意位置上保持与 IP 主机的单一链路层连接，使通信持续进行。移动 IP 网络结构如图 9-10 所示。

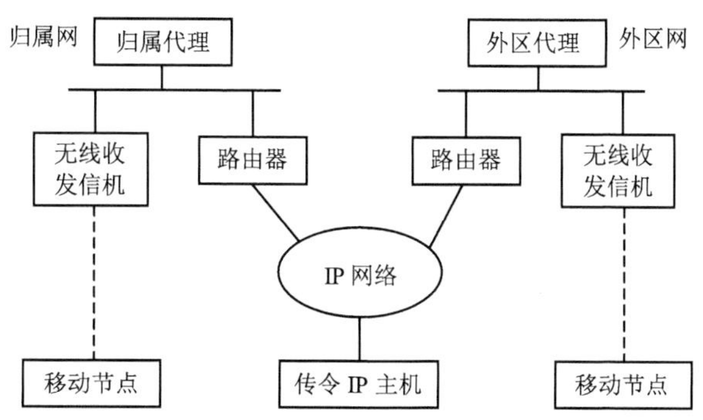

图 9-10　移动 IP 网络结构示意图

归属代理（Home Agent）：一个在移动节点归属网上的路由器，它至少有一个接口在归属网上，当移动节点离开归属网时，它通过“IP 隧道（IP Tunnel）”把数据包传给移动节点，并且负责维护移动节点的当前位置信息。

外区代理（Foreign Agent）：移动节点当前所在网络上的路由器，它向已登记的移动节点提供选路服务。当使用外区代理转交地址时，外区代理负责解除原始数据包的隧道封装，取出原始数据包，并将其转发到该移动节点。对于那些由移动节点发出的数据包而言，外区代理可作为已登记的移动节点的缺省路由器使用。

归属地址（Home Address）：这是用来识别端到端连接的静态地址，也是移动节点与归属网连接时使用的地址。不管移动节点连至网络何处，其归属地址保持不变。

转交地址（Care of Address）：即隧道终点地址,它可能是外区代理转交地址，也可能是驻留本地的转交地址。外区代理转交的地址是外区代理的一个地址，移动节点利用它进行登记。在这种地址模式中，外区代理就是隧道的终点，它接收隧道数据包，解除数据包的隧道封装，然后将原始数据包发到移动节点。由于这种地址模式可使很多移动节点共享同一个转交地址，而且不对有限的 IPv4 地址空间提出不必要的要求。所以这种地址模式被优先使用。驻留本地的转交地址是一个临时分配给移动节点的地址。它由外部获得，移动节点将其与自身的一个网络接口相关联。当使用这种地址模式时，移动节点自身就是隧道的终点，执行解除隧道功能，取出原始数据包。一个驻留本地的转交地址仅能被一个移动节点使用。转交地址是仅供数据包选路使用的动态地址，也是移动节点与外区网连接时使用的临时地址。每当移动节点接入到一个新的网络，转交地址就发生变化。

位置登记（Registration）：移动节点必须将其位置信息向其归属代理进行登记，以便被找到。在移动 IP 技术中，依不同的网络连接方式，有两种不同的登记规程。一种是通过外区代理进行登记。即移动节点向外区代理发送登记请求报文，外区代理接收并处理登记请求报文，然后将报文中继到移动节点的归属代理；归属代理处理完登记请求报文后向外区代理发送登记答复报文（接受或拒绝登记请求），外区代理处理登记答复报文，并将其转发到移动节点。另一种是直接向归属代理进行登记，即移动节点向其归属代理发送登记请求报文，归属代理处理后向移动节点发送登记答复报文（接受或拒绝登记请求）。登记请求和登记答复报文使用用户数据报协议（UDP）进行传送。当移动节点收到来自其归属代理的代理通告报文时，它可判断其已返口到归属网络。此时，移动节点应向归属代理撤销登记。在撤销登记之前，移动节点应配置适用于其归属网络的路由表。

代理发现（Agent Discoery）：为了随时随地与其他节点进行通信，移动节点必须首先找到一个移动代理。移动 IP 定义了两种发现移动代理的方法：一是被动发现，即移动节点等待本地移动代理周期性地广播代理通告报文；二是主动发现，即移动节点广播一条请求代理的报文。移动 IP 使用扩展的“ICMP Router Discovery”机制作为代理发现的主要机制。要注意的是，使用以上任何一种方法都可使移动节点识别出移动代理并获得转交地址，从而获悉移动代理可提供的任何服务，并确定其连至归属网还是某一外区网上。使用代理发现可使移动节点检测到它何时从一个 IP 网络（或子网）漫游（或切换）到另一个 IP 网络（或子网）。

所有移动代理（不管其能否被链路层协议所发现）都应具备代理通告功能，并对代理请求作出响应。所有移动节点必须具备代理请求功能。但是，移动节点只有在没有收到移动代理的代理通告，并且无法通过链路层协议或其他方法获得转交地址的情况下，方可发送代理请求报文。

隧道技术（Tunneling）：当移动节点在外区网上时，归属代理需要将原始数据包转发给已登记的外区代理。这时，归属代理使用 IP 隧道技术，将原始 IP 数据包（作为净负荷）封装在转发的 IP 数据包中，从而使原始 IP 数据包原封不动地转发到处于隧道终点转交地址处。在转变地址处解除隧道，取出原始数据包，并将原始数据包发送到移动节点。当转交地址为驻留本地的转交地址时，移动节点本身就是隧道的终点，移动节点自身实施解除隧道，取出原始数据包。

移动 IP 的工作过程可归纳为如下几点。

① 归属代理和外区代理不停地向网上发送代理通告（Agent Advertisement）消息。

② 移动节点接到这些消息，确定自己是在归属网还是在外区网上。

③ 如果移动节点发现自己仍在归属网上，即收到的是归属代理发来的消息，则不启动移动功能。如果是从外区重新返回的，则向归属代理发出注册取消的功能消息，声明自己已回到归属网中。

④ 当移动节点检测到自己移到外区网，则获得一个关联地址，这个地址有两种类型：一种即是外区代理的 IP 地址；另一种是通过某种机制与移动节点暂时对应起来的网络地址，也即是移动节点在外区暂时获得的新的 IP 地址。

⑤ 然后移动节点向归属代理注册，表明自己已离开归属网，把所获的关联地址通知归属代理。

⑥ 注册完毕后，所有通向移动节点的数据包将归属代理经由“IP 通道”发往外区代理（如使用第一类关联地址）或移动节点本身（如使用第二类关联地址），外区代理收到后，再把数据包转给移动节点，这样，即使移动节点已由一个子网移到另一个子网，移动节点的数据传输仍能继续进行。

⑦ 移动节点发往外地的数据包按一般的 IP 寻径方法送出，不必通过归属代理。

图 9-11 所示为移动节点在外区网上时，移动 IP 的工作过程。

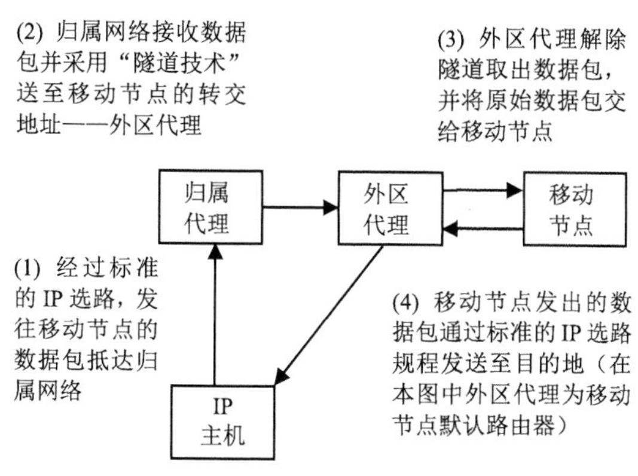

图 9-11　移动 IP 的工作过程

4．MPLS

目前 Everything over IP 和 IP over Everything 已成为通信界的热点之一。IP over Everything 体现了 IP 的优势所在，即通过统一的 IP 层协议屏蔽下层各种物理网络（如 X.25、DDN、以太网、令牌环、帧中继、ATM、SDH、DWDM）的差异性，实现异种网互连；而“Everything over IP”的“Everything”是指所有的信息业务，包括数据、图像和话音等实时和非实时的业务。但目前的 IP 技术还存在一些问题，突出地表现在：①时延问题，每一个包的逐个路由器寻址（逐跳寻址）造成端到端的时延很大且时延抖动也大，路由器逐个包的地址解析、寻址和过滤也引入了额外时延；②缺乏流量控制机制；③缺乏 QoS 保证，是一个“尽力而为”的机制。

而 ATM 技术由于协议较为复杂、缺少良好的 API 接口和网卡价格高等原因，使得 ATM 到桌面已趋于消亡。但 ATM 是一种面向连接和统计复用的技术，其主要优势是网络资源的统计复用。保证端到端的 QoS、具有流量控制和拥塞控制功能、灵活的动态带宽分配与管理、可扩展性强、支持多业务等。将 IP 与 ATM 结合，解决 IP 网存在的问题，是电信运营商十分关注的问题之一。

多协议标签交换（Multi-Protocol Label Switching，MPLS）是一种用于快速数据包交换和路由的体系，它为网络数据流量提供了目标、路由、转发和交换等能力。更特殊的是，它具有管理各种不同形式通信流的机制。MPLS 独立于第二和第三层协议，如 ATM 和 IP。它提供了一种方式，将 IP 地址映射为简单的具有固定长度的标签，用于不同的包转发和包交换技术。它是现有路由和交换协议的接口，如 IP、ATM、帧中继、资源预留协议（RSVP）、开放最短路径优先（OSPF）等。

MPLS 引入了于标记的机制，把选路和转发分开，由标签来规定一个分组通过网络的路径。MPLS 网络由核心部分的标签交换路由器（LSR）、边缘部分的标签边缘路由器（LER）组成。LSR 的作用可以看作是 ATM 交换机与传统路由器的结合，由控制单元和交换单元组成；LER 的作用是分析 IP 包头，用于决定相应的传送级别和标签交换路径（LSP），MPLS 网络如图 9-12 所示。

LSR 就是实现了 MPLS 功能的 ATM 交换机；LER 可以是具有 MPLS 功能的 ATM 交换机，也可以是具有 MPLS 功能的路由器。标记交换的工作过程可概括为以下 3 个步骤。

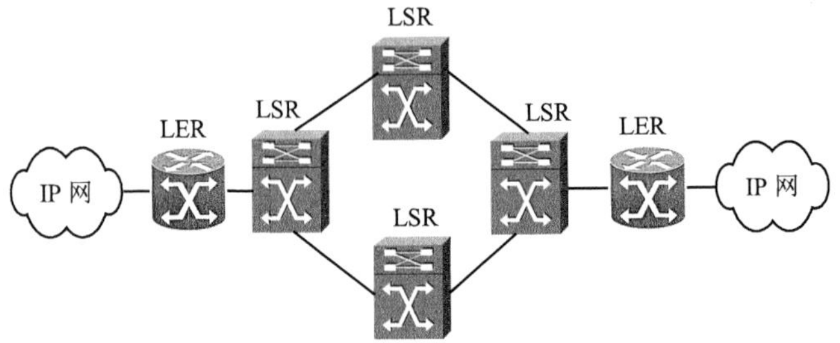

图 9-12　MPLS 网络示意图

① 由 LDP（标记分布协议）和传统路由协议（OSPF 等）一起，在 LSR 中建立路由表和标记映射表。

② LER 接收 IP 包，完成第三层功能，并给 IP 包加上标记；在 MPLS 出口的 LER 上，将分组中的标记去掉后继续进行转发。

③ LSR 对分组不再进行任何第三层处理，只是依据分组上的标记通过交换单元对其进行转发。

目前 MPLS 实现信令的方式可分为两类。一类是 LDP/CR-LDP，它是基于 ATM 网络的。另外一类是 RSVP，它基于传统的 IP 网。从网络可扩展性上看，LDP 较 RSVP 更有优势，一般电信级网络中，特别是 ATM 网络中，应采用 MPLS/LDP。ITU-T 倾向于在骨干网中采用 CR-LDP。

MPLS 主要技术特点如下。

① MPLS 流量管理。传统 IP 网络一旦为一个 IP 包选择了一条路径，则不管这条路经是否拥塞，IP 包都会沿着这条路径传送，这样就会造成整个网络在某处资源过度利用，而另外一些地方网络资源闲置不用，MPLS 可以控制 IP 包在网络中所走过的路径，这样可以避免 IP 包在网络中的盲目行为，避免业务流向已经拥塞的节点，实现网络资源的合理利用。MPLS 流量管理机制的功能可从如下两个方面来看：从网络运营商的角度看，是要保证网络资源得到合理利用；从用户的角度来看，是要保证用户申请的服务质量得到满足。MPLS 的流量管理机制主要包括路径选择、负载均衡、路径备份、故障恢复、路径优先级及碰撞等。

② MPLS 的 QoS 的实现。MPLS 的 QoS 实现是由 LER 和 LSR 共同完成的。在 LER 上进行 IP 包的分类，将 IP 包的业务类型映射到 LSP 的服务等级上，在 LER 和 LSR 上同时进行带宽管理和业务量控制，从而保证每种业务的服务质量得到满足。由于带宽管理的引入，MPLS 改变了传统 IP 网只是一个“尽力而为”的状况。

IP 包在进入 MPLS 域之前，MPLS 将会根据 IP 包所携带的信息将其分成不同的类别，这个类别就代表网络为其提供的服务等级。LER 分类 IP 包的依据可以是：承载 IP 包的 DLCI、VCC 等信息，TOS 字段或 DS 字段携带的信息，源/目的端口号，源/目的 IP 地址，以及上层协议（UDP、TCP 等）。

LER 对 IP 包进行分类后，将 IP QoS 映射成 ATM 的 QoS。QoS 的参数以 Traffic Parameter 的形式体现在建立 LSP 的 Request 信令消息中，每个 LSR 在收到 Request 消息后都会根据 Traffic Parameter TLV 中的参数做 CAC（接纳允许控制，Connection Admission Control），为特定的业务预留特定的资源。

在 MPLS 中，数据传输发生在标签交换路径（LSP）上。LSP 是每一个沿着从源端到终端的路径上的节点的标签序列。MPLS 主要解决网路问题，如网路速度、可扩展性、服务质量（QoS）管理以及流量工程，同时也为下一代 IP 中枢网络解决宽带管理及服务请求等问题。

思考题

1．画出 TCP/IP 层概念模型示意图，说明各层的作用。

2．说明 IPv4 版本 IP 地址由哪些部分组成？分别简介 A，B，C，D 及 E 类地址的表示方法和用途？

3．简介 IPv6，并与 IPv4 作比较。

4．简介 IP 电话。

5．简介 IPTV。

6．画出 MPLS 网络示意图，分别说明 LER 和 LSR 的作用。

第 10 章 智能网

在电信业高度发展的形势下，仅仅依靠现代化技术和高质量来确保电话无故障已不能满足用户的需求，同时也不足以使电信网络运营者在市场竞争中保持优势，即便是采取低价位的策略，对竞争所起的作用也是有限的，因为用户要求电信运营商能迅速提供电信新业务。这种市场多元化的趋势，使竞争的焦点越来越集中在提供各种具有吸引力的用户业务和性能上。这就要求网络中引进更多更强的智能，以提高网络对业务的应变能力。智能网（Intelligent Network，IN）在这方面提供了很好的支持。

10.1 智能网的概念

1. 智能网的核心思想

正如第 5 章所述，程控交换机除了向用户提供基本的呼叫接续功能外，通过开发和升级软硬件还能给用户提供一些比较简单的补充业务，如缩位拨号、呼叫转移、来电显示、三方通话等。但随着新增业务越来越复杂、电信网越来越庞大，使得这种在程控交换机上直接增加业务功能的方式实现起来难度越来越大。主要是因为普通程控交换机的呼叫连接控制功能和业务实现控制功能捆绑在一起，互相影响，在增加新业务时，使交换机乃至于全网的安全性、稳定性受到很大威胁。另外，网上运营的交换机品牌很多，修改和维护的方法各不相同，而且每个局设置有自己的数据库。所以，要在全网生成一项新业务的工作量是相当大的，周期也会很长。

交换机生成新业务传统方法存在的问题是程控交换机的呼叫连接控制功能与业务实现控制功能（即基本的交换功能与业务功能）捆绑在一起。如果将这种捆绑解开，使基本的交换功能与业务功能分开，业务控制功能集中在少数几个点上，使用集中的数据库，问题就迎刃而解了。智能网的核心思想是：交换与业务控制相分离。交换层只完成最基本的呼叫连接功能，利用集中的业务控制和集中的数据库对业务进行集中控制，以便能够快速、方便、灵活、经济、有效地生成和实现各种新业务。

2. 智能网的基本特点

智能网的最大特点是将网络的交换功能与业务控制功能相分离，把原来位于各交换机中的对新业务的控制功能集中到新增的控制设备（由中小型计算机组成的智能网业务控制点上），而原来的交换机仅完成基本的接续功能，从而提高了业务的灵活性和网络的稳定性。

智能网借助大型实时的数据库系统，如 Informix、Oracel、Sybace 等，达到集中的数据

管理，以支持集中的业务控制能力。

智能网利用 No.7 信令系统支持交换层与业务控制层之间的消息传递，采用 X.50 协议支持业务控制点与数据库之间的消息传递，采用 X.25、TCP/IP 等协议支持业务控制点与业务管理点之间的消息传递。

同时，建立控制设备与交换设备间的标准接口，可以实现业务与具体交换厂家无关，扩大了业务范围。

3．智能网的层次结构

智能网的出现导致了通信网的结构发生了大的变革。新的通信网由传输/交换层、信令层和智能层组成，如图 10-1 所示。传输/交换层主要由原来的交换设备构成，依旧完成呼叫接续功能，只不过对于智能业务（由智能层控制的增值业务）的呼叫，交换层要将相关的呼叫信息上报给智能层。由智能层分析业务流程、查询数据库操作后下发控制命令给交换层完成呼叫。信令层仅仅用于在交换层和智能层设备间传输消息。

4．智能网的应用

智能网能够快速灵活地提供、生成和管理增值业务。它可以在公用电话交换网（PSTN）的基础上提供增值业务，还可以叠加在公用陆地移动网（PLMS）、公用分组交换数据网（PSPDN）、窄带综合业务数字网（N-ISDN），乃至宽带综合业务数字网（B-ISDN）上提供增值业务，如图 10-2 所示。

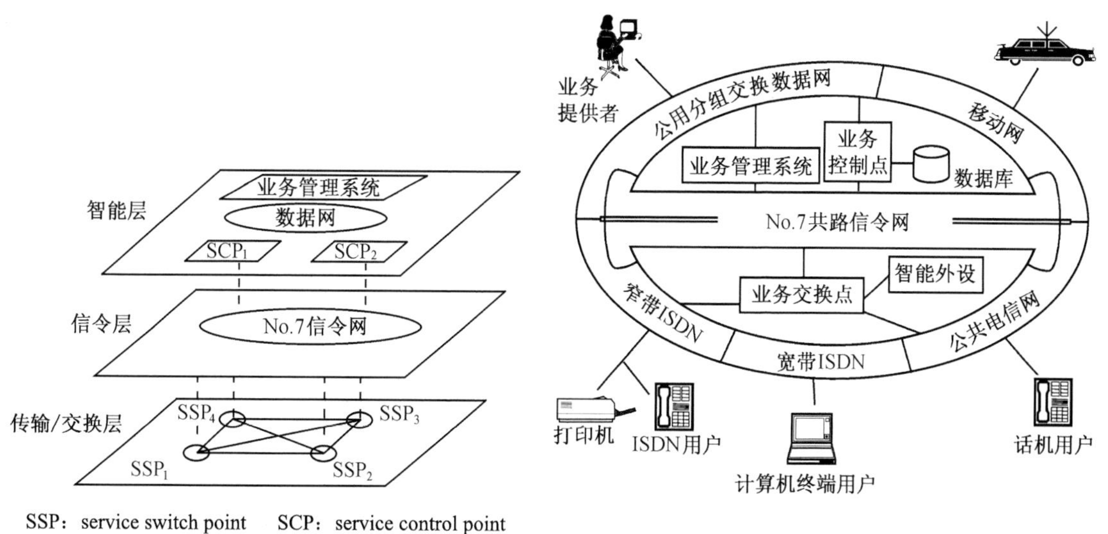

图 10-1　智能网的层次结构

图 10-2　智能网的应用

10.2　智能网的结构

智能网一般由业务交换点（SSP）、业务控制点（SCP）、业务数据点（SDP）、智能外设（IP）、业务管理系统（SMS）及业务生成环境（SCE）等几个部分组成，如图 10-3 所示。

1．业务交换点

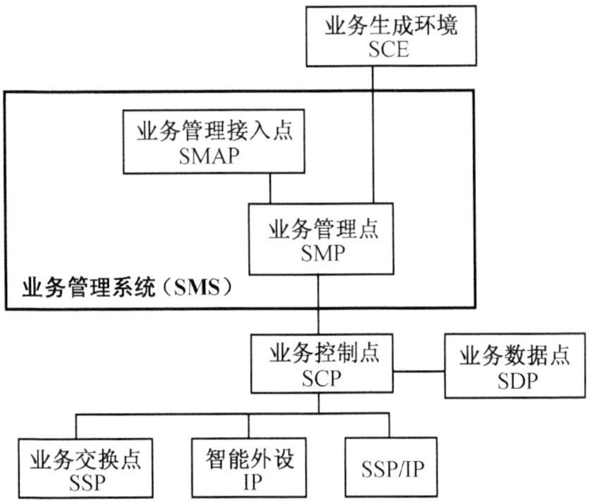

业务交换点（Service Switching Point，SSP）可以检出智能业务的请求，并上报给 SCP；接受 SCP 下发的控制命令，处理呼叫接续。SSP 与 SCP 之间采用 No.7 信令方式传递消息。

SSP 与普通的交换机（SW）不同，虽然它们都能完成基本呼叫接续，但 SSP 的智能业务检出、上报智能层、接受智能层的控制、呼叫悬置等功能，SW 是没有的。

图 10-3　智能网的结构

2．业务控制点

业务控制点（Service Control Point，SCP）的主要功能是接收 SSP 上报的智能业务呼叫，分析业务流程、操作数据库，生成控制命令下发到 SSP。同时，接受业务管理系统的管理。SCP 是智能网的核心构件，它们一般采用小型计算机或高性能微型计算机，SCP 应具有很高的可靠性，通常在智能网系统中 SCP 的配置至少是双备份的。

3．业务数据点

业务数据点（Service Data Point，SDP）提供数据库功能，接受 SCP 和 SMS 的访问，执行操作并回送结果。SDP 中存有业务控制数据、用户数据和网络数据。智能网为达到集中的业务控制能力，必须有大型实时的数据库支持。目前，主要使用 Informix、Oracel、Syhace 等大型关系数据库系统。在智能网中有时 SDP 与 SCP 设在一起。

4．智能外设

智能外设（Intelligent Peripheral，IP）是协助完成智能业务的特殊资源。IP 接受 SCP 的控制，执行 SCP 业务逻辑所指定的操作，提供智能网和用户交互的界面功能，目前，主要完成放音和收号功能。IP 常常和 SSP 合设在一起（SSP/IP），也可以是一个独立设置。

5．业务管理系统

业务管理系统（Service Management System，SMS）由计算机系统组成。SMS 一般具备业务逻辑管理、业务数据管理、网络配置管理等功能。SMS 具体由两部分组成，业务管理点 SMP（Service Management Point）和业务管理接入点 SMAP（Service Management Agent Point）。SMP 提供服务器端，一般放在中心控制机房，SMAP 为客户端，可以放在各营业厅。SMAP 提供了访问 SMP 的界面，在 SMAP 操作的结果都存放在 SMP 上。

在业务生成环境中创建的新业务逻辑由业务提供者输入到 SMS 中，SMS 再将其装入 SCP，即 SCE→SMAP→SMP→SCP，就可在通信网上提供该项新业务。完备的 SMS 系统还可以接收远端客户发来的业务控制指令，修改业务数据，从而改变业务逻辑的执行过程。

6．业务生成环境

业务生成环境（Service Creating Environment，SCE）的功能是根据客户的需求生成新的业务逻辑，SCE 为业务设计者提供友好的图形界面。客户利用各种标准图元设计出新业务的业务逻辑，并为之定义好相应的数据。业务设计好后，需要首先通过严格的验证和模拟测试，以保证不会给电信网已有的业务造成不良影响。此后，SCE 将新生成业务的业务逻辑传送给 SMS，再由 SMS 加载到 SCP 上运行。

10.3　智能网的业务

如前所述，组建智能网的目的就是为了能够快速、方便、灵活、经济、有效地生成和实现各种新业务，所以，根据用户的需求在智能网上将不断开发各种智能业务。本节介绍智能网的一些主要业务。

1．记账卡呼叫业务

记账卡呼叫（Account Card Calling，ACC）业务允许用户在任一个电话机（DTMF 话机）上进行呼叫，并把费用记在规定的账号上。使用记账卡呼叫业务的用户，必须有一个唯一的个人识别码即卡号（Card Number）。用户使用本项业务时，按规定输入接入码、卡号、密码（Personal Identification Number-PIN）。当网络对输入的卡号、密码进行确认且向用户发出确认指示后，持卡用户可像正常通话一样拨打被叫号码进行呼叫。ACC 业务的接入码为 300，所以又称之为 300 业务。

ACC 业务可按卡的特征分为以下 4 类。

A 类卡：有银行账号，按月交费。已安装电话的用户申请该电话卡业务，经电信部门信誉审核符合要求，可凭电话缴费单按月缴纳话费。

B 类卡：预付金额，按次扣除。当用户申请该电话卡业务时，需预付一定的电话费。使用时按次计费扣除。当通知预付金额用完或通话前预付金额不足 10 元时，系统即停止提供业务。用户需再交预付费才能继续使用业务；如果 3 个月用户仍未再交预付费，则该用户自动取消。如用户要求取消电话卡，电信部门需将账内预付费的余额退还用户。

C 类卡：有价记账卡（有密码）。用户通过购买有价的记账卡，在规定期限（如 1 年）内使用业务，使用时按次计费扣除，累计达到有价卡面值时，系统即停止提供业务。

D 类卡：有价记账卡（没密码）。类似 C 类用户，但不需要密码。

除了把呼叫的费用记在记账卡的账号上外，ACC 业务还具有以下业务特征：依目的码进行限制、限值指示、密码设置、连续进行呼叫、卡号和密码输入次数的限制、修改密码、防止欺骗、语音提示和收集信息、查询余额、缩位拨号、修改缩位拨号等。

2．被叫集中付费业务

被叫集中付费（Free Phone，FPH）业务实际上是一项反向收费业务，申请该业务的用户作为被叫接受来话并支付通话的全部费用。该业务允许用户利用一个集中付费的号码，设置若干个终端，分布在不同地区（可以是局部地区，也可能是全国范围，甚至可以跨越国家）。由于这些呼叫对主叫是免费的，所以也称为免费电话。FPH 业务的接入码为 800，所

以又称为800业务。

FPH 业务除了具有由业务用户支付话费的特征外，还具有以下一些业务特征：遇忙/无应答呼叫前转、呼叫阻截、话音提示、按时间选择路由、密码接入、按照发话位置选择路由、呼叫分配、同时呼叫次数的限制等。

3．虚拟专用网

虚拟专用网（Virtua1 Private Network，VPN）是通过公用网提供专用网的特性和功能的。VPN 业务的用户可以利用公用网的资源建立一个非永久性的专用网，也即利用公用网的用户线和一些交换设备，构成一个能在一个用户群内进行相互通信的网络，该网络即称之虚拟专用网。它含有专用编号计划（Private Numbering Plan，PNP）、呼叫前转、呼叫保持等专用网的能力。VPN 业务的接入码为600，所以又称之为600业务。

虚拟专用网主要是机关、企业、团体利用公用网资源连成专用网，也可以允许以单个用户方式进入VPN。

VPN 业务具有以下业务特征：网内呼叫、网外呼叫、远端接入、记账呼叫、呼叫前转、缩位拨号、鉴权码、闭合用户群、可选的网外呼叫阻截、可选的网内呼叫阻截、VPN 话务员座席、自动呼叫分配、话务员登录、话务员撤销、呼叫转移更改、话音提示、同时呼叫次数的限制等。

4．通用个人通信

通用个人通信（Universal Personal Telecommunication，UPT）业务用户使用一个唯一、独立于网络的个人通信号码（Personal Communication Number，PCN），可以在任意的网络—用户接口接入任何一个网络，并能跨越多个网络进行通信，呼叫不受地理位置的影响。个人通信号码能按用户的要求，翻译成相应的通信号码，并进行路由选择，将来话接到用户所指定的地方，该业务实质是一种移动业务。

通用个人通信业务由四个核心的业务特征（验证、跟我转移、个人号码、分开记账）和六个可选的业务特征（呼叫记录、用户资料管理、用户自录通知、提醒被叫用户、向发端用户提示、按时间选路由）组成。

5．电话投票

电话投票（teleVOTing，VOT）业务是给社会上提供的一种征询意见或民意测验的服务。需要进行民意测验的企事业单位、商业部门等，可作为业务用户申请一个或多个电话投票的号码，用以通过电话网调查大众对某些事的意见。要对征询的事情发表意见的用户可以拨打电话投票号码，拨通后根据录音通知的提示，按相应数字的键盘发表意见。

网络对每个投票号码的呼叫次数和用户意见信息进行分类统计。业务用户可随时通过终端和 DTMF（Dual Tone Multi-Frequency）双音多频话机查询自己业务的统计信息。

VOT 业务具有以下一些业务特征：大众呼叫、向发端用户提示、发端呼叫筛选、呼叫记录、最大呼叫次数限制、客户资料管理、客户录音通知、反向计费等。

6．广域 CENTREX

广域 CENTREX（Wide Area CENTREX，WAC）业务是在市话交换机上将部分用户划

分为一个基本用户群，为用户提供用户小交换机的功能；同时还具有一些特有的电信网业务功能。

广域 CENTREX 业务是把 CENTREX 和 VPN 结合在一起的一种业务，即通过 VPN 把若干分散的 CENTREX 交换机连成一个网。该 VPN 的覆盖范围可以是本地的，也可以是长途的，以供这些机关、企业等集团在专用网内开放业务。本地的电话通信及一些本地的特殊功能主要通过 CENTREX（本局和跨局）功能解决；长途的电话通信通过 VPN 业务解决。

针对 WAC 应用的特殊性，所使用的 VPN 的功能与标准的 VPN 相比可以是有所缩减的，是一种简式的 VPN。业务特征有：网内呼叫（基本功能）、网外呼叫（基本功能）、呼叫前转（可选功能）、话务员（可选功能）、话务员登录（可选功能）、话务员撤销（可选功能）、呼叫转移更改（可选功能）、话音提示（基本功能）、可选的网外呼叫阻截（可选功能）、可选的网内呼叫阻截（可选功能）。

7．大众呼叫

大众呼叫（Mass Calling，MAS）业务提供一种类似热线电话的服务。它最主要的特征是具有在瞬时高额话务量情况下防止网络拥塞的能力。当用户从电视、广播和报纸上的广告得知在某一段特定时间内呼叫一个指定电话号码有中奖机会时，即可能出现瞬时大话务量。

节目主办者作为业务用户，可以向电信部门申请一个热线电话号码。在每次拨通这一号码时，系统将呼叫者接到节目主持人热线电话；或者拨通这一号码后，呼叫者将听到一段录音通知，要求呼叫者输入一个数字以表示对某个问题的意见或偏好，系统把这个数字记录下来并进行累计；该业务终止时，电信部门可向业务用户提供大众对该问题各种意见的详细情况。

MAS 业务具有以下业务特征：大众呼叫、向发端用户提示、呼叫分配、发端呼叫筛选、呼叫限制、呼叫间隙、呼叫记录、按发端位置选路由、按时间选路由、业务用户录音通知、呼叫排队。

8．号码流动

号码流动（Number Portability，NP）业务可向用户提供如下服务：当用户申请一个普通电话以后，移机任何地方（可以跨局）而不用更改电话号码。

NP 业务具有如下业务特征：移机不改号、改号通知、有效期、语音提示。

思考题

1．简介智能网的核心思想，说明智能网的应用。

2．画出智能网的结构，分别说明各部分的作用。

3．简介智能网业务。

第三篇
用户接入网

全国的电信网是由长途网和本地网两大部分组成。本地网又是由连接着各个电信局之间的中继网和各个局交换设备连接到每个用户的用户接入网所组成。所谓用户接入网是指各局交换设备到用户终端之间的所有设备和线路。在电信市场竞争日趋激烈的今天，“最后一公里”被视为电信运营商的生命线。

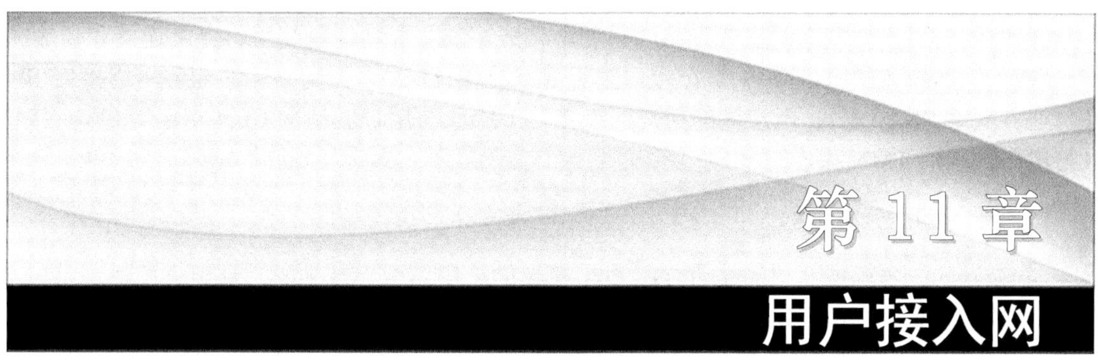

第 11 章 用户接入网

在电信网中，由于骨干网一般采用光纤传输，带宽很宽，速度很快。因此，接入网便成为了整个网络系统的瓶颈。为了解决这个问题，近几年各电信运营商在接入网上进行了很大的投入和建设，新技术不断被应用，使接入网得到了空前的发展。

11.1 接入网的概念

1．接入网的定义定界

根据传统的本地用户网概念，用户接入网一般是指本地电话端局或远端交换模块与用户终端之间的网路部分，它主要完成交叉连接、复用和传输功能，一般不包含交换部分。然而，有时从维护的角度将端局至用户间的部分统称为接入网，而不管是否包含交换功能。

从整个电信网的角度，还可以将全网划分为公用电信网和用户驻地网（CPN）两大块。其中，CPN 属用户所有，而公用电信网部分就是通常所指的电信网。从上述的网路概念中可以看出，公用电信网包括长途网、本地网（含局间中继）和用户接入网（即端局至用户之间的部分）。

目前，国际上的另一种网路划分方法是将公用电信网中的长途网和局间中继网合在一起称为核心网（CN），将端局或远端模块以下的网路部分称作用户接入网，如图 11-1 所示。

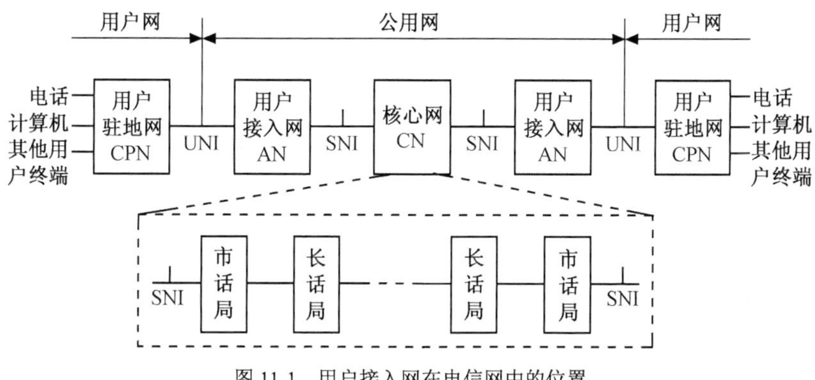

图 11-1　用户接入网在电信网中的位置

按照 ITU-T 的 G.902 建议的定义，接入网（AN）是由业务网络接口（SNI）和用户网络接口（UNI）之间的一系列传输实体（如线路设施和传输设施）所组成的为传输电信业务提供所需传送承载能力的实施系统，可通过 Q_3 接口进行配置和管理。通常，接入网可以认为是网路侧与用户侧之间的机线设施的总和所构成，其主要功能是复用、交叉连接和传输。

接入网所覆盖的范围可由 3 个接口来定界（见图 11-2），即网络侧的业务网络接口 SNI（与业务网络 SN 相连）、用户侧的用户网络接口 UNI（与用户驻地网 CPN 相连）和 Q_3 接口（与电信管理网 TMN 相连）。

2．接入网的分层结构

接入网的功能结构是以 ITU-T G．803 建议的分层模型为基础的，利用分层模型可以将接入网的传输划分为电路层（CL）、传输通道层（TP）和传输介质层（TM）。

电路层网络涉及电路层接入点之间的信息传递。电路层是面向公用交换业务的，直接为用户提供通信业务，如电路交换业务、分组交换业务、租用线业务等，按照提供业务的不同可以区分不同的电路层网络。

传输通道层涉及通道层接入点之间的信息传递，为上面的电路层网络节点（如交换机）提供透明的通道（即电路群），并支持一个或多个电路层网络。

传输介质层可进一步划分为段层和物理介质层。其中，段层网络涉及段层接入点之间的信息传递，并支持一个或多个传输通道层，如 SDH 通道或 PDH 通道。物理介质层网络与实际的传输介质有关，如光纤、双绞线、同轴电缆或无线等，并支持段层网络。

三层之间相互独立，相邻层之间符合客户/服务关系。对于接入网而言，电路层上面还应有接入网特有的接入承载处理功能（AF），再考虑层管理和系统管理功能之后，整个接入网的通信协议参考模型可以用如图 11-3 所示的分层结构来描述。

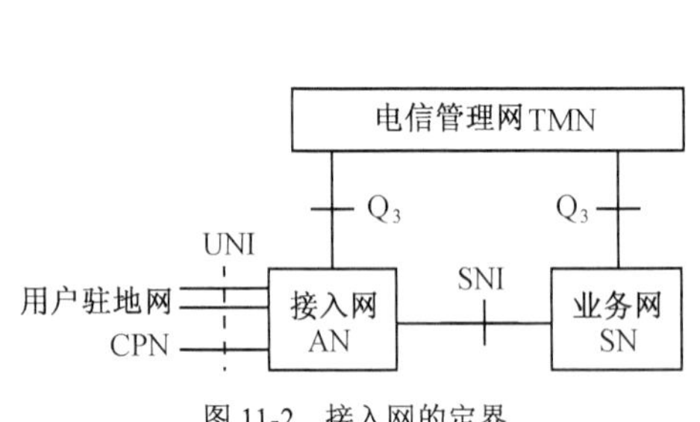

图 11-2 接入网的定界

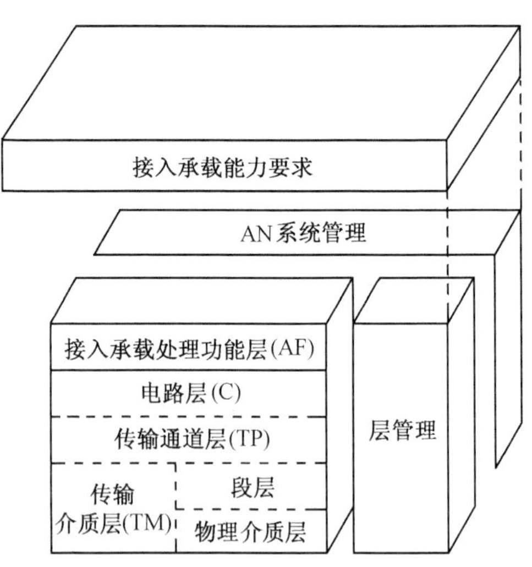

图 11-3 接入网的通信协议参考模型（分层结构）

3．接入网的主要功能

接入网通常具有 5 种主要功能，即用户口功能（UPF）、业务口功能（SPF）、核心功能（CF）、传输功能（TF）和 AN 系统管理功能（SMF），如图 11-4 所示。

用户口功能（UPF）的主要作用是将特定的 UNI 要求与核心功能和管理功能相适配，它包括终结 UNI 功能、A/D 转换和信令转换、UNI 的激活/去激活、处理 UNI 承载通路/容

量、UNI 的测试和 UPF 的维护以及管理和控制功能等。

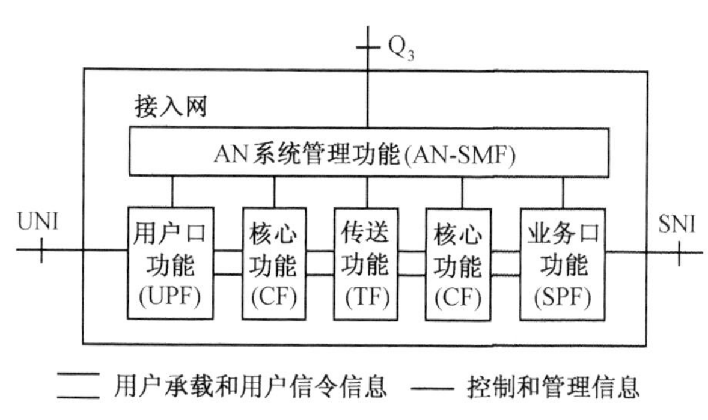

图 11-4　接入网功能结构示意图

业务口功能（SPF）主要是将特定 SNI 规定的要求与公用承载通路相适配，以便提供给核心功能处理，也负责选择有关的信息以便在 AN 系统管理功能中进行处理。SPF 主要功能有：终结 SNI 功能；将承载通路的需要和即时的管理及操作需要映射进核心功能；特定 SNI 所需的协议映射；SNI 的测试和 SPF 的维护；管理和控制功能。

核心功能（CF）处于 UPF 和 SPF 之间，主要作用是负责将用户口承载通路或业务口承载通路的要求与公用传送承载通路相适配，还包括为了通过 AN 传送所需要的协议适配和复用所进行的对协议承载通路的处理。核心功能可以在 AN 内分配，主要功能有：接入承载通路处理、承载通路集中、信令和分组信息复用、ATM 传送承载通路的电路模拟、管理和控制功能。

传送功能（TF）是为 AN 中不同地点之间公用承载通路的传送提供通道，也为所用传输介质提供介质适配功能，主要功能有：复用功能、交叉连接功能（包括疏导和配置）、管理功能、物理介质功能。

AN 系统管理功能（AN-SMF）主要是协调 AN 内 UPF、SPF、CF 和 TF 的指配、操作和维护，也负责协调用户终端（经 UNI）和业务节点（经 SNI）的操作功能。主要功能有：配置和控制、指配协调、故障检测和指示、用户信息和性能数据收集、安全控制、协调 UPF 和 SN（经 SNI）的即时管理和操作功能、资源管理。

AN-SMF 经 Q_3 接口与 TMN 通信，以便接受监视和控制，同时为了实时控制的需要，也经 SNI 与 SN-SMF 进行通信。

4．接入网的分类

接入网可利用多种传输介质（如铜线、光纤、无线等，见图 11-5），采用多种多样的传输方式和传输技术，将用户接入到电信核心网，如图 11-6 所示。

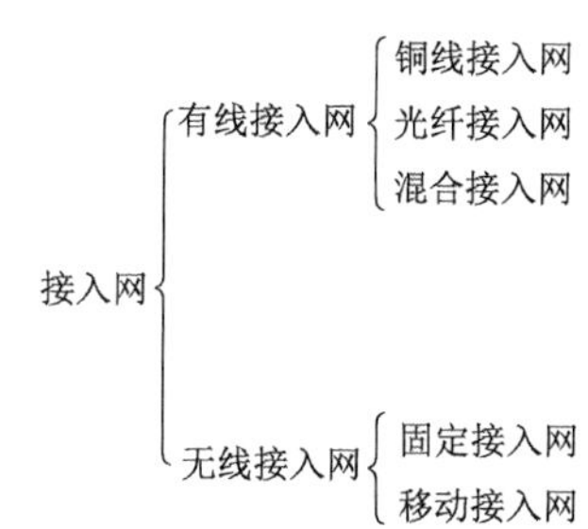

图 11-5　接入网的传输介质

5．接入网接口

接入网有 3 类主要接口，即用户网络接口（UNI）、业务网络接口（SNI）和管理接口（Q_3）。

用户网络接口（UNI）是用户和网络之间的接口，用户口功能仅与一个 SNI 通过指配功能建立固定联系，对不同的业务采用不同的接入方式，对应不同的接口类型。主要包括模拟

2 线音频接口、64kbit/s 接口、2.048Mbit/s 接口、ISDN 基本速率接口（BRI）和基群速率接口（PRI）等。

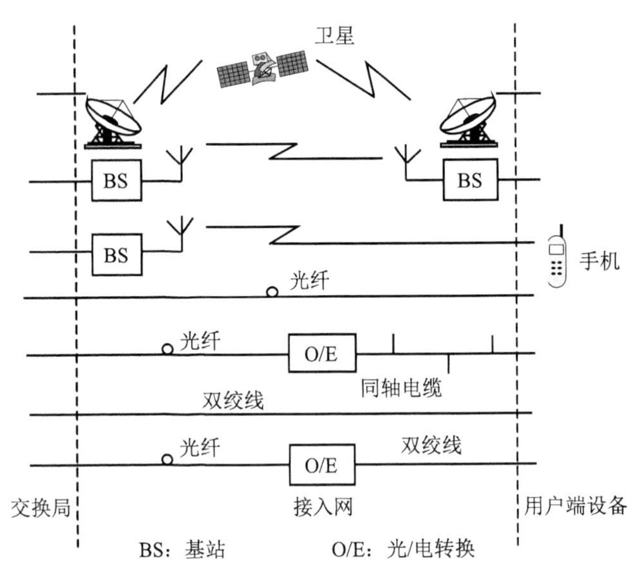

图 11-6　多种接入示意图

业务网络接口（SNI）是接入网 AN 与核心网中各种业务网 SN 之间的接口（接至本地交换机），主要分为两类：一类是模拟接口（Z 接口），另一类是数字接口（V 接口）。

11.2　有线用户接入网

1. 光纤接入网

光纤接入网（OAN）是指本地交换机与用户设备之间采用光传输或部分采用光传输的系统。通俗地讲，就是用光纤代替传统用户环路中的铜质双绞线，下行信号（指由局端到用户端）在交换局端需将电信号转换为光信号，在用户端利用光网络单元（ONU）将光信号再转换，恢复成电信号送至用户终端设备。上行信号（指由用户端到局端）在局端和用户端也要进行光电变换（与下行信号的变换相反）。OAN 的参考配置如图 11-7 所示。

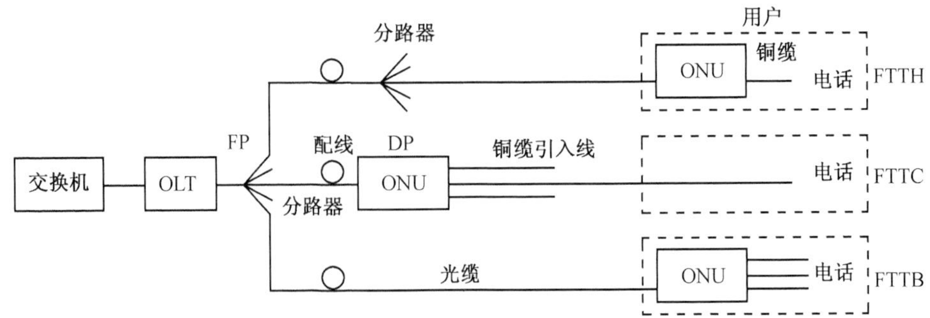

图 11-7　光纤接入网的实际应用示意图

光纤接入网（OAN）主要由光线路终端（OLT）、光网络单元（ONU）、光分配网（ODN）等组成。

光线路终端（OLT）的作用是为光接入网提供网络侧与本地交换机之间的接口并经一个或多个光分配网（ODN）与用户侧的光网络单元（ONU）通信，OLT 与 ONU 的关系为主从通信关系。OLT 可以直接设置在本地交换机接口处，也可以设置在远端，与远端集中器或复用器接口。OLT 在物理上可以是独立设备，也可以与其他设备集成在一个设备内。

ODN 在 OLT 与 ONU 之间提供光传输手段，主要功能是完成光信号功率的分配。ODN 是由无源光元件（如光缆、光连接器和光分路器 OBD 等）组成的纯无源的光分配网，通常呈树形分支结构。当以电复用（PDH、SDH 或 ATM）的远程光终端 ODT 代替无源光分路网（ODN），就成为有源光网络。

根据 ONU 的位置光纤接入的方式可分为光纤到路边（FTTC）、光纤到大楼（FTTB）、光纤到办公室/光纤到家庭（FTTO/FTTH）。

在光纤到路边（FTTC）结构中，ONU 设置在路边的入孔或电线杆上的分线盒处，有时也可设置在交接箱上，从 ONU 到各个用户之间仍使用双绞铜线，可能使用同轴电缆等。

光纤到大楼（FTTB）适用于高密度用户区的场合，例如将 ONU 设置在写字楼内配线箱处，再经多对双绞线将业务分送给用户。

将 ONU 设置在用户办公室内的终端设备附近，即构成光纤到办公室（FTTO）。将 ONU 设置在用户家的终端设备附近，则构成光纤到家庭（FTTH）。

为了方便人们通常将 FTTC、FTTB、FTTO 和 FTTH 等统称为 FTTx。

光纤接入网能提供各种综合业务，如普通电话业务（POTS）、租用线业务、分组数据业务、ISDN 基本速率接入（BRI）业务、ISDN 基群速率接入（PRI）业务、N×64kbit/s（N=1～31）业务、2Mbit/s（成帧和不成帧）业务、广播式业务（如 CATV 业务）、双向交互式业务（如 VOD 或数据通信业务）、模拟广播业务等。

光纤因其传输频带宽、衰耗低、质量高等特点应用非常广泛，在接入网中应用光纤传输有很多的好处，如有利于开展宽带多媒体业务；有利于延长本地交换机到用户端的距离，增加本地交换机的覆盖范围，减少网络节点，简化网络结构。由于目前 ONU 还较贵，所以光纤接入网还需要解决经济性等问题，全光纤接入的广泛应用还有待时日。但全光纤接入的接入频带宽、衰耗低、质量高，可以说是最理想的接入方式，是接入网的发展方向。

在光接入网中，如果光配线网全部由无源器件组成，不包括任何有源节点，则这种光接入网就是无源光网络（Passive Optical Network，PON）。

PON 的架构主要是将从光纤线路终端设备 OLT 下行的光信号，通过一根光纤经由无源器件 Splitter（光分路器），将光信号分路广播给各用户终端设备 ONU，这样就大幅减少网络机房及设备维护的成本，更节省了大量光缆资源等建置成本，PON 因而成为 FTTH 最新热门技术。PON 技术始于 20 世纪 80 年代初，目前市场上的 PON 产品按照其采用的技术，主要分为 APON/BPON（ATM PON/宽带 PON）、EPON（以太网 PON）和 GPON（千兆比特 PON），其中，APON 已被淘汰；EPON 和 GPON 大规模商用。

FTTx 由于使用 PON（无源光网络）技术，在网络中消除了放大器和有源器件的使用，大大降低了网络安装和设备开通、维护的费用，正成为颇有竞争力的接入系统。

2．混合光纤同轴接入

目前，有线电视网（CATV）普及率非常高，传输有线电视的同轴电缆已经铺设到千家万户。这种传统的有线电视网络用同轴电缆作为传输介质，用放大器来补偿同轴电缆的衰耗，延长传输距离，是一种单向广播方式树型结构。随着光传输技术的迅速发展，光纤被广泛应用到有线电视网络中。新的结构通常是在主干线上采用光纤传输，用户分配网络还是采用同轴电缆，称这种光电混合传输方式的接入网络为混合光纤同轴接入（HFC）网。

（1）HFC 网的网络结构

由 CATV 网演变而来的 HFC 网有单向网和双向网两种。其中，单向 HFC 网仅仅是用光纤取代了传统 CATV 网主干线电缆，扩大了接入网的覆盖范围，基本上只支持 CATV 业务。双向 HFC 网是在单向 HFC 网络基础上改造而成，其结构如图 11-8 所示。双向 HFC 网可以提供 CATV、语音、数据和其他交互型业务，实现电信网、有线电视网和计算机网“三网合一”。

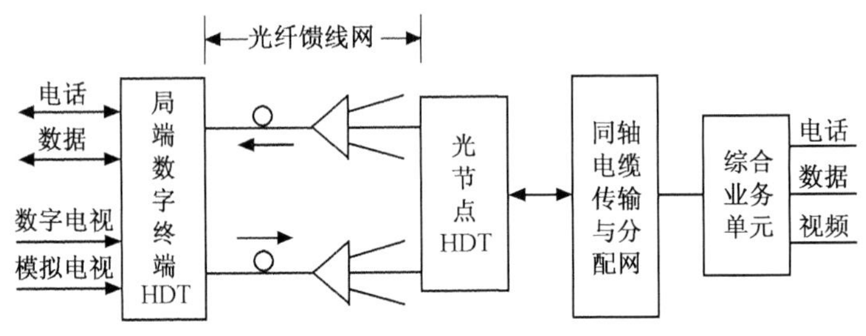

图 11-8　双向 HFC 网络结构

双向 HFC 网由局端数字终端（HDT 或称为网关）、光纤馈线网、光节点、同轴电缆传输与分配网和综合业务单元组成。

其中，局端数字终端主要有 4 大功能。第一，完成各业务节点设备的接口功能，如 PSTN 的本地交换机、CATV 的节目源、VOD 服务器、经过宽带网边缘交换机接入宽带网，进而与 Internet 服务提供商的接入服务器接口等。第二，HFC 采用副载波多路复用传输技术，由局端数字终端的调制解调部分将各种业务信号调制在各自的副载波上，实现频分复用（FDM），共享传输介质。第三，完成光电转换功能。第四，提供监控接口功能。

光纤馈线网和同轴电缆传输与分配网分别是 HFC 网的主干传输网和用户端分配网。

光节点是 HFC 网中光纤主干传输网和用户端同轴分配网的衔接点，主要完成光/电转换、电信号的复用/解复用和调制/解调。此外，光节点控制频带分配实现多业务，管理上行信道上的竞争实现多用户共享传输介质。

综合业务单元（ISU）提供与电信业务终端和有线电视终端的接口。综合业务单元（ISU）分为单用户单元（H-ISU）和多用户单元（M-ISU），网络结构中可同时具有 H-ISU 和 M-ISU。ISU 有可选择的二线模拟话音接口、2B+D 接口、N×64kbit/s（N=1～31）接口、2048kbit/s 接口和其他高速接口，此外还提供监控接口。用户经用户终端设备接入到 HFC 网，用户终端设备包括用户网络接口（UNI）、机顶盒（SYB）和电缆调制解调器（Cable Modem）。

（2）HFC 网的多业务及频谱安排

HFC 网的发展目标是实现全业务网络，其业务支持能力包括如下。

① 基于数字传输的业务，如普通电话业务（POTS）、N×64kbit/s 租用线业务、E_1（成帧与不成帧）、基本速率接口（ISDN-BRI）、基群速率接口（ISDN-PRI）、数字视频业务

（如 VOD）、2Mbit/s 以下的低速数据通道和 2Mbit/s 以上的高速数据通道以及个人通信业务（PCS）等。

② 模拟业务，如模拟广播电视、调频广播等。

HFC 网采用频分复用（FDM）的方式实现共享传输介质，即各种业务信号经调制解调器调制在各自的副载波上，各占不同的频率通道可同时复用在同一同轴电缆上一起以频带方式传输。HFC 网同轴电缆上各种业务信号的频率安排如图 11-9 所示。

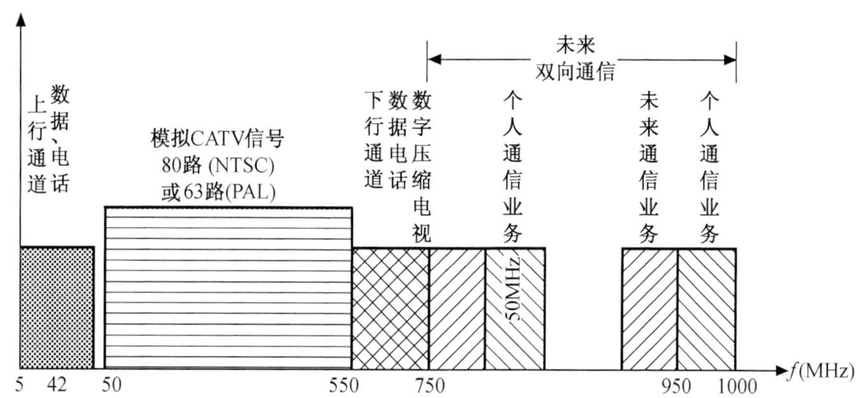

图 11-9　HFC 网同轴电缆上各种业务信号的频率安排方案

其中，低频端 5MHz～42MHz 主要用于传输用户到局端的上行话音和数据信号；50MHz～550MHz 频段仍然传送现有的模拟 CATV 信号（单向、下行），对带宽为 8MHz 的 PAL 制式信号可传 63 路，若传带宽为 6MHz 的 NTSC 制式信号可传 80 路；550MHz～750MHz 频段主要用于传输局端至用户的下行话音和数据，以及数字 CATV 信号（目前，倾向用于传输双向交互型通信业务，特别是视频点播业务 VOD）；高端的 750MHz～1000MHz 频段，计划用于未来双向通信业务，其中的两个 50MHz 宽频段已明确用于传送个人通信业务（PCS），余下频段留作新业务及其他各种应用。

（3）HFC 网的特点

HFC 网的频带宽。其频带宽度可满足综合业务和高速数据传输需要。因为同轴电缆的带宽可达 1GHz，除了原模拟视频信号外，还有丰富的频谱资源可以用来传输数字视频信号和双向数据。

HFC 网的传输速率高。在 HFC 网上用 Cable Modem 进行双向通信时，其下行速率可达 30Mbit/s，上行速率可达 10Mbit/s。

HFC 网的灵活性和扩展性都较好。HFC 网络在业务上可以兼容传统的电话业务和模拟视频业务，同时支持 Internet 访问、数字视频、VOD 以及其他未来的交互式业务。在结构上，HFC 网络具有很强的灵活性，可以平滑地向 FTTH 过渡。

但由于 HFC 网络的接入段是由多用户共享的，因此当用户量较多，再继续增加时，每个用户的传输速率都会下降。而且，对于这种共享系统，不同用户的隐私权也难以保证。

3．数字用户线接入

（1）数字用户线接入概述

数字用户线接入（Digital Subscriber Line，DSL）是在普通的双绞电话线上实现高速数

据传输的技术。根据所采用的技术和性能指标的不同，DSL 技术有多种不同的类型，如 HDSL、SDSL、ADSL 和 VDSL 等，统称为 xDSL。其中，HDSL、SDSL 主要用于局域网互连，而 ADSL 和 VDSL 主要用于用户接入。

当 PSTN 系统的交换数字化与干线数字化后，就构成了数字化的 PSTN 系统。而这时的数字化并未包含用户本地环路，即使在数字化的 PSTN 系统中，在用户接入段的本地环路上传送的仍然是模拟的话音信号。

从改善话音质量的角度来看，模拟的本地环路会成为限制话音质量的瓶颈，而干线数字化只是使话音质量不再进一步变坏。

从数据传输的角度来看，为了在本地环路上进行数据传输，首先要通过调制解调器（话带 Modem，含数/模转换）把待传的数据转换为类似于话音的模拟信号才能进行传送。但经过话带 Modem 的模拟信号到了交换局后，又要经过模/数转换，重新转换为数字信号送上干线传输。这样的转换过程不但增加了噪声，而且由于 PSTN 中基本传输速率 64kbit/s 的限制，使得在 PSTN 系统中通过话带 Modem 的数据传输速率无法超过 64kbit/s。这就是为什么当前的话带 Modem 速率到了 56kbit/s 之后就无法进一步提高的原因。

因此，无论从改善话音质量的角度还是从数据传输的角度来看，都应该使本地环路数字化。数字用户线 DSL 技术就是这样一种使本地环路数字化，以提高数据传输速率和信号质量的方法。

xDSL 接入网的结构可由图 11-10 所示的模型描述。

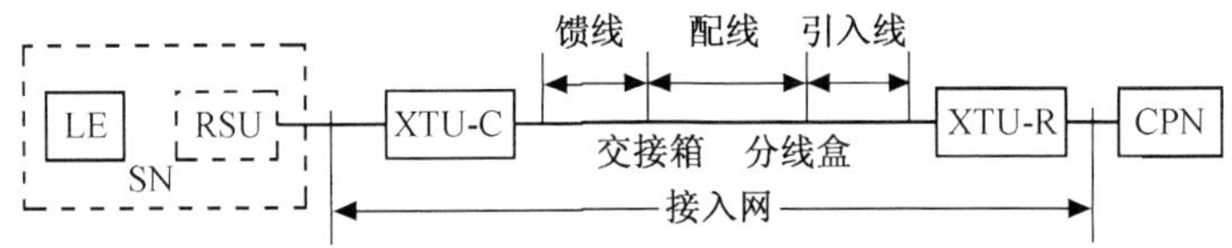

LE：本地交换机　RSU：远端交换模块　SN：业务节点　CPN：用户驻地网

XTU-C：局端接入设备　XTU-R：用户端接入设备

图 11-10　xDSL 接入网的结构模型

（2）ADSL

实质上，限制话带 Modem 传输速率的真正原因并不是传输介质（双绞线）本身的问题，而在于 PSTN 网络。在 PSTN 中，为了提高频带利用率和用户数，在交换机的双绞线接入点使用了 4kHz 低通滤波器。根据采样原理，传统的话带 Modem 的最高速率只有 64kbit/s。但实际上，双绞线本身的带宽是远大于 4kHz 的。因此，如果能够避开 PSTN 网络的影响，就可以在电话线上实现远大于 64kbit/s 的数据传输速率，ADSL 正是基于这思想研究开发的。

非对称 DSL（Asymmetric DSL，ADSL），是一种上、下行传输速率不相等的 DSL 技术。ADSL 的下行传输速率接近 8Mbit/s，上行传输速率接近 640kbit/s，而且在同一对双绞线上还可以同时传输传统的模拟电话信号。

之所以 ADSL 采用非对称传输，主要是考虑到：在目前很多 DSL 应用中，用户通常是从主干网络大量获取数据信息，而发送出去的数据却相对少得多。例如，用户在访问 Internet 和视频点播时，都要求大量的高速数据获取，而发送的数据只是一些地址信息和简单的命令。

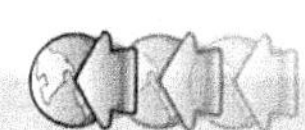

ADSL 接入系统的用户信号在双绞线上的频谱安排如图 11-11 所示。由图 11-11 可见在双绞线上信号有两种安排方式，即图 11-11（a）所示的频分复用（FDM）方式和图 11-11（b）所示的回波对消（EC）方式。在两种方式中，话音信号仍在原来的频段上（即 4kHz 以下）以模拟基带方式传输，而上、下行数据信号则通过 30kHz～1.1MHz 的信道以频带方式传输。图 11-11（a）中上、下行数据信号以频分复用（上行在频率低段，下行在频率高段）且不对称（上行信道的窄，下行信道宽）的方式，双向传输互不干扰。为了充分利用信道，图 11-11（b）方式中使用了相互交错的上、下行数据信道，以进一步增加下行信道的带宽，对于交错部分可能带来的相互干扰利用回波对消技术加以改善。现在的国际标准以及我国关于 ADSL 的标准均采用 EC 方式。

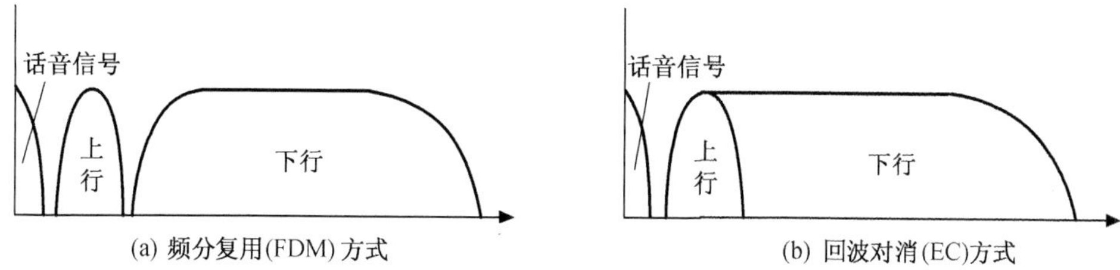

图 11-11　ADSL 系统在双绞线上的频谱安排

ADSL 接入网参考模型如图 11-12 所示。

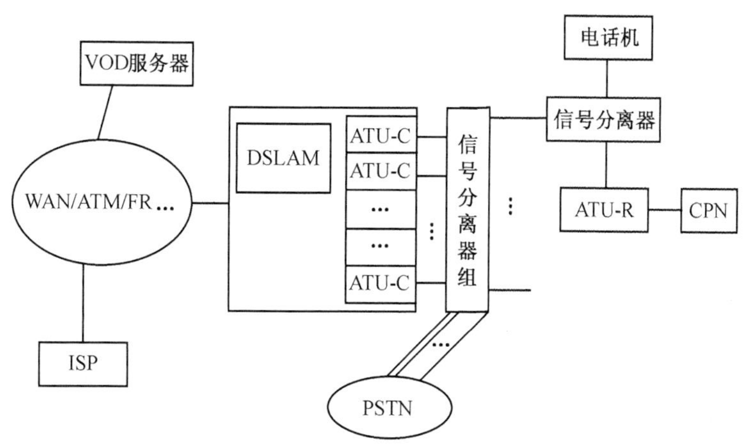

图 11-12　ADSL 接入网系统的参考模型

在图 11-12 中，信号分离器和信号分离器组分别用于用户端和局端，均由高低通滤波器组成。用于用户端的信号分离器，将双绞线上 4kHz 以下的话音信号分离出来送给用户的电话机，将 30kHz 以上的数据信号送给 ATU-R 处理；用于局端的信号分离器也是完成话音信号与数据信号分离的作用，将分离出的话音信号送给 PSTN 电话网络，数据信号送给局端的 ATU-C 继续处理。在局端对应多个用户的信号分离器做到一起叫做信号分离器组。

ATU-C 和 ATU-R 分别是局端和用户端 ADSL 收发器，完成数字信号的处理和调制解调。ATU-R 与用户驻地网（CPN）接口，俗称为 ADSL Modem；ATU-C 通常与局内的 ADSL 接入复接设备 DSLAM 做在一起。

DSLAM 完成接入、复接和集线等功能，将全部用户信号复用集中到与外部宽带网接口

的数据线上，接入宽带数据网。

ADSL 系统采用了 DMT（离散多音）调制技术、RS（里德-索洛蒙）前向纠错编码、TCM 格栅编码调制、自适应信道特性检测、自适应子信道比特数分配、能量分配以及自适应信道均衡、回波抵消等诸多先进技术，使这些先进的技术有机地结合，达到了很高的信道利用率。全速率 ADSL（G.dmt 标准）的下行速率可达 6Mbit/s～8Mbit/s，上行速率可达 384Mbit/s～640kbit/s（传输距离 4km～5km）。ADSL 目前主要用于 Internet 接入、视频点播（VOD）等方面，同时兼容模拟话音业务。

（3）VDSL

VDSL 是新一代更高速的 DSL 技术，即甚高速数字用户线（Very-high-bit-rate DSL）技术。VDSL 采用与 ADSL 相似的数字处理技术，但为了高速传输需要更复杂的调制方式和很密集的星座图编码，在双绞线上也要使用更高的频带，这就要求有很好的信道特性。由于线路的长度对信道特性具有重要影响。因此，VDSL 系统的传输速率和传输距离是密切相关的（见表 11-1）。可见，VDSL 与 ADSL 相比有很高的传输速率，但接入距离短得多。

表 11-1　ITU-T 规定的 VDSL 的速率与距离的关系

	下行速率（Mbit/s）	上行速率（Mbit/s）	距离（m）
非对称—短距离	52	6.4	300
非对称—中距离	26	3.2	1000
非对称—长距离	13	1.6	1500
对称—短距离	26	26	300
对称—中距离	13	13	1000
对称—长距离	6.5	6.5	1500

由于 VDSL 的接入距离很短（当 VDSL 达到最高传输速率时，其接入距离只有 300m）。因此，VDSL 不是从局端直接用双绞线连接到用户端的，而是靠近局端先通过光纤传输，再经光网络单元（ONU）进行光/电转换，最后经双绞线连接到用户。图 11-13 所示为 VDSL 和 ADSL 系统拓扑结构的比较图。

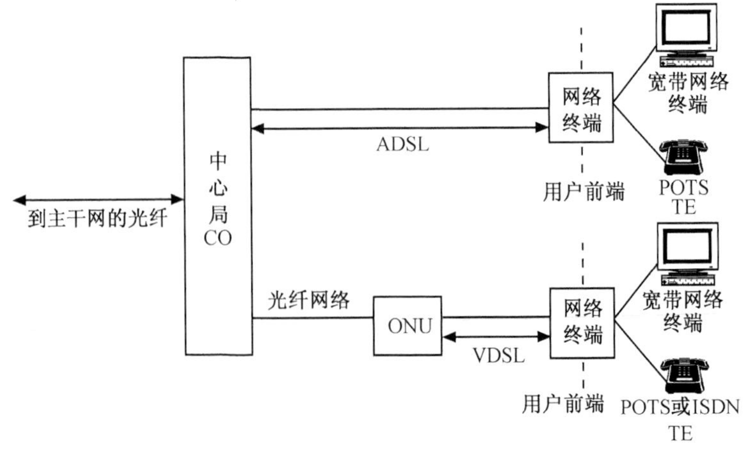

图 11-13　VDSL 和 ADSL 系统拓扑结构的比较图

VDSL 能提供对称和非对称两种业务。其中，VDSL 的非对称业务包括数字电视广播、视频点播、高速 Internet 接入、远程教学和远程医疗等，这些业务通常要求下行速率远远高于上行速率。VDSL 的对称业务主要用于商业机构、公司和电视会议等场合，这时上、下行数据的传输速率都要很高。

11.3　无线用户接入网

1. 无线接入

"无线接入网"就是部分或全部传输采用无线方式的接入网。从广义上来看，无线接入是一个十分广泛的概念，它可以是大范围的覆盖，也可以是小范围的覆盖；可以用于接入固定用户，也可以用于接入移动用户。也就是说，现有的移动通信、甚小卫星通信 VSAT、无线农话和无线市话等都采用无线接入方式。移动通信已在专门的相关章节介绍，本节不再赘述。

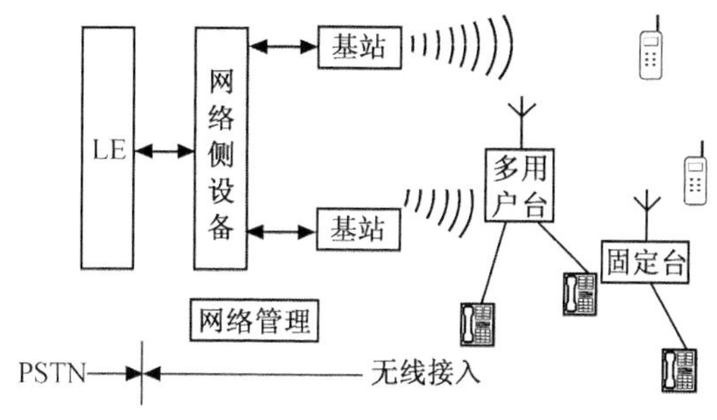

图 11-14　无线本地接入的基本构成

无线接入（又称为无线本地环路）的基本构成如图 11-14 所示，主要包括基站、多用户台、网络侧设备等。其中，基站为用户台提供无线接口；网络侧设备为本地交换机提供合适的接口；多用户台可以包括移动台（手机和车载台）和固定台（单用户固定终端和多用户固定终端）。

无线接入的方式很多，可以为 FDMA、TDMA 或 CDMA 等多址方式；可以采用 PSK、QAM 及 GMSK 等调制技术；也可以是不同的覆盖方式，如宏区覆盖（半径：5km～55km）、微区覆盖（半径：0.5km～5km）、微微区覆盖（半径：50m～500m）。在农村或人口比较分散的地区通常采用宏区覆盖，而在人口较密集城市地区通常采用微区和微微区覆盖。

2. "小灵通"系统

目前，我国固网运营商开展的"小灵通"业务是由一种以 PHS 无线技术为基础改进的无线本地接入系统提供的无线市话业务。由于系统的业务功能全、用户终端（手机）小巧、可移动、辐射小以及与固定电话用户一样单向收费等优点，受到越来越多的人的青睐，所以人们爱称它为"小灵通"。

"小灵通"定位在对固定电话的补充与延伸上。补充就是将固定电话的最后几百米电缆连接改为无线连接，实现无线代替铜线；延伸就是将固定电话只能在办公室、住宅等范围内通话，扩展到能在室外、一个城市内甚至城市间，且可以在移动中通信。可见，"小灵通"既具有固定业务的功能，又有移动业务的特点。

提供"小灵通"系统的开发制造商较多，如 UT 斯达康、中兴、朗讯等，他们提供的系统及组网各有特色，取的名称也不相同，但空中接口都是基于 PHS 的，通常将它们总称为

PHS 系统。下面从通常的意义上介绍 PHS 系统。

（1）PHS 网络结构

PHS 的一般网络结构如图 11-15 所示（以 UT 斯达康公司的 PAS 系统为例）。

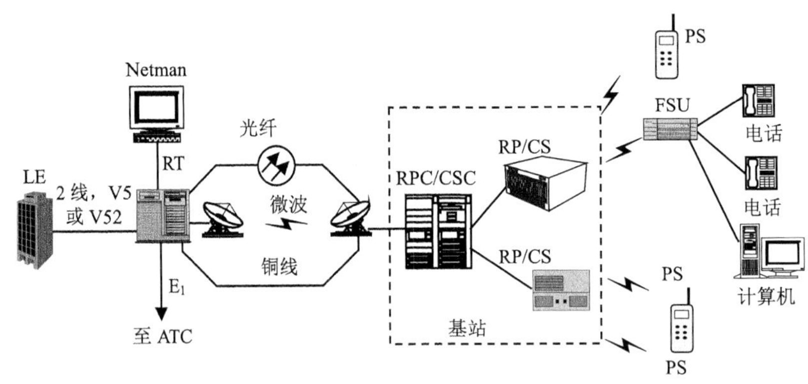

图 11-15　PAS 系统的组成

① 用户台：用户台分为移动台（即手机 PS）和固定台（FSU）两种。PS 手机是 PAS 系统的无线手持电话，向用户提供一系列的移动功能。用户在稳定呼叫时，可在大范围的区域内移动。手机具有质量轻、通话时间和待机时间长等特点。FSU 是 PAS 系统与固定的标准电话机连接的无线通信设备，安装在用户住宅区。FSU 由无线接口和电话接口组成，由它们控制线路供电电压、铃流信号、电话拨号音（DT）和忙音（BT），检测摘机和挂机状态和拨号。

② 基站：基站是实现 PAS 系统与用户台无线接口的局端无线收发信单元。目前 PAS 系统主要使用两种类型的基站，即本地供电的 CS 基站（500mW）和远端供电的 RP 基站（10mW）。其中，CS 主要用于无线覆盖，而 RP 则主要用于补覆盖盲点。

③ 基站控制器：基站控制器控制着各个基站在服务区的信道分配、话务集线与电源分配。一个基站控制器可通过多达 4 条 E_1 与局端设备（RT）相连，与基站间由双绞线连接，给每个基站提供两个 U 口 4B+D 通道。与基站对应基站控制器也有 CSC（与 CS 对应）和 RPC（与 RP 对应）。

④ 局端设备：局端设备（RT）是一个接口协议转换设备，主要完成基站控制器与本地交换机之间的接口转换功能。为交换机（LE）提供模拟（Z 接口）或数字接口（V5），为基站控制器（RPC/CSC）提供 E_1 接口（Q.931 信令协议）。

⑤ 空中话务控制器：空中话务控制器（ATC）是一种可选的交叉连接系统，它通过 E_1 链路可与各覆盖区的 RT 连接，为用户提供 RT 之间的漫游服务，增强系统的漫游能力，系统平均漫游率可达 80%以上。

⑥ 网管系统：网管系统（NMS）对整个网络进行集中管理，NMS 监控 PAS 系统主要设备 RT、ATC 及 RPC 的状态，收集工作状态信息、告警信息、数据传输等信息及远程载入更新程序到 RPC。

（2）空中接口标准

表 11-2 列出了 PHS 系统采用的 RCR-STD-28 空中接口标准（日本电波产业会制定）。

表 11-2　　PHS 系统的空中接口标准

频段	1.9GHz
多址接入与双工	TDMA/TDD
信道	4
调制解调方式	π/4QPSK
语音编码	32kbit/s ADPCM
传输速率	384kbit/s
输出功率	CS＜500mW；PS＜10mW
载波间隔	300kHz

3. VSAT 网

VSAT 是 Very Small Aperture Terminal 的缩写，直译为“甚小孔径终端”，意译应是“甚小口径天线地球站”。由于源于传统卫星通信系统，所以也称为卫星小数据站或个人地球站（IPES），这里的小指的是 VSAT 系统中小站设备的天线口径小，通常为 0.3m～2.4m。VSAT 是 20 世纪 80 年代中期利用现代技术开发的一种新的卫星通信系统。利用这种系统进行通信具有灵活性强、可靠性高、成本低、使用方便以及小站可直接装在用户端等特点。借助 VSAT 用户数据终端可直接利用卫星信道与远端的计算机进行连网，完成数据传递、文件交换或远程处理，从而摆脱了边远地区的地面中继线问题，对于地面网络不发达、通信线路质量不好或难于传输高速数据的边远地区，使用 VSAT 作为数据传输手段是一种很好的选择。目前，广泛应用于银行、饭店、新闻、保险、运输、旅游等部门。

VSAT 卫星通信网一般是由大量 VSAT 小站与一个主站（Hub）协同工作，共同构成的一个广域稀路由（站多，各站业务量小）的卫星通信网。VSAT 通信网由 VSAT 小站、主站和卫星转发器组成。数据 VSAT 卫星通信网通常采用星状结构，采用星状结构的典型 VSAT 卫星通信网示意图如图 11-16 所示。

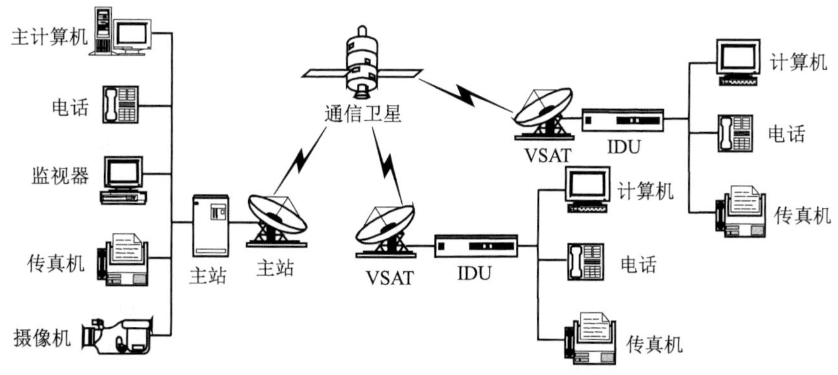

图 11-16　VSAT 网的组成

主站也叫中心站或中央站，是 VSAT 网的心脏。它与普通地球站一样，使用大型天线，天线直径一般约为 3.5m～8m（Ku 波段）或 7m～13m（C 波段）。在以数据业务为主的 VSAT 卫星通信网（简称数据 VSAT 网）中，主站既是业务中心也是控制中心。主站设备通常与主计算机安装在同一机房或通过其他（地面或卫星）线路与主计算机连接，作为业务中

心（网络的中心节点）；同时在主站内还有一个网络控制中心（NCC）负责对全网进行监测、管理、控制和维护。在以话音业务为主的 VSAT 卫星通信网（简称话音 VSAT 网）中，控制中心可以与业务中心在同一个站，也可以不在同一个站，通常把控制中心所在的站称为主站或中心站。由于主站涉及整个 VSAT 网的运行，其故障会影响全网正常工作，故其设备皆有备份。为了便于重新组合，主站一般采用模块化结构，设备之间采用高速局域网的方式互连。

VSAT 小站由小口径天线、室外单元（ODU）和室内单元（IDU）组成。在相同的条件下（例如相同的频段、相同的转发器条件）话音 VSAT 网的小站为了实现小站之间的直接通信，其天线明显大于只与主站通信的数据 VSAT 小站。

VSAT 卫星转发器一般采用工作于 C 波段或 Ku 波段的同步卫星透明转发器。在第一代 VSAT 网中主要采用 C 波段转发器，从第二代 VSAT 开始，以采用 Ku 波段为主。具体采用何种波段不仅取决于 VSAT 设备本身，还取决于是否有可用的星上资源，即通信卫星上是否有 Ku 波段转发器可用，如果没有，那么只能采用 C 波段。

4．几种热门的宽带无线接入技术

宽带无线接入技术代表了宽带接入技术的一种新的不可忽视的发展趋势，不仅建网开通快、维护简单、用户较密时成本低，而且改变了本地电信业务的传统观念，最适于新的电信竞争者开展有效的竞争，也可以作为电信公司有线接入的重要补充。目前主要有以下几种热门的宽带无线接入技术。

① MMDS（Multichannel Muitipoint Distribution Service）系统。是一种以视距传输为基础的图像分配传输系统，工作频段一般在 2.5GHz/5.7GHz，在反射天线周围 50km 范围内可以将 100 多路数字电视信号直接传送至用户。

MMDS 采用先进的 VOFDM 技术实现无线通信，在大楼林立的城市里利用“多径”，实现单载波 6MHz 带宽下传输速率高达 22Mbit/s 的数据接入，频谱效率较高，在 2.5GHz 频段可达到 90%的通信概率，在 5.7GHz 频段可达到 80%以上的通信概率。

② 工作在高频段的微波 SDHIP 环系统。过去在点对点的微波接力传输电路中使用较多的微波 SDH 设备。现在随着技术的进步，一些公司推出了微波 SDH 双向环网，具有自愈功能，与光纤环的自愈特性一致，集成了 ADM，采用系列化的 Modem，实现 QPSK-256QAM 可编程，有多种接口（G.703、STM-1、E3/T3、E1 和以太网 10Base-T/100Base-T）。

同时，小型化结构设备的工程安装较以往的微波设备更方便，并且在频率紧张的情况下，这种设备可工作在 13GHz、15GHz、18GHz、23GHz 等频率，在城域网的建设中可避开对 3.5GHz/26GHz 无线接入频率的激烈争夺，可支持 8×155M 的带宽。

③ 本地多点分配业务 LMDS（Local Multipoint Distribution Services），即区域多点传输服务技术，是一种工作于毫米波段的宽带无线接入系统。它工作在 20GHz～40GHz 频段上，传输容量可与光纤比拟，同时又兼有无线通信的经济和易于实施等优点。LMDS 基于 MPEG 技术，从微波视频分布系统（MVDS）发展而来。一个完整的 LMDS 系统由 4 部分组成，分别是本地光纤骨干网、网络运营中心（NOC）、基站系统和用户端设备（CPE）。

LMDS 的特点是：带宽可与光纤相比拟，实现无线“光纤”到楼，可用频段至少为 1GHz，与其他接入技术相比，LMDS 是最后一公里光纤的灵活替代技术；光纤传输速率高达 Gbit/s 级，而 LMDS 的传输速率可达 155Mbit/s，稳居第二，LMDS 可支持所有主要的话

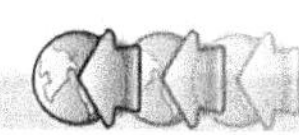

音和数据传输标准，LMDS 工作在毫米波段、20GHz～40GHz 频率上，被许可的频率是24GHz、28GHz、31GHz 及 38GHz，其中 28GHz 获得的许可较多，该频段具有较宽松的频谱范围，最有潜力提供多种业务。

思考题

1. 简述用户接入网的作用及分类。
2. 画出 FTTx 的示意图，并简介 EPON 接入方式。
3. 介绍 CableModem 业务的优势。
4. 画出 ADSL 接入网系统的参考模型，说明其接入带宽。
5. 介绍一种您或您身边的人正在应用的无线接入网。

第四篇

电信支撑网

各种电信业务网本身以及在一定的技术和条件下实现互连并互通后，信令网、同步网和管理网这三个支撑网络从三个不同的方面支持着整个电信网的协调、正常运营。它们与电信业务网一样，也是现代通信网的重要组成部分。

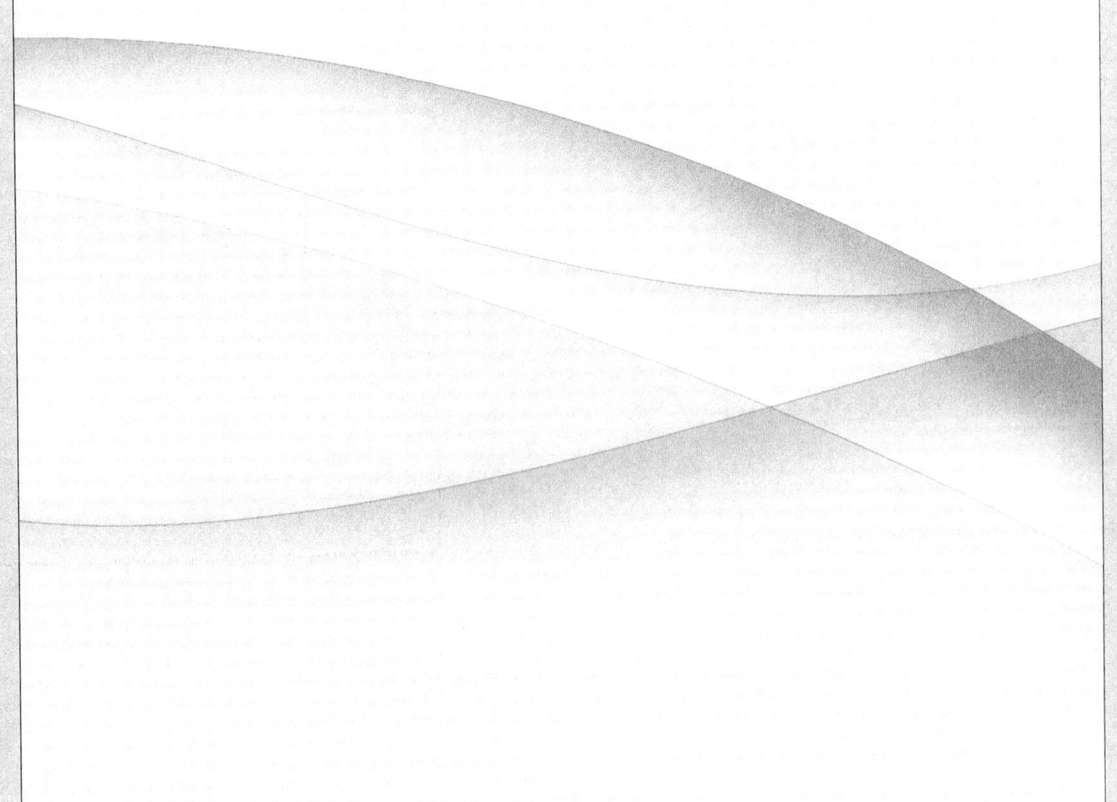

第 12 章

No.7 信令网

No.7 信令系统是随着通信网日新月异的发展和数字通信技术广泛使用应运而生的公共信道信令系统。No.7 信令最适于在数字通信网中使用，能满足现在和将来的具有呼叫、遥控、管理和维护信号的电信网中的信息传递的要求，能多方面应用于多种业务网和特定的业务网中。1980 年，原 CCITT 发布了 No.7 信令系统的 Q.700 系列建议黄皮书之后，No.7 信令网在世界各国建设发展很快。我国在 20 世纪 90 年代初期开始组建公用 No.7 信令网，现在已经建成包括全国长途信令网和各省本地二级信令网在内的三级信令网。

12.1 No.7 信令系统

1. 信令的概念及其在通信网中的作用

（1）信令及信令网的概念

信令，概括地讲是一种通信语言，是通信网中各节点间为协调工作而发送、传递、接收和执行的一种指令信息。它由专用设备或专用装置产生与接收，通过信息传输通道传送。因此，信令设备、信令的传输通道（链路），以及信令的结构形式、传送方式和控制方式等的集合，就构成了信令网或信令系统。

No.7 信令是一种公共信道信令，它采用时分复用方式，在一条高速数据链路上传送一群话路的信令。

（2）No.7 信令网在通信网中的作用

信令系统是通信网的重要组成部分，是通信网的神经系统。No.7 信令网能够在各种业务网如电话交换网、数据交换网、综合业务数字网（ISDN）和宽带 ATM 网等网络中传送呼叫建立、监视和拆线等信号信息——信令，也可以为交换局和各种业务服务中心之间传送数据信息为通信网的沟通运行提供支撑。

下面以如图 12-1 所示的电话交换过程中两个用户通过两个端局进行电话接续的基本信令流程，介绍信令及信令网在通信网中的作用。

主叫用户摘机，摘机信号——启呼信令送至发端局交换机 A。

发端局交换机 A 收到用户摘机信号后，向主叫用户送拨号音信令。

主叫用户听到拨号音后，开始拨被叫电话号码即拨号信令，并送至发端局交换机 A。

发端局交换机 A 根据被叫号码选择路由——局向与中继线，并通过中继线向收端（终端）局交换机 B 发送占用信令，然后将被叫号码传送给收端局交换机 B。

收端局交换机 B 根据收到的被叫号码，连通被叫用户的话机，并向其送振铃信令，同时向主叫用户话机发送回铃音信令。至此，一次呼叫成功地连接。

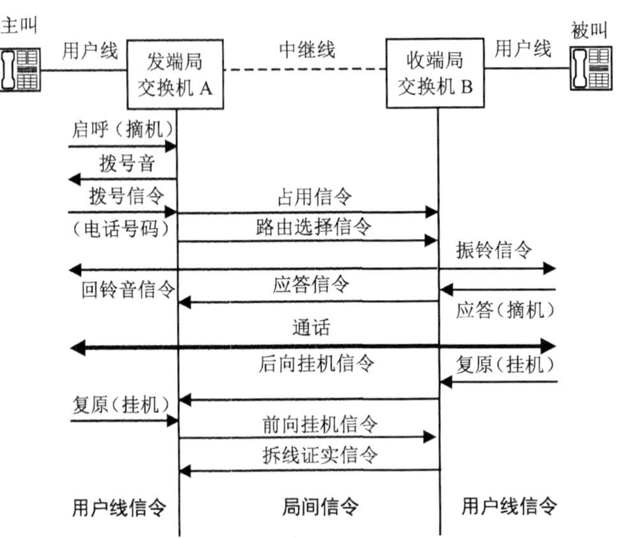

图 12-1　电话接续的基本信令流程

此时若被叫用户听到振铃并摘机，则被叫话机将应答信令经收端局交换机 B 转发给发端局交换机 A。

主、被叫用户双方开始通话。

通话结束有以下两种情况。

① 若被叫用户先挂机，则被叫话机向收端局交换机 B 发出挂机信号（也称为复原信令），则收端局交换机 B 向发端局交换机 A 发送拆线信令，称为后向拆线信令，主叫挂机，发端局交换机 A 拆线复原。

② 若主叫用户先挂机，由主叫话机向发端局交换机 A 发出挂机信令，发端局交换机 A 向收端局交换机 B 发送前向拆线信令，并传给被叫；被叫挂机后，收端局交换机 B 拆线并向发端局交换机 A 发送拆线证实信令；发端局交换机 A 拆线复原。

上述的基本信令流程中，呼叫双方的每一步都会产生一个操作的信号，而这个信号又直接对相关的设备、装置的下一步动作产生直接影响，这就是信令的作用！它贯串于呼叫的始终。

2. 信令的分类

信令作为操作控制指令，它在整个通信系统中对于不同的设备、不同的区间，其作用和方式是不同的，因此可以从不同的角度分类。

（1）按信令的功能分类

根据信令的作用及功能的不同，可将其分为线路信令、路由信令和管理信令。

① 线路信令：它具有监视和提示功能。用来监视和通知主叫和被叫的摘、挂机状态及交换及终端设备的忙闲状况。如拨号音、振铃、回铃音、摘机应答、占用、拆线、证实等信令。

② 路由信令：它具有路由选择功能。通过主叫所拨的被叫终端号码进行路由的选择，以建立主、被叫间的通信链路。如拨号（电话号码）、占用、路由选择（由电话号码转换而

来）等信令。

③ 管理信令：它具有操作功能。用于电话通信网的维护与管理，如监测线路与网络的忙闲状况，传送拥塞故障信息，传送远距维护操作指令等；提供呼叫计费所需的相关信息，比如计费开始、结束，用户号码，以及各种补充业务的信息等。

（2）按信令的工作区域分类

根据信令的工作区间范围的不同，可将信令分为用户线信令和局间信令。

① 用户线信令：它用来在用户终端和交换机之间传送监视、选择、通知等指令与信息。在图 12-1 中，用户终端至交换局之间的用户线上传送的信令都可归为用户线信令。

② 局间信令：图 12-1 中交换局 A，B 之间中继线上传送的信令都是局间信令，主要作用是传送控制呼叫接续、拆线、证实等指令与信息。

（3）按信令的传送通道与方式分类

这种分类是在交换局间根据信令信息传送通道与用户信息传送通道的关系不同而划分的。它可分为随路信令和公共信道信令。

① 随路信令：随路信令是信令与话音在同一条话路中传送的一种信令方式。各交换机的信令设备之间没有传送信令的独立通道。如图 12-2 所示。

由于没有专用的信令信道，当有呼叫时，交换机根据选择信令先建立接续，并在该话路中先传送相关信令；被叫应答后，通话期间不传送信令，直至一方挂机，该话路中再传送拆线证实等信令。因此，随路信令是随所建立的用户信息传输信道一起传送的。这种局间信令方式在模拟交换系统中使用。

② 公共信道信令：又称为共路信令。该信令是在两交换局的信令设备之间的一条专用高速数据链路上传送。并且，在这条专用链路上，多个（一群）话路的信令以时分复用的方式共用该信道传送，而用户通话话音信号则在路由选择建立的话路中传送，如图 12-3 所示。

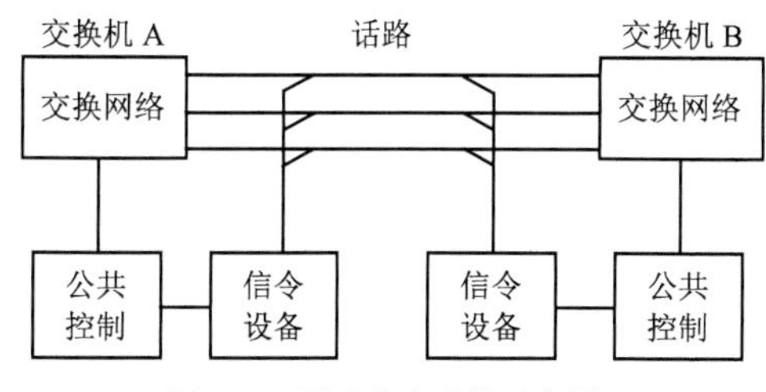

图 12-2　随路信令系统示意图

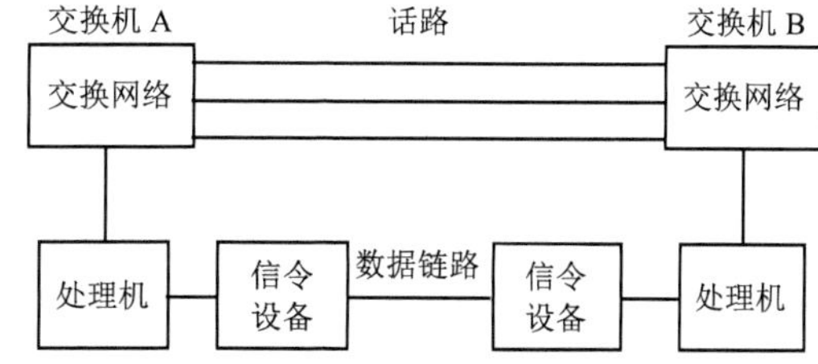

图 12-3　公共信道信令系统示意图

公共信道信令的主要特点是信令的传送与话路分开，互不干扰。在话音信号传送期间，信令不间断传送。信令传送速度快，多路信令时分复用使信令信道的利用率高。公共信道信令是数字信令，信令容量大，具有提供大量信令的能力，能够灵活改变和增加信令，特别适合不断出现的新业务的需要。

3．No.7 信令系统及基本结构

No.7 信令系统是一种具有国际性的标准化公共信道信令系统，具有多种功能。

（1）No.7 信令系统应用特点

① 最适用于由程控交换机组成的数字通信网。

② 可以满足目前和未来数字通信网交换各种信令信息和其他信息的要求。它不仅可以

用于电话网和电路交换的数据网，还可用于 ISDN 网、移动通信网以及智能网等。

③ 能够保证信息的正确发送顺序，没有信令丢失和顺序颠倒问题。

④ 可用于国际网和国内网。

（2）No.7 信令系统适用场合

① 电话网的局间信号。

② 电路交换数据网的局间信号。

③ ISDN 的局间信号。

④ 各种运行、管理和维护中心的信息传递业务。

⑤ 交换机和智能网的业务控制点之间传递各种数据信息。

⑥ 移动智能网与移动网之间业务管理与控制的应用。

⑦ PABX 应用。

（3）No.7 信令系统的基本功能结构

No.7 信令系统的基本功能结构由消息传递部分（MTP）和多个不同的用户部分（UP）组成。结构简图如图 12-4 所示。

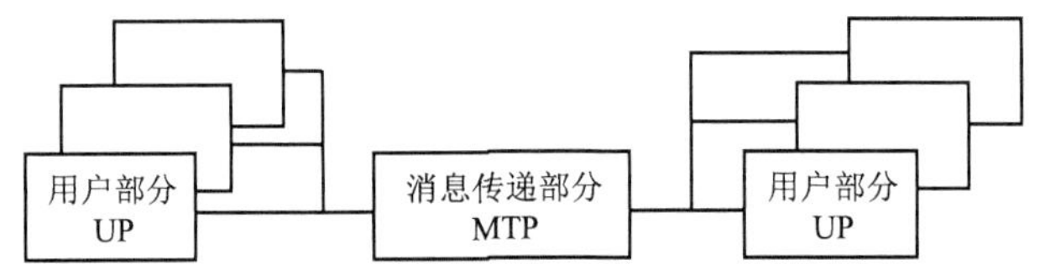

图 12-4　No.7 信令系统基本功能结构简图

① 消息传递部分（Message Transfer Part，MTP）。消息传递部分的主要功能是作为公共消息传递系统，为正在通信的用户功能体之间提供信令信息的可靠传递。消息传递部分对应的功能结构如图 12-5 所示。

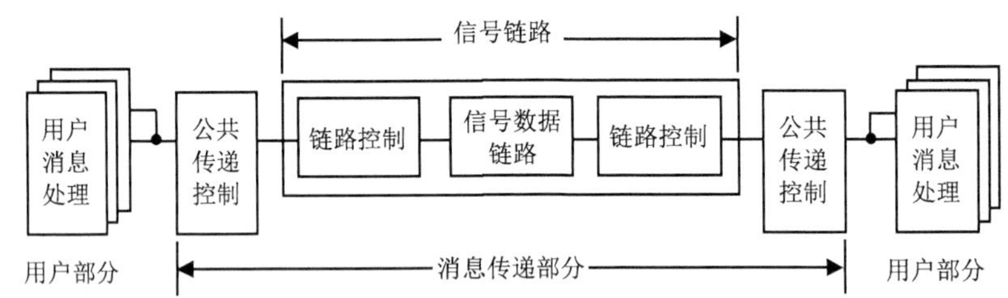

图 12-5　No.7 信令系统消息传递部分功能结构图

② 用户部分（User Part，UP）。用户部分是使用消息传递部分传送能力的功能实体。它由电话用户部分（TUP）、数据用户部分（DUP）和 ISDN 用户部分（ISUP）等多个不同的用户部分组成。每个部分都包括特有的用户功能或与其有关的功能，例如，电话呼叫处理、数据呼叫处理、网络管理、网络维护及呼叫计费等。

（4）No.7 信令系统的分级功能结构

No.7 信令系统在系统基本功能结构的基础上将消息传递部分进一步划分为三个功能级，连同用户级（不同的用户部分处于同一功能级中）一共有四级，如图 12-6 所示。

第一级为信令数据链路功能级；第二级为信令链路控制功能级；第三级为信令消息处理与公共传递控制功能——信令网功能级；第四级为用户部分功能级。

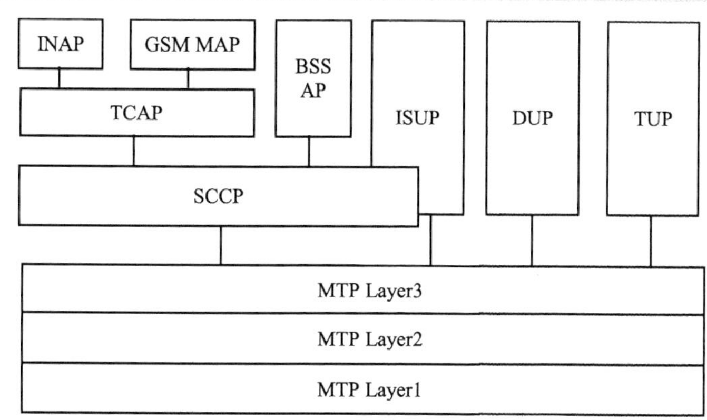

图 12-6　No.7 信令系统功能级结构

No.7 信令系统的功能级是参照国际标准化组织（ISO）提出的开放系统互连（OSI）参考模型划分的。它的前三级相当于 OSI 参考模型七层中前三层：信令数据链路级——物理层；信令链路控制级——链路层；信令网功能级——网络层。而第四级用户部分功能级，则对应 OSI 参考模型的 4～7 层。

各级的主要功能简述如下。

① 第一级（MTP Layer 1）：信令数据链路功能级。信号数据链路是用于信号的双向传输通路，符合 OSI 模型物理层（第一层）的定义要求。第一级规定了信号数据链路的物理、电气和功能特性及连接的方法。本功能级是对信号链路提供传输手段，它包括一个传输通道和接入此通道的交换功能。在 PCM 30 路基群传输通道中就是一个时隙的 64kbit/s。它的帧结构应是数字交换机或 PCM 设备规定的帧结构。

② 第二级（MTP Layer 2）：信令链路控制功能级。它相当于 OSI 模型的数据链路层（第二层）。本功能级定义了在一条信号链路上信令消息的传递和与其传递有关的功能和过程。第二级功能和第一级信号数据链路一起，为在两点间进行信令消息的可靠传递提供信令链路。

③ 第三级（MTP Layer 3）：信令消息和信令网管理功能级。这一级和信号连接控制部分一起相当于 OSI 模型的第三层，即网络层。本级定义了在信令点之间进行消息传递和与此有关的功能和过程。这些功能和过程对每一条信令链路都是公共的。这一级主要是选择各种业务分系统和信令链路之间以及两信令链路之间的消息路由，负责消息路由的迂回和安全性倒换，并完成对信令消息单元中业务表示语的编码。

④ 第四级（MTP Layer 1～3 之上的所有功能块）：用户部分功能级，也称为业务分系统功能级。主要包括对不同分系统的信令消息的处理功能，完成对各分系统的信令信息（标记、地址码、信令长度等）的编码及信令信息的分析处理。

TUP 为电话用户信令消息处理部分，即模拟（话音）用户信令消息处理分系统。

DUP 为数字用户信令消息处理部分，即数字终端用户信令消息处理分系统。

ISUP 为 ISDN 用户信令消息处理部分，即 ISDN 用户信令消息处理分系统。

INAP 是移动智能网标准 CAMEL 中为 CAP 协议提供的具体操作信令，用于 gsmSSF 和 gsmSCF，gsmSCF 和 gsmSRF 之间的信令消息处理。

GSM MAP 也是移动智能网标准 CAMEL 中的信令协议，它主要用于 GSM 移动网用户信令消息的处理，其消息中带有 CAMEL 业务数据的参数项。

BSS AP 为无线寻呼系统的信令消息处理部分。

SCCP 为信令连接控制部分。它利用 MTP 为用户至 ISUP 和 TCAP 提供服务，即为 ISUP 提供端到端信令的传递，以便实现 ISDN 的部分补充业务；为 TCAP 提供传递与电路无关信令的能力，以便支持移动应用、智能应用和信令网网管。

TCAP 为事务处理能力应用部分。

4．No.7 信令系统的信令单元

（1）信令单元

在 No.7 信令系统中，各种信令消息是采用数字编码形式，并通过一定的格式单元——信令单元（SU）来传递的。信令消息是有关呼叫、控制、管理等信息的组合，它由消息传递功能部分作为一个整体进行传递。不同的操作与用途的信令消息本身的长度是不等的，它由用户部分产生的可变长度信令信息字段和固定长度的其他各种控制字段组成。所有信令单元的长度都是 8bit 的整倍数。

为了区分各个信令单元，在每一个信令单元的开头都加了标志码 F，它由 8bit 组成，用以表示前一个信令单元的结束和本信令单元的开始，以便于识别与同步。No.7 信令单元与标记符的格式如图 12-7 所示。

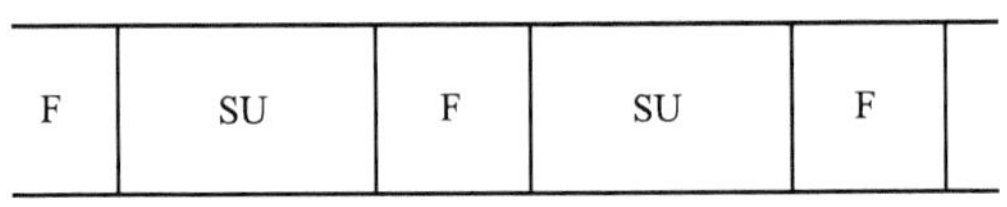

图 12-7　No.7 信令单元与标志码格式

（2）信令单元的三种基本格式

除了因信令消息本身长度不等造成的信令单元（SU）的长度不等外，因信令信息的来源不同，其信令单元（SU）的格式也会不同。信令单元有三种基本格式，如图 12-8 所示。

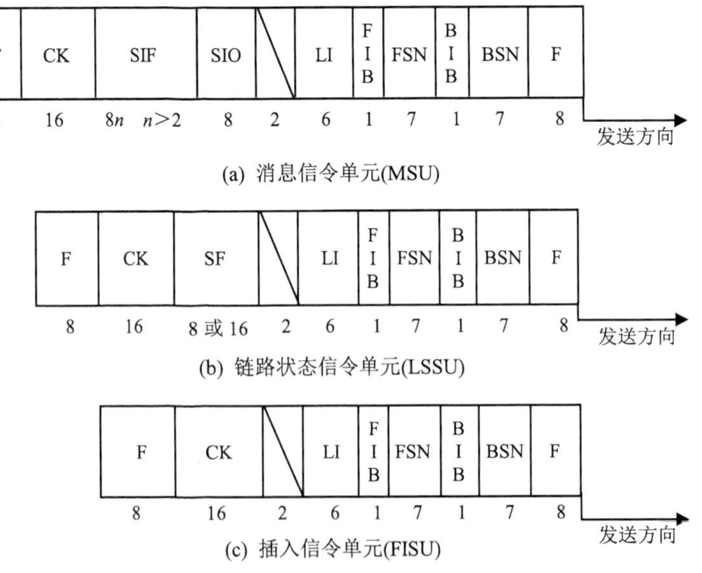

图 12-8　信令单元的基本格式

① 图 12-8（a）所示为消息信令单元（MSU），主要用来传送来自第四级用户部分所产生的信令消息或信令网的管理信息。在 MSU 中，SIF 为信息字段，其长度是可变的，所以 MSU 的长度也是可变的。

② 图 12-8（b）所示为链路状态信令单元（LSSU），主要功能是根据链路状况，提供链路信息，如链路正常、出现各种故障等，以及完成链路的恢复、接通等信息。LSSU 由第三级信令网功能级产生。

③ 图 12-8（c）所示为插入信令单元（FISU），也称填充信令单元，由第二级信令链路控制级产生。它用于当信令数据链路上没有消息信令单元（MSU）或链路状态信令单元（LSSU）传送时，就以此信令单元来填补，并在信令链路上传送，使信令数据链路上的每一个时隙不至于为空。

上述三种信令单元的各字段的含义简述如下。

F/标志码：8bit，固定码型为 01111110；它处在每个信令单元的前面，标志前一个信令单元的结束和本信令单元的开始，以便信令设备识别起点。

BSN/后向序号：7bit，它是由接收端向发送端回送一个被证实的信令单元的序号。当有重发请求时，BSN 用于指明开始重发的序号。

BIB/后向指示比特：1bit，接收端以该比特位的状态来对收到的信令单元提供差错指标，通知发端重发有错误的信令单元。

FSN/前向序号：7bit，发送端为每个信令单元都配一个序号以校核和控制信令单元发送的顺序，并以此作为接收端检测信令单元的顺序并进行证实的依据。

FIB/前向指示比特：1bit，它在信令单元的重发时使用，其值是根据所收到的后向指示比特的状态（值）决定的。

BSN，BIB，FSN 和 FIB 配合用于信令单元传送的基本差错校正，完成顺序控制、证实、重发等功能。

LI/长度指标码：6bit，用来指示信令单元中 LI 至 CK 之间的字节数，具体地讲就是 SIF（信令信息字段）或 SF（状态字段）的字节数。

SIO/业务信息码：8bit，用来区分不同的业务。该字段分为两段，前 4 位为业务表示语，以不同的值表示不同的业务；后 4 位为子业务字段。

SIF/信令信息字段：8bit 的整倍数，用来传送信令消息本身。该字段的内容和长度由用户部分确定与产生，由标号码、标题码、信令类别、消息表示语等组成，最长可达 272Byte（2176bit）。

CK/校验码：16bit，采用高效循环校验码，校验 F 至 CK 之间（不包括 F 和 CK）的所有内容，以验证信令信息在传送过程中是否产生错误。

SF/链路状态字段：8bit 或 16bit。它出现在链路状态信令单元中，用来表示链路的初始定位、定位丢失、正常定位、紧急定位、处理故障和链路忙等状态信息。

12.2　No.7 信令网的组成及网路结构

No.7 信令系统有一个独立于业务网的信令网。信令网除了传送国际电话、国内长途电话、本地网电话、移动电话的呼叫控制等信令外，还可以传送其他网路业务以及网路管理与维护方面的信息。

1．信令网的组成

组成信令网的基本部件有信令点（SP）、信令转接点（STP）和信令链路，如图 12-9 所示。

（1）信令点（SP）

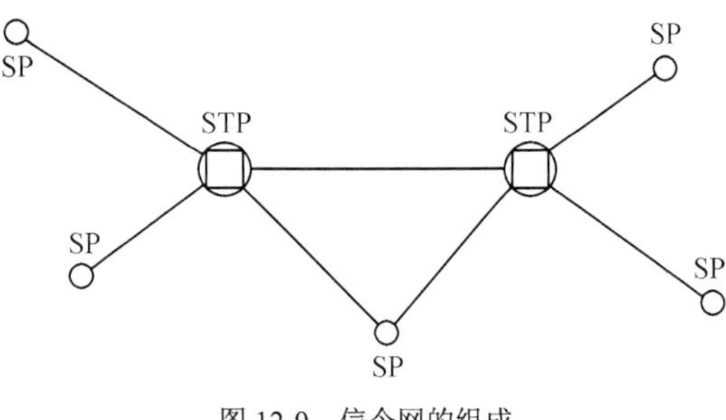

图 12-9　信令网的组成

信令点是提供公共信道信令的节点，即产生信令消息的源点，同时它也是信令消息目的地点，即信令的最终接收并执行的节点，因此它具有用户部分的功能。SP 可以是具有 No.7 信令功能的各种交换局，如电话交换局、数据交换局、ISDN 交换局、移动交换局以及智能网（IN）的业务交换点（SSP）等，还可以是各种特服中心，如运行、管理、维护中心及智能网的业务控制点（SCP）等。

具有上述功能的信令点中的信令系统目前一般采用前述的四级功能结构。

（2）信令转接点（STP）

信令转接点具有转接信令的功能，它将一条信令链路上的信令消息转发至另一条信令链路上去。

信令转接点可分为两种：一种是只具有信令消息转递（MTP）功能，不含用户部分功能的专用信令转接点，称为独立信令转接点；另一种是既具有信令消息转递功能，又包括用户部分功能即信令点功能的信令转接点，称为综合信令转接点。因此，信令转接点中的 No.7 信令系统可以只具有四级功能结构的 1～3 级，也可以是具有 4 级的基本功能结构。

（3）信令链路

信令链路是信令网中连接各信令点和信令转接点的最基本的部件，它完成信令消息的转移。信令链路位于四级功能结构的一、二级。目前，信令链路主要采用的是 64kbit/s 标准速率的数字信令链路。

2．信令系统的工作方式

通信网在传递局间话路群的信令时，根据通话电路与信令链路的关系，通常采用两种工作方式。

（1）直联工作方式

直联工作方式又称为对应工作方式。这种工作方式为：两个相邻的信令点之间的信令消息通过一段直达的信令链路传送而中途无信令转接点。这段直达的信令链路是专为连接这两个信令点所在的交换局的话路群服务的。直联工作方式如图 12-10（a）所示。

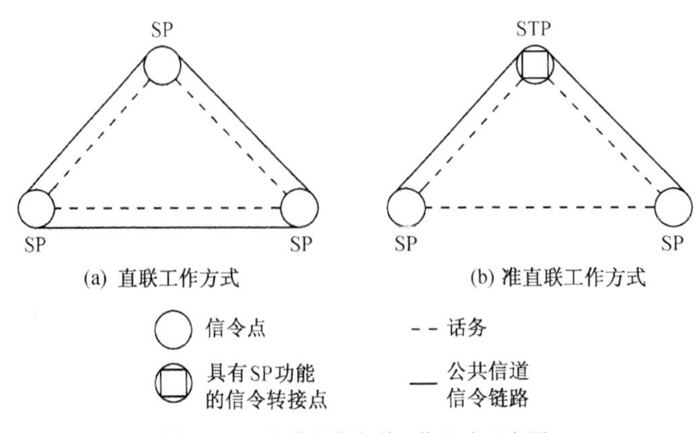

图 12-10　直联和准直联工作方式示意图

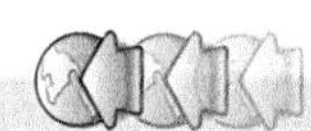

（2）准直联工作方式

准直联工作方式又称准对应方式。在这种方式中，两信令点之间的信令消息是通过两段或多段串接的信令链路传送的，即中间要经过一个或几个信令转接点（STP）的转接，且完成转接的链路必须是预定的路由和信令转接点。准直联工作方式如图 12-10（b）所示。

构成准直联工作方式的各段路由，在各自的范围内可以是直联工作方式。换句话说，在这种情况下，各段信令路由在信令网中，除了传送直联信令业务外，还传送准直联信令业务。在实际的 No.7 信令网中，通常采用直联和准直联相结合的工作方式。这与通信网的结构及经济性有关。

3．信令网的结构

信令网的结构取决于它所服务的业务网及其经济性。组网结构可以分为无级网和分级网两大类。

（1）无级信令网

无级信令网通常是指没有引入信令转接点的信令网，图 12-11 所示给出了其中的两种形式。无级结构中，每个节点是 SP，也是 STP，没有等级之分和汇接关系。

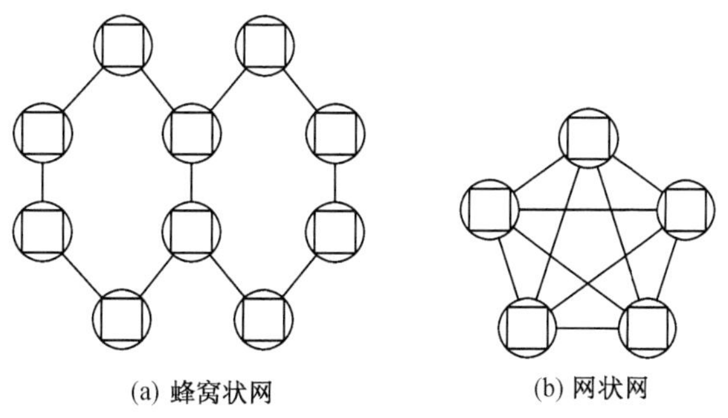

图 12-11　无级信令网的结构形式

图 12-11（b）所示的网状网能满足人们希望的信令网中每个信令点或信令转接点的信令路由尽可能多，而信令接续中经过的信令转接点尽可能少的要求。但是当信令点的数目 n 增大时，信令点之间的链路的数量 N 将急剧增加。图 12-11（a）所示的为蜂窝状网，信令点之间的信令路由较少，而信令接续中所经过的信令转接点却较多。由于技术上和经济上的原因，无级网难以适应大范围的信令网的要求。

（2）分级信令网

分级信令网就是将整个信令网分成不同等级，使用信令转接点由下而上地进行信令的汇接与转接来实现信令消息传递的信令网。分级信令网按等级可划分为二级信令网和三级信令网，如图 12-12 所示。

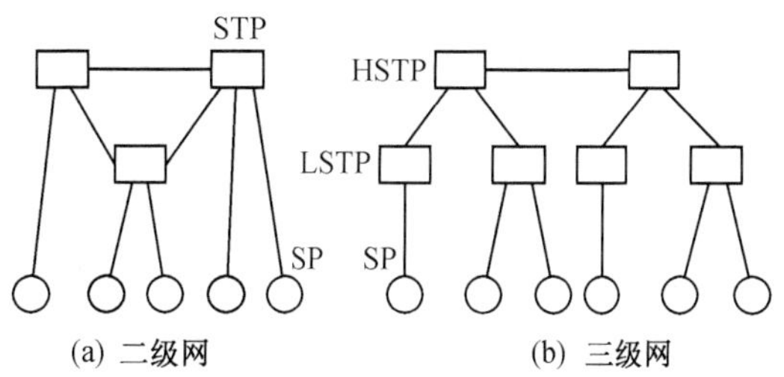

图 12-12　分级信令网示意图

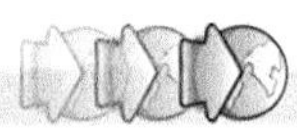

二级信令网由一级信令转接点（STP）和一级信令点（SP）构成，如图 12-12（a）所示。STP 之间通常采用后述的网状或分平面的连接方式，而 STP 与 SP 之间则采用辐射状（星型）连接。

三级信令网由两级信令转接点和一级信令点构成，如图 12-12（b）所示。两级 STP 分为高级信令转接点（HSTP）和低级信令转接点 LSTP。它们自下而上逐级汇接：LSTP 汇接所属的 SP，HSTP 汇接所属的 LSTP 和 SP。这样就形成了三级分级结构信令网。网中的最高级 HSTP 之间通常为网状结构。

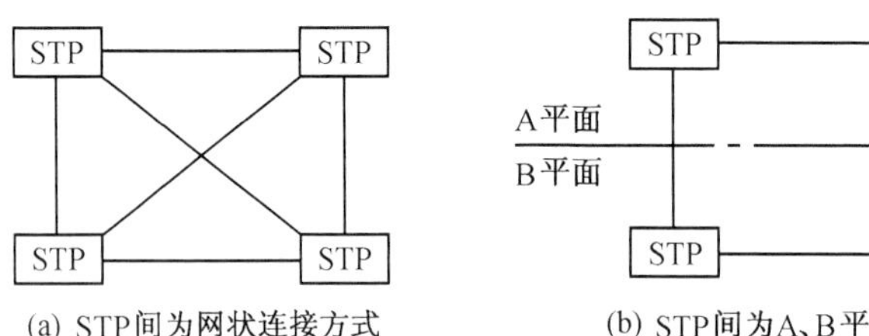

图 12-13　STP 之间的连接方式

二级信令网比三级信令网经过的信令转接点少，信令的传递时延短。但当信令转接点可容纳的信令链路数量不能满足信令网容量要求时，应采用三级结构。

在分级信令网中，当信令点（SP）之间的信令业务量较大时，可以设置直联信令链路。这可使信令的传递速度快（不经过 STP 转接），可靠性高（直达），减少了相关 STP 的负荷，且经济上的投入适当，性能价格比较好。

4. 信令网的连接方式

在信令网的连接中，需考虑信令网要容纳的信令点 SP 的数量、STP 可以连接的信令链路数量，STP 的负荷能力、信令转接的次数，以及信令网的冗余度等因素。对于分级信令网而言，包括信令转接点之间的连接方式及信令点与信令转接点之间的连接方式。

（1）STP 之间连接方式

二级信令网只设有一级 STP，三级信令网中设有 LSTP 和 HSTP 两级 STP：根据对信令网结构的要求，STP 之间的连接应保证每个 STP 的信令路由尽可能多，又要保证信令在转接过程中经过的 STP 尽可能少。由此有图 12-13 所示的网状连接和 A、B 平面连接两种连接方式可供选择应用。

① 网状连接方式。网状连接方式中，各 STP 之间都设置直达信令链路，网络的安全可靠性高，但其缺点是经济性差。全网所需的信令链路数 N 与 STP 的数目 n 的关系为 $N=\frac{n(n-1)}{2}$，N 受到 n 的制约，这在大规模的信令网中尤为明显。

② A、B 平面连接方式。A、B 平面连接方式是网状连接方式的一种简化形式。在一个大的信令网中，即使是最高级别的 STP，其数目也可能较大。因此，把这一级 STP 分为两个区域，即 B 平面连接方式。这种连接方式是在两个平面内部各自采用网状连接，而两平面之间则采用成对的 STP 相连接。

（2）SP 与 STP 之间的连接方式

信令点和信令转接点之间的连接方式分为分区固定连接和自由连接两种方式。

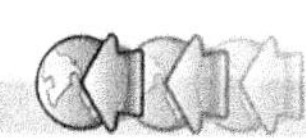

① 分区固定连接方式。分区固定连接方式是把整个信令网分成若干个信令区，如图 12-14 所示。它的主要特点如下。

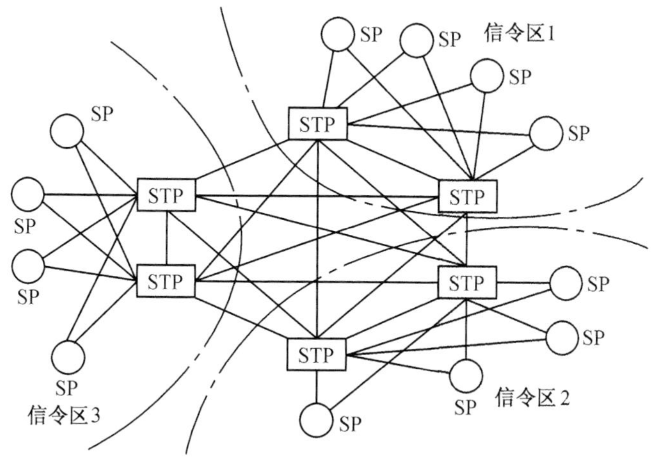

图 12-14　分区固定连接方式示意图

每个信令区内 SP 的准直联连接必须连至本信令区的两个 STP，以保证可靠转接具有双倍冗余。

两个信令区之间的 SP 间的准直联连接至少要经过两个 STP 的连接。

某信令区的一个 STP 发生故障时，该 STP 的全部信令业务转至另一个 STP。若该信令区的两个 STP 同时有故障时，则该信令区的信令业务将全部中断。

采用分区固定连接方式，其信令网路由的设计与管理都较方便。

② 自由连接方式。该方式主要是按信令业务量的大小采取的随机自由连接的一种方式，如图 12-15 所示。主要特点如下。

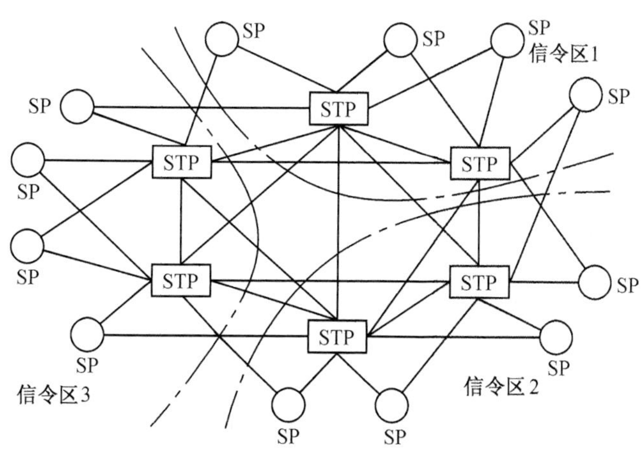

图 12-15　自由连接方式示意图

本信令区的 SP 依据信令业务量可以连至其他信令区的 STP。

每个 SP 需与两个 STP 相连。这两个 STP 可以是同一信令区的，也可以是不同信令区的，以保证信令可靠转接的双倍冗余。

两信令区间的准直联连接，可以只经过一次 STP 转接。

与固定连接比，其信令节点间的连接较灵活，信令路由也较复杂，路由设计与管理也都较复杂。

5．信令网的路由选择

信令路由是一个信令点的信令消息到达目的信令点所经过的各段信令链路和各信令转接点的信令传递路径。分级信令网中，信令点、信令转接点之间的连接关系和工作方式都比较复杂，两个信令点之间可以通过多条路径实现信令消息的传递。因此，为高效可靠地传递信令消息，必须正确地进行路由的选择。

（1）信令路由的种类及含义

信令路由按其特征和应用可以分为正常路由和迂回路由两类。

① 正常路由：是指在未发生故障的正常情况下信令业务流通的路由，它不一定是直达路由。正常路由可分为如下两种。

正常路由是采用直联方式的直达信令路由。当信令网中一个信令点具有多个信令路由时，如果有直达的信令链路，则应将该信令链路作为正常路由，如图 12-16 所示。

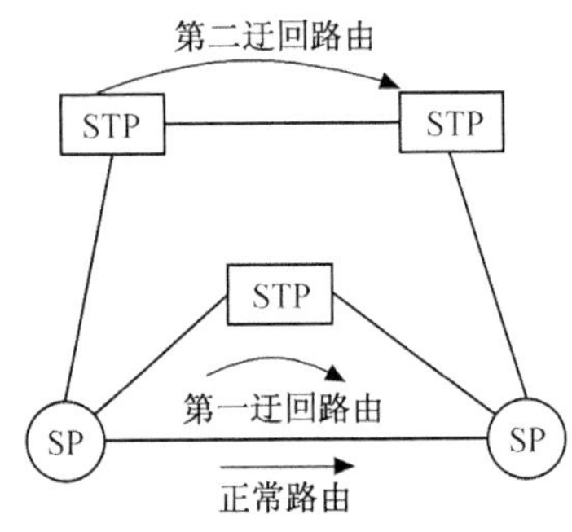

图 12-16　正常路由采用直联方式

正常路由是采用准直联方式的信令路由。当信令网中一个信令点的多个信令路由都是采用准直联方式经过信令转接点转接的信令路由时，则应取最短的路由即所经 STP 最少的路由为正常路由，如图 12-17（a）所示。而当采用准直联方式的正常路由是由两条对等的路由采用负荷分担方式工作时，这两条信令路由都是正常路由，如图 12-17（b）所示。

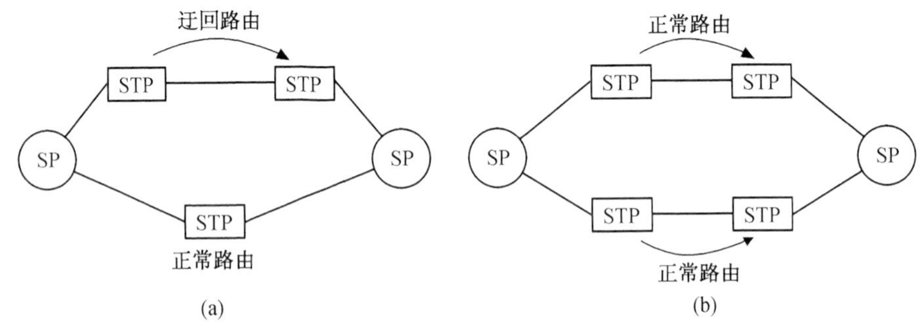

图 12-17　正常路由采用准直联方式

② 迂回路由：是在信令链路或路由发生故障，造成正常路由不能传送信令业务时选择的其他路由。迂回路由都是经过 STP 的准直联路由。迂回路由可以设置一个，也可以设置多个。当有多个迂回路由时，应按经过 STP 转接的次数由少到多依次分为第一迂回路由、第二迂回路由等。如图 12-16 所示。

（2）信令路由选择的一般原则

① 首先选择正常路由，正常路由有故障时选迂回路由。

② 具有多个迂回路由时，选择迂回路由的规则是首先选择优先级最高的第一迂回路由；当第一迂回路由发生故障时，再选第二迂回路由，依此类推。

③ 迂回路由中，若有 N 个优先级相同的路由，采用负荷分担方式工作，则每个路由承担整个信令负荷的 $\frac{1}{N}$；若它们中一个路由的一个信令链路组发生故障，则应将该组的信令业务倒换到本路由其他信令链路组；若负荷分担方式的一个信令路由发生故障，应将该路由上的信令业务倒换到其他路由上去。

12.3　我国 No.7 信令网

1．我国 No.7 信令网结构

（1）信令网结构

我国 No.7 信令网的结构是根据我国行政区域的划分、电信业务网的容量与结构，以及今后的发展而确定的，采用了三级结构。三级信令网结构由长途信令网和大、中城市本地信令网组成。

长途信令网的节点实际上就是高级信令转接点（HSTP），大、中城市本地信令网为 HSTP 下的二级信令网，也相当于长途信令网的第二级信令转接点（LSTP）和第三级信令点（SP）。

图 12-18（a）所示为我国 No.7 信令网采用的三级基本结构示意图。

图 12-18（b）所示为我国 No.7 信令网的网络组织结构示意图。

我国信令网结构中的 HSTP，LSTP 和 SP 的设置与我国行政区域划分是一致的，同时也兼顾了电话网的等级结构。HSTP 一般设在省会城市，LSTP 设在非省会大、中城市，而 SP 则设在这些城市及县区的交换局。在这个三级结构中，第一级 HSTP 负责转接它所汇接的第二级 LSTP 和第三级 SP 的信令消息。这样 HSTP 的信令负荷较大，因此采用独立的 STP 方式。第二级 LSTP 负责转接来自本信令区各 SP 的信令消息，视信令负荷的大小和实际需要，它既可采用独立的 STP 方式，也可采用综合的 STP 方式。第三级 SP 则是信令网中传送各种信令消息的起源点和目的地点。

（2）信令点、信令转接点的连接关系

图 12-18（b）中各级信令点、信令转接点的连接方式说明如下。

① 第一级 HSTP 之间采用 A、B 平面连接方式。这样既经济又能保证信令转接传递的高可靠性。

② 第二级 LSTP 与第一级 HSTP 之间采用分区固定连接方式，而 LSTP 之间采用网状连接。

③ 本地二级网的 SP 至 LSTP 之间，可根据具体情况选择自由连接方式或分区固定连接方式。

④ 信令网的连接中，每个信令链路组至少应包括两条信令链路。

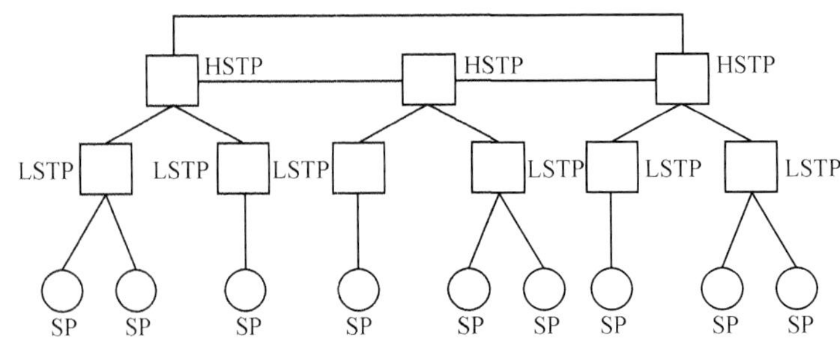

(a) 我国No.7信令网的三级基本结构示意图

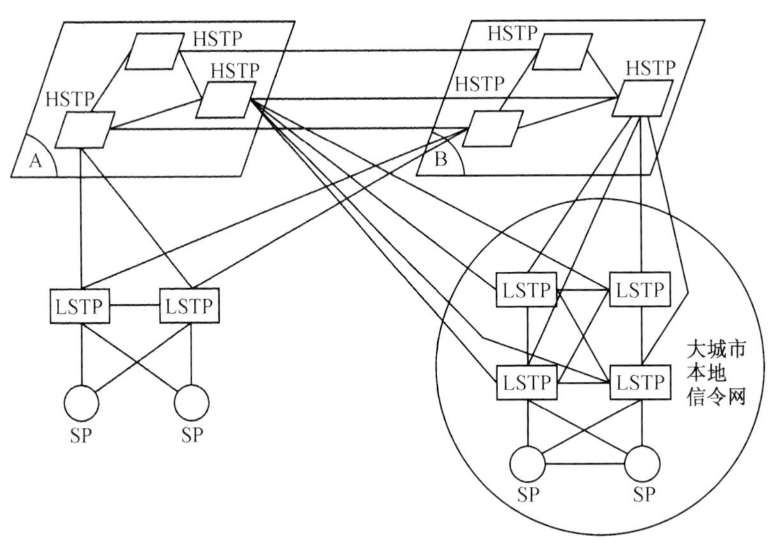

(b) 我国No.7信令网的网络组织结构示意图

图 12-18　我国 No.7 信令网结构示意图

2．信令网与电话网的对应关系

No.7 信令网是为多种电信业务提供服务的支撑网络，但是目前电话网仍是我国电信业务网中占主导地位的网络，因此电话网是 No.7 信令网的主要服务对象。No.7 信令网在物理实体上与电话网是同一个网络，寄生和并存于电话网上，但逻辑上又是两个功能不同的网络。它们之间相互独立却又有着密切的关系。

我国目前电话网结构分为五级，即 C_1，C_2，C_3 和 C_4 四级长途网交换中心及 C_5 本地网端局。所有交换中心和端局都构成信令网的第三级 SP，作为 No.7 信令网的信令消息源点和目的地点。然而由于我国 No.7 信令网采用 HSTP、LSTP 和 SP 三级结构，那么三级信令网与五级电话网之间如何对应呢？从信令转接的次数、信令转接点的负荷和可容纳的信令点数量、经济性，以及我国信令区的划分和整个网络的管理等因素综合考虑，其对应关系如图 12-19 所示。

可以看到，No.7 信令网的第一级 HSTP 设置在 C_1 或者 C_2 级交换中心所在地，汇接 C_1 和 C_2 级信令点 SP 的信令业务及所属的 LSTP 的信令转接业务；LSTP 设在 C_3 级交换中心所

在地，汇接 C_3，C_4 和 C_5 级信令点 SP 的信令业务。

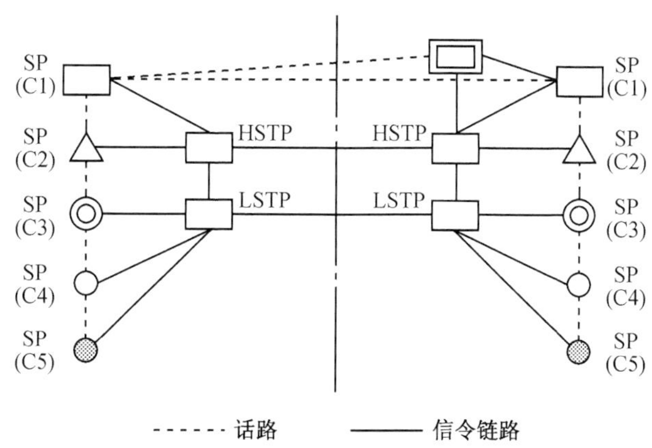

图 12-19　我国 No.7 信令网与电话网对应的关系

随着我国电信事业的发展，交换设备和传输设备的数字化程度的提高，以及网络中直达电路设置比例的增加，目前的五级结构的电话网中 C_1 与 C_2 两级交换中心，C_3、C_4 两级交换中心都将合并，交换网络结构将得到简化。简化后的电话网与信令网之间的对应关系也将随之简化。

3．信令区划分、信令转接点的设置及组网原则

我国 No.7 信令网中信令区的划分与其三级信令网的结构相对应，分为主信令区、分信令区和信令点三级。HSTP 设在主信令区，LSTP 设在分信令区，其设置原则如下。

（1）主信令区

按省、直辖市和自治区设置。HSTP 一般设在省会城市、直辖市和自治区首府。一个主信令区内一般只设置一对 HSTP。为保证信令消息传递转接的可靠性，要求 HSTP 所在地的自然环境相对要好，维护人员的素质高，信令链路优质可靠。在某些信令业务量较大的主信令区，可设置两对或两对以上的 HSTP，以满足信令业务量的需要。

（2）分信令区

原则上以一个地区或一个地级市为区域划分。一个分信令区通常设置一对 LSTP。信令业务量小的地区可由几个地区合并设置一个分信令区；对于某些信令业务量大的小城市或县区，也可单独设置一个分信令区。

（3）信令网的组网原则

为保证信令网的安全可靠运行，我国电信管理部门制定了 No.7 信令网的组网原则。

① 各分信令区的 LSTP 只与所属主信令区的 HSTP 相连，不同分信令区内的 LSTP 之间不连接；不同分信令区的信令业务均由 HSTP 转接。每一主信令区的 HSTP 除负责本主信令区的各信令点到其他主信令区的信令业务转接点外，还负责主信令区内各分信令区间的信令转接业务。

② LSTP 与 HSTP 的连接方式：一种是 LSTP 以固定连接方式连至 A、B 平面中对应的 HSTP；另一种方式是根据话务流量与流向采用随机自由连接方式。

③ 当一个分信令区设置一对 LSTP 时，这对 LSTP 要连至本信令区的 HSTP；若一个分

信令区内有多对 LSTP 时，应根据信令业务的流量、流向及传输条件来选择连接方式，并至少有一对 LSTP 连至 HSTP。

④ SP 与 LSTP 的连接方式：各 SP 按分区固定连接方式分别与所在分信令区的两个成对的 LSTP 相连。一般情况下不允许其他信令汇接区内的 SP 与本分信令区的 LSTP 相连。如果不同信令区相邻的两地间信令业务流量较大时，可以设置直联方式信令链路。

⑤ 同一分信令区内的 C_3 和 C_4 长途局的 SP 应与所在信令区内的一对 LSTP 相连；C_1 和 C_2 长途局的 SP 应直接与对应的 HSTP 相连。

上述原则在图 12-18 和图 12-19 中均有体现。

思考题

1．简述信令的概念及其在通信网中的作用及分类。

2．画出信令网的组成，简述各组成部分的作用。

3．画出我国 No.7 信令网的结构示意图，并作简要说明。

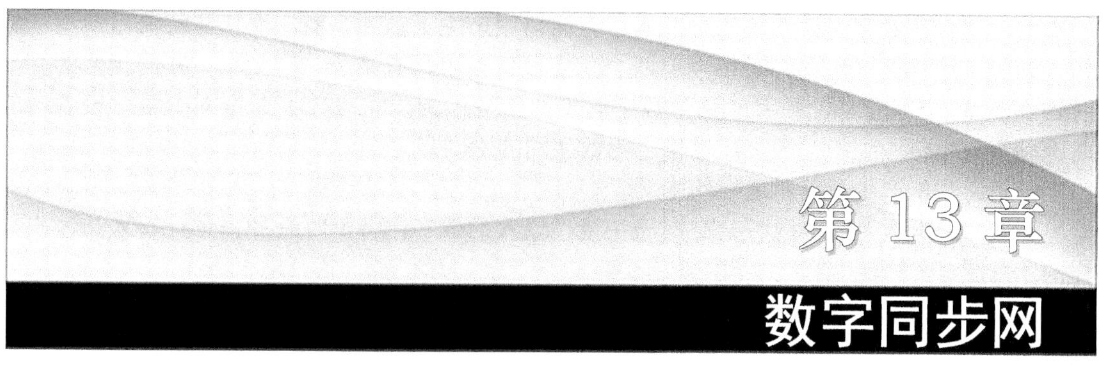

第13章 数字同步网

数字同步网是另一种电信支撑网，它的主要功能是为数字通信网提供同步的时钟信号，以保证电信业务网中各个节点同步协调运行，即保证在同一业务网的各级节点之间、不同业务网相关节点之间能正常、准确地传送与接收数字信息。

13.1 数字同步网的概念及网同步方式

1．数字同步网的同步

（1）数字同步网的概念

数字通信网是由各种数字终端设备、数字交换设备和连接这些设备的数字传输系统互相连接形成的。在整个数字通信网中，各节点之间都发送、传输、接收着数字数据信号，每个终端、交换设备都有自身的内部时钟频率用来确定发送和接收数字信号的速率。如果任何两个相互传送信号的节点的设备之间时钟频率或相位不一致，或者数字信号比特流在传输过程中受到各种因素（如相位漂移和抖动）的影响造成频率与相位发生变化，都将导致信号不能被正常地接收和正确地恢复。为了有效地消除和控制通信网及传输中导致时钟频率、相位不一致的因素，确保信号的正常传输与处理，必须在通信网中引入同步机制。

同步，是时标或信号的基本特征，是指信号之间不仅频率完全一致，而且相位也须保持严格的特定关系。

模拟通信网中，同步是交换传输系统中各个频率之间的同步，它要求收发双方的频率和相位保持一致，满足所传业务信息的要求。数字通信网的同步，是网中各交换设备内的时钟之间的同步，其“同步”必须同时满足比特率的相同（比特定时）和帧的准确定位（帧定时）两个方面的要求。

由此，对一个数字通信网进行网同步，就是通过适当的技术和措施，使全网中的数字交换系统和数字传输系统工作于相同或是有特定关系的时钟频率。

（2）时钟同步的作用

图 13-1 所示为由数字交换和数字传输设备构成的电信网中数字连接的两端的交换情况和定时关系。

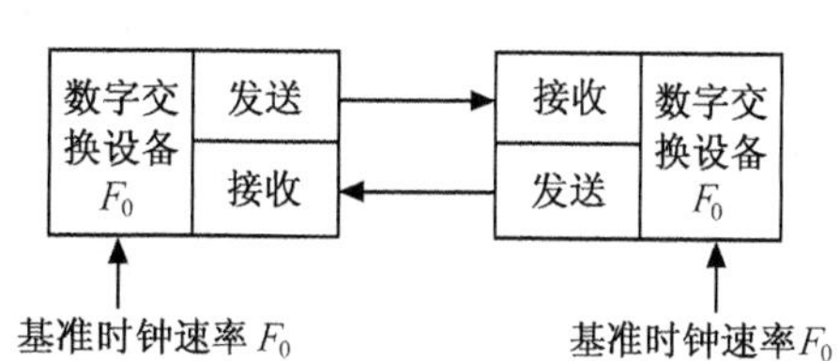

图 13-1　数字连接中两端的定时关系

在数字网中传送的是对信息进行编码得到的离散脉冲，如果网络中存在着时钟频率或相位不同步的情况，或者传输中数字比特流受相位漂移和抖动的影响，就会在数字交换系统的缓冲器、存储器中产生上溢和下溢，而使比特流出现滑动损伤。为防止这种情况出现，必须强迫两个交换设备使用具有某个共同频率、共同相位的基准时钟 F_0。这个基准时钟频率就是由数字同步网所提供的，它使数字通信网中数字设备内的时钟频率与相位达到相互同步，也称之为数字网的网同步。

（3）滑动的产生及其对通信的影响

图 13-2 所示为数字网中某交换局在接收输入的数字比特流时缓冲器进行写入与读出操作的示意图。

图 13-3 所示为写入（输入）时钟与读出（接收）时钟频率不一致时产生码元丢失和重复的情况。

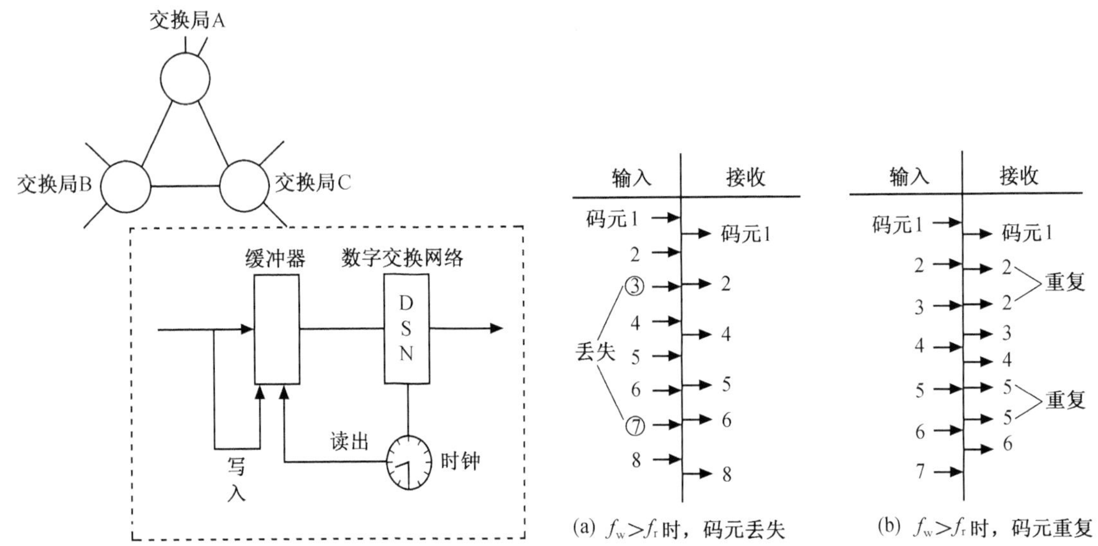

图 13-2　交换设备接收数字比特流进行缓冲存储示意图

图 13-3　时钟频率差引起滑动示意图

在图 13-2 中，每台数字交换设备都以等间隔数字比特流将消息送入传输系统，经传输链路传入另一数字交换设备。在每台交换设备中，数字信息流是以其流入的比特率——写入时钟速率进行接收并存入缓冲存储器中；而进入交换网络（DSN）的信息流比特率是按读出时钟速率——本局时钟速率读出的。显然，缓冲器的写入时钟速率必须与读出时钟速率相同，否则将会产生信息传输差错。

从图 13-3 可以看到：写入时钟速率 f_W 大于读出时钟速率 f_r，将会造成存储器溢出，致使码元丢失；写入时钟速率 f_W 小于读出时钟速率 f_r，可能会造成某些码元被读出两次，产生信息比特重复。

这两种情况都会使传输发生畸变，造成帧错位。将使得信息比特流失去准确的定位，出现滑动。如果滑动较大，使一帧或更多的信号丢失或重复，将会产生“滑码”，信号受到严重损伤，影响通信质量，甚至导致通信中断。

实质上，产生滑动的主要原因是时钟速率之差——时钟不同步。

在数字网中，一定的滑动对不同的电信业务，如语音、数据、图像以及信令的传送都会产生不同的影响的。

以 SDH 同步体系为例，SDH 系统内各网元如终端复用器（TM）、分插复用器

（ADM）和数字交叉连接设备（DXC）之间的频率差是靠调节指针（AU—PRT）的值来修正，即靠指针调节技术解决节点之间的时钟差异造成的失步问题。由于 SDH 体系中是以字节为单位复用的，所以调节也是以字节为单位进行的。一次指针调节引起的抖动可能不会超出网路接口所规定的指标，但当指针调节的速率不受控制而导致抖动频繁出现并积累超过规定指标时，将引起信息净负荷出现差错。因此在 SDH 传输系统中的各网元之间也应保持时钟同步。

2．实现数字网同步的方式

目前提出的数字通信网的同步方式主要有主从同步方式、互同步方式和准同步方式。

（1）主从同步方式

主从同步方式是在通信网内的高等级交换局或中心局设置一套高精确度和高稳定度的时钟，称为主节点时钟或时钟源。该时钟源的频率作为全网的时钟基准，通过时钟分配网络传输到各交换局作为同步的基准信息，控制各局的时钟频率。各交换局设有从时钟，它们受控并同步于时钟源的时钟基准。

在从时钟节点的定时设备内，用锁相技术使本节点的时钟频率锁定在时钟源的基准频率上，并使从时钟与时钟基准之间的相位差为零或保持不变，从而使网内各节点时钟与中心局时钟源同步。

主从同步网主要由主时钟节点、从时钟节点及基准信息传送链路组成。按网络的规模可分成为两级主从同步和多级主从同步连接方式，即直接主从同步方式和等级主从同步方式，如图 13-4 所示。

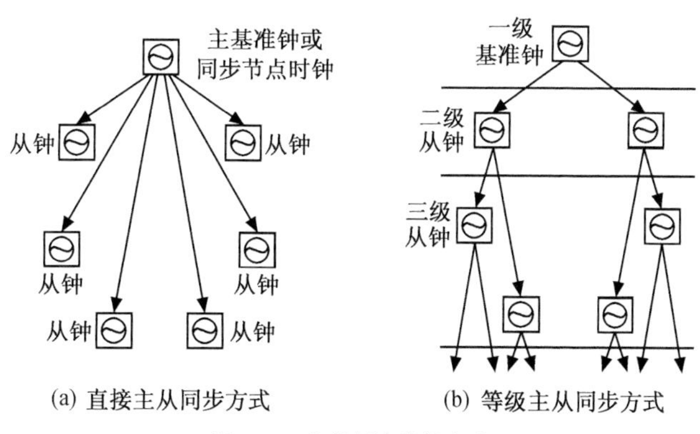

(a) 直接主从同步方式　　(b) 等级主从同步方式

图 13-4　主从同步连接方式

① 直接主从同步方式。在图 13-4（a）所示的直接主从同步方式中，各从时钟节点的时钟基准都直接从一个主时钟节点获取，无转接过程。这种方式一般用于较小规模的通信网同步，或用于同一通信楼内各设备的同步。

② 等级主从同步方式。图 13-4（b）所示为等级主从同步的连接方式，又称为分级主从同步，适用于较大规模通信网的同步。它把网内各交换局划分为不同等级的节点，级别越高，其时钟的准确度和稳定度也越高。在这种同步方式中，基准时钟是通过树状的时钟分配网路逐级向下传递。在正常运行时，通过各级时钟的逐级控制就可以达到网内各节点时钟都直接或间接地锁定于基准时钟，从而达到全网时钟统一，即同步。

等级主从同步网的主要优点：（a）各同步节点和设备的时钟都直接或间接地受控于主时

钟源的基准时钟，在正常情况下能保持全网的时钟统一，不会产生滑动；（b）除作为基准时钟的主时钟源的性能要求较高之外，对其他的从时钟的性能要求都比较低，因而建设成本小。我国的数字同步网就是采用这种同步方式。

等级主从同步也有其缺点：（a）在传送基准时钟信号的链路和设备中，若有任何故障或干扰，都将影响同步信号的传送，而且产生的扰动会沿着传输途径逐级积累，产生时钟偏差；（b）为避免网路中形成时钟传送闭合环，同步网的规划和设计将变得更复杂。

（2）互同步方式

通信网采用互同步方式实现网同步时，网内各交换局都设有自己的时钟，而且都是受控时钟。网内各局的交换设备互连时，其时钟设备也是互连的，无主从之分，相互控制、相互影响。各局设置多输入端加权控制的锁相环路，使本局时钟在各局时钟的控制下，锁定在所有输入时钟频率的平均值上。如果网络各参数选择适当，则各局的时钟频率可以达到一个统一的稳定频率，实现全网时钟的同步。

互同步方式互控连接如图 13-5 所示。图中 4 号节点的时钟频率由本节点和 1 号节点、2 号节点的时钟决定；而 1 号节点的时钟频率由 2 号节点、3 号节点及本节点的时钟来决定，以此类推。

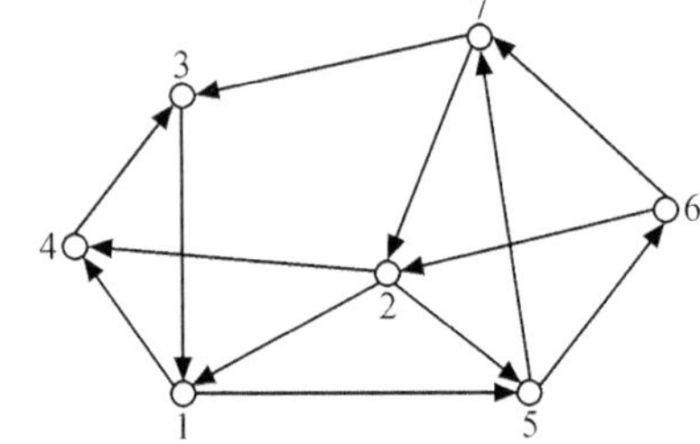

图 13-5　互同步网示意图

（3）准同步方式

准同步方式又称为独立时钟法。在准同步方式下，通信网中各同步节点都设置相互独立、互不控制、标称速率相同、频率精度和稳定度相同的时钟。为使节点之间的滑动率低到可以接受的程度，要求各个节点都采用高精度和高稳定度的原子钟。准同步方式目前主要用于国际数字网的同步。

13.2　数字同步网的同步设备

1. 基准时钟源

在数字同步网中，高稳定度的基准时钟是全网的最高等级时钟源。符合基准时钟指标的基准时钟源可以是铯（Cs）原子钟组、美国卫星全球定位系统（GPS）或长波受时台（Loran-c）。

（1）原子钟

原子钟是原子频率的简称，是根据原子物理学及量子力学原理制造的高准确度和高稳定度的振荡器。在通信领域的数字同步网中，它通常作为同步网向数字设备提供标准信号的最高等级的基准时钟。

目前，通信网中作为最高等级基准时钟的是铯（Cs）原子钟，即铯族原子频率标准。它是一种高准确度、高稳定度的频率发生器，在各种频率系统中是作为标准频率源使用的。

图 13-6 所示为一套由铯原子钟组构成的基准时钟源框图。它采取了可靠性设计，由 3 组铯原子钟及相应的 2048kHz 处理器、频率转换与控制装置以及测量单元构成。各组铯原子钟可以独立工作也可以互相调换。

基准时钟的标准输出频率为 2048kHz，也可根据实际应用的需要配置 64kHz、1MHz、

5MHz、10MHz 等频率。

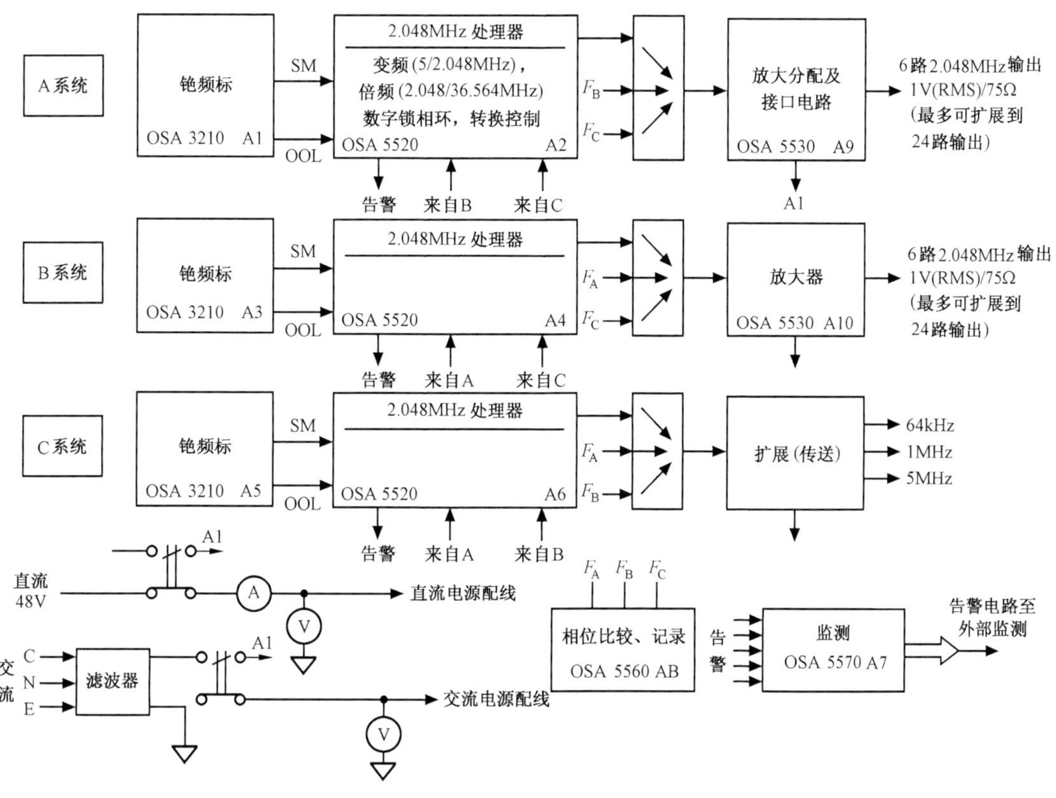

图 13-6　铯原子钟构成的基准时钟源框图

（2）卫星全球定位系统

卫星全球定位系统（Globe Positioning System，GPS）是美国海军天文台设置的一套高精度的卫星全球定位系统。它提供的时间信号对世界的协调时（UTC）跟踪，精度优于 100ns（10^{-9}s）。接收者可对收到的 GPS 信号进行必要处理后作为本基准时钟频率使用。

GPS 设备体积较小，天线可架装在建筑物顶上，通过电缆将信号引起至机房内的接收器。用 GPS 作为定时信号的同步节点，一般使用高稳定度的铷（Rb）原子钟作为基准时钟源。如果使铷钟的短期稳定度与 GPS 的长期稳定度相结合，则可得到较高准确度和稳定度的时间基准。

2．受控时钟源

数字同步网中的受控时钟源是指该时钟源输出的时钟信号是受高等级的时钟信号控制，其频率和相位都被锁定在更高等级的时钟信号上。在主从同步网中受控时钟源也称为从钟。

（1）受控时钟源的构成

在主从同步数字网中，各从节点的时钟都是受控时钟，它们都是受高一级的基准时钟或从接收的数字流中提取的基准时钟信息所控制。受控时钟源的构成如图 13-7 所示。

受控时钟源中的核心部件是锁相环路。为了保证从节点时钟的准确性和可靠性，通常由 2～3 套锁相环路构成从时钟系统。而这 2～3 套锁相环路系统的输出，是通过频率监测或采用

大数判决方式选择准确度最高的一个，经倒换开关输出。受控时钟源主要构成部件说明如下。

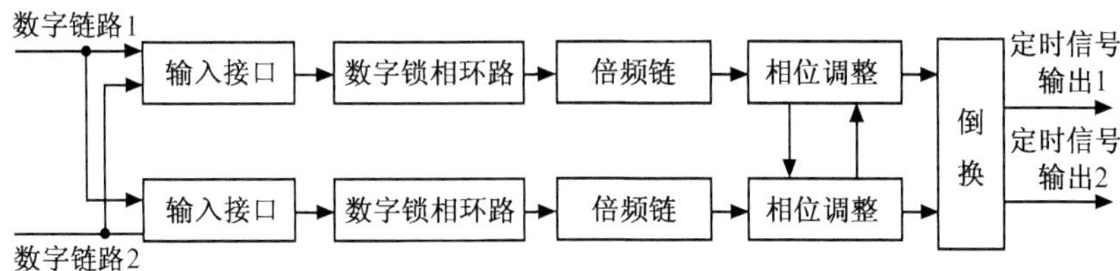

图 13-7　受控时钟源构成框图

① 输入接口。输入接口是接收输入基准信号的单元，它可以从高一级时钟源直接接收时钟信号，也可以从接收到的数字信息流中提取时钟信号，用来作为基准时钟信号送到锁相环路，供锁相环路进行频率调控，实现与输入的基准时钟信号同步。

② 数字锁相环路。数字锁相环路又称为锁相振荡器，主要由相位检测器、数字环路滤波器和压控振荡器（VCO）组成，如图 13-8 所示。它可将自身的振荡频率与相位准确锁定在输入基准时钟频率与相位上，为了配合外同步频率和 VCO 的频率变换，使相位检测器的两个输入信号的频率相等，还需设置分频器，进行 $1/N$，$1/M$ 分频。

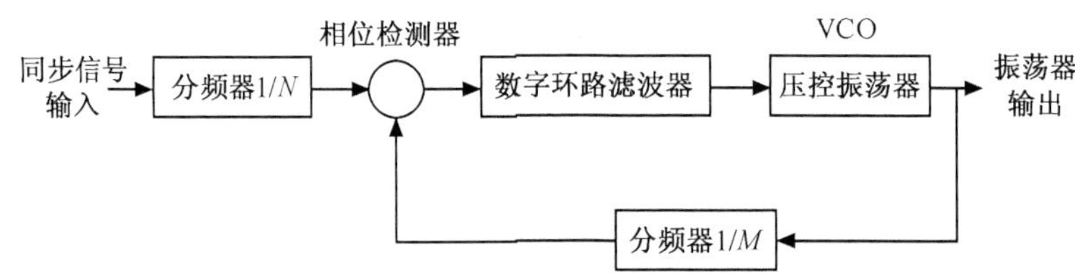

图 13-8　锁相环路构成框图

相位检测器用于检测或比较输入基准信号与 VCO 输出信号的相位差，并将相位差变化转化为电压变化，而后经环路滤波器滤除其中的高频分量使其输出平滑，用以控制 VCO 振荡信号的频率与相位。

数字环路滤波器是具有低通特性的积分器，其主要参数是环路时间常数 τ_{loop}，它决定了对相位检测器输出信号高频分量的滤除及低频抖动的平滑程度。环路时间常数与低频抖动平滑截止频率 f_x 的关系是

$$f_x = \frac{1}{2\pi\tau_{loop}}$$

式中，τ_{loop} 越长，截止频率越低。τ_{loop} 的变化范围在 100s～10000 s 之间。

压控振荡器（VCO）全称为电压控制振荡器，其功能是根据环路滤波器的输出电压的大小，控制与改变输出信号的频率和相位。当外加基准时钟信号与 VCO 输出信号的相位差稳定在一个很小的数值（接近于零时，则锁相环路进入锁定状态，即 VCO 的输出频率锁定在输入基准频率值上。

VCO 应具有较高的稳定度，通常用晶体振荡器来实现。根据时钟应用重要性的要求，应设有备用装置，故障时可自动倒换，根据需要也可以人工倒换。

③ 倍频链。对于窄带锁相环路而言，要求环路中的压控振荡器具有较高的频率稳定度，因此 VCO 中压控晶体的频率不能太高。但为了保证 VCO 的输出信号在倒换过程中引起的相位不连续性的影响不致太大，又要求相位调整的输入频率足够高。为解决矛盾，在窄

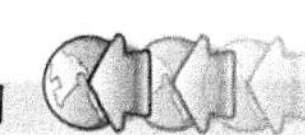

带数字锁相环与相位调整器之间插入了一个倍频链装置。

④ 相位调整。相位调整的功能主要是保证在倒换过程中相位连续的要求。它是由一个分频链组成，是由主用输出信号来同步用作相位调整的分频链实现相位调整功能。

⑤ 倒换。倒换电路实现输出时钟的主、备用之间的倒换功能。

（2）通信楼综合定时供给系统

通信楼综合定时供给系统（BITS），简称综合定时供给系统，属受控时钟源。

在通信网中重要的同步接点或设备较多、规模较大的主要通信枢纽，都需设置 BITS，以起到承上启下，沟通整个同步网的作用。BITS 是整个通信楼内或辖区内的专用定时时钟供给系统，向区域内所有被同步的数字设备提供各种定时信号，用一个基准时钟统一控制各业务网及设备的定时时钟，如数字交换设备、分组交换网、数字数据网、No.7 信令网、SDH 传输设备、宽带网等。BITS 时钟供给关系如图 13-9 所示。

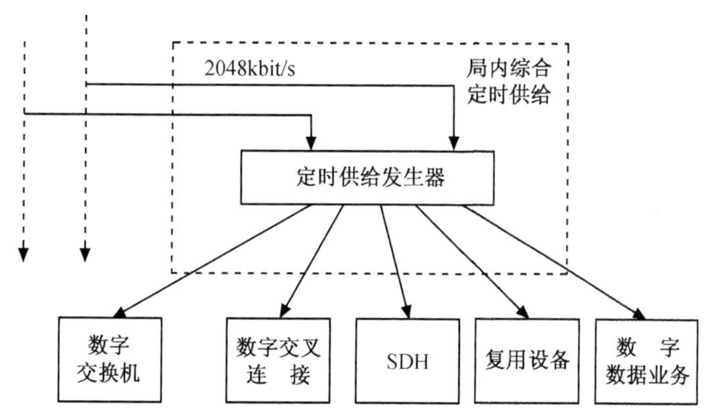

图 13-9　BITS 时钟供给关系图

BITS 的应用，解决了各种专业业务网和传输网各自网内及网间的同步问题，同时也有利于同步网的监测、维护和管理。

通信楼综合定时供给系统结构如图 13-10 所示。

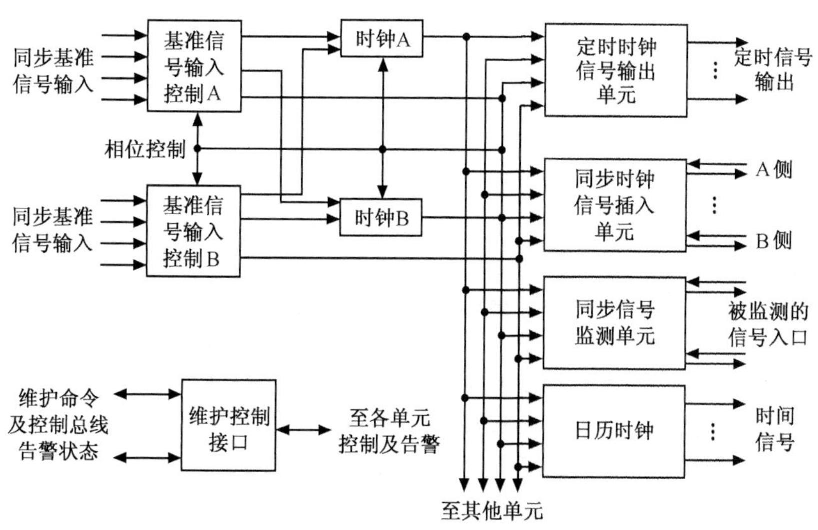

图 13-10　通信楼综合定时供给系统方框图

BITS 各组成部分的基本功能简述如下。

① 基准信号输入控制单元。它的基本功能是接收上级局送来的基准定时时钟或数字信息流等外同步基准信号，并对其进行处理，提取系统所需的定时基准信号供给时钟单元。BITS 还需设置有接收 GPS 信号作为基准定时时钟的输入接口，以备不能按正常途径接收基准定时时钟信号时，可以接收 GPS 信号作为基准定时时钟信号。

基准信号输入控制单元应设置一主一备用，当主用发生故障时能自动或人工倒换到备用。

② 时钟单元。时钟单元是 BITS 的核心部件，用以产生所需各类时钟。它有如下两种类型。

加强型 2 级时钟：它是具有保持功能的高稳定度时钟，可以是受控铷钟或高稳定度晶体钟。当输入定时基准频偏过大时，时钟系统可进入保持工作方式。

加强型 3 级时钟：一般为高稳定度晶体钟，适用于本地网汇接局或终端局的定时。

比较新型的综合定时供给系统通常是采用铷原子钟和智能软件锁相记忆、数字频率合成等技术，以形成定时信号输出单元所需的各种频率的输出信号。

③ 定时时钟信号输出单元。定时时钟信号输出单元基本功能是把时钟单元送来的定时信号转换成各种形式、各种频率的信号输出，如 2.048Mbit/s 数字信号和 2.048MHz 模拟信号，特殊情况下按需要还可输出 8kbit/s、64kbit/s 以及 5MHz，10MHz 等信号。

④ 同步时钟信号插入单元。同步时钟信号插入单元的功能是用本综合定时供给系统的频率对输入的 2.048kbit/s 信号进行再定时、传送。

⑤ 同步信号监测单元。同步信号监测单元的主要功能是对综合定时供给设备的性能进行监测，要求如下。

监测输入基准时钟信号，通过测试分析，使系统跟踪于质量最好的基准时钟信号。

对综合定时供给系统输出信号监测，用以了解输出信号是否处于理想工作状态。

对远端同步节点的输出信号，用专线或非专线返回的 2.048Mbit/s 的定时信号进行监测，以确定远端节点是否处于正常工作状态。

⑥ 维护与控制接口。为获取网络及设备的运行状态数据，应有通信接口与运行的网管系统相连，进行遥控及监测并送出监测结果。

3. 数字同步网的结构

（1）同步网的结构与时钟的等级

① 同步网等级结构。数字同步网的组网方式是以所采用的同步方式为依据的。采用等级主从同步方式的同步网中，全网同步节点分为若干等级。处在最高等级的是一个基准时钟，以下各级均以星型连接方式与上一级链接。因此，基准时钟信号自上而下呈树型逐级向下传递，控制全网同步。

在图 13-11 所示的等级主从同步网中，每个同步节点的时钟都被赋予了一个等级，并规定只允许某一等级的时钟向较低等级或同等级时钟传送同步信息，用以同步较低等级或同等级的时钟。

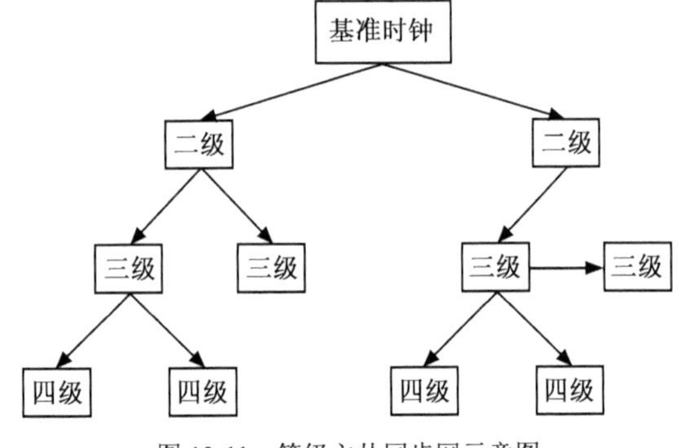

图 13-11　等级主从同步网示意图

② 同步时钟的等级。我国目前数字同步网采用四级主从同步网络结构，同步时钟的等级也相应分为四级，如表 13-1 所示。

表 13-1　　同步时钟的等级

<table>
<tr><td></td><td colspan="2">第一级</td><td>北京武汉</td><td colspan="2">基准时钟：铯原子钟组</td></tr>
<tr><td rowspan="2">长途网</td><td rowspan="2">第二级</td><td>A 类</td><td>C1
C2</td><td>一级和二级长途交换中心，国际局的局内综合定时供给设备时钟和交换设备时钟；局内综合定时供给设备的主钟采用受控铷钟，根据需要可配以 GPS 或 Loran-c</td><td rowspan="2">在大城市内有多个长途交换中心时，应按它们在网内的等级相应地设置时钟</td></tr>
<tr><td>B 类</td><td>C3
C4</td><td>三级和四级长途交换中心局内综合定时供给设备时钟和交换设备时钟；局内综合定时供给设备的主钟采用高稳晶体时钟，需要时也可采用受控铷钟</td></tr>
<tr><td rowspan="2">本地网</td><td colspan="2">第三级</td><td>C5</td><td colspan="2">汇接局时钟和端局的局内综合定时供给设备时钟和交换设备时钟；若本地网中的汇接局疏通本汇接区的长途话务时，该汇接局时钟等级为二级 B 类；端局内的局内综合定时供给设备的主钟采用高稳晶体时钟</td></tr>
<tr><td colspan="2">第四级</td><td>设备中</td><td colspan="2">远端模块、数字用户交换设备，数字终端设备时钟</td></tr>
</table>

第一级为基准时钟，采用铯原子钟组。它是数字通信网中最高等级的同步时钟源，是同步网中所有时钟的唯一基准。第一级时钟设置在指定的一级长途交换中心 C1 所在地，并设有主备用两套时钟。

第二级为具有保持功能的高稳定度时钟，它有受控铷（Rb）原子钟和高稳定度晶体钟两种，前者为 A 类，后者为 B 类。

设置于长途交换中心 C1 和 C2 的通信楼综合定时供给系统的时钟属于 A 类，它是通过同步链路直接与基准时钟相连接并与之同步。

设置于长途交换中心 C3 和 C4 的通信楼综合定时供给系统的时钟属于 B 类，它是通过同步链路受 A 类时钟的控制间接地与基准时钟同步。

第三级是具有保持功能的高稳定晶体时钟，其频率稳定度可低于二级时钟。它设置于本地网的汇接局和端局，通过同步链路受二级时钟控制并与之同步。

第四级为一般晶体时钟，设置在远端模块、数字用户交换设备和数字终端设备中，通过同步链路与第三级时钟同步。

（2）基准信号分配与传送

在等级主从结构同步网中，基准时钟源通过等级分配结构向全网提供同步信息。

① 基准信号的分配网络。基准时钟信号分配网络如图 13-12 所示。

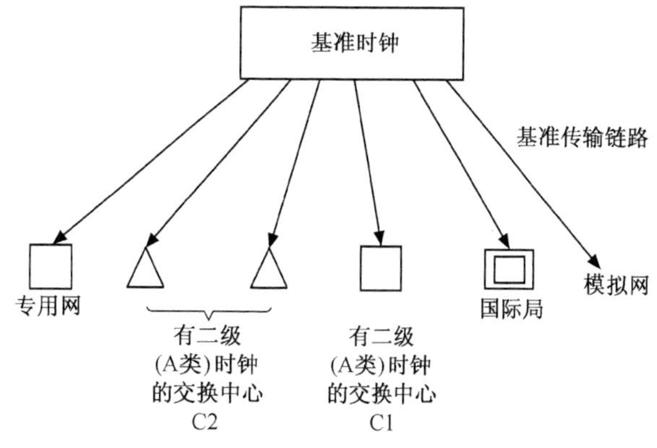

图 13-12　基准时钟信号分配网络

设置于国际局和交换中心 C1，C2 的 BITS 时钟（二级 A 类）应能直接接受基准时钟的同步。将二级（A 类）时钟作为基准的数字延伸，使交换中心 C3，C4 的 BITS 时钟（二级 B 类）受二级 A 类时钟的同步，间接地同步于基准时钟。这些数字延伸和基准时钟一起称为基准分配网络。利用基准分配网络可以对相互连接的各同步节点提供同步信号。

在基准分配网络内，从基准源向二级（A 类）时钟和二级（B 类）时钟提供的同步信息可以利用专线传输，也可以通过长途交换中心之间的数字传输链路传递。在有条件的情况下，尽量采用专线传输。基准分配网络应包括主用和备用。

基准时钟应能向模拟通信网提供同步信息，必要时还可以向专用网提供同步信息。

② 基准时钟信息的传送。同步网传送定时基准信号一般有以下 3 种方式。

采用 PDH 2.048Mbit/s 专线，即在上下级 BITS 之间用 PDH 2.048Mbit/s 专线传送。

利用上下级交换机之间的 PDH2.048Mbit/s 传送业务信息流的中继电路传送。

利用 SDH 线路码传送。上级 SDH 端机的时钟同步于楼内的 BITS，通过 STM-*N* 线路码传送到下级 SDH 端机，从信息码流中提取 2.048Mbit/s 定时信号作为下级 BITS 的同步基准信号。

13.3 我国数字同步网

1．我国同步网与通信网的对应关系及同步网的划分

如前所述，我国数字同步网采用了四级等级主从结构。它与最大的通信业务网——交换网的五级结构之间如何对应，有哪些特点呢？

（1）同步网与通信网的对应关系

考虑到同步网第二级的 A 类、B 类时钟和电话网的用户设备（终端与交换）以及远端模块等形成的一级，我国同步网各级与交换网各级之间的对应关系如图 13-13 所示。

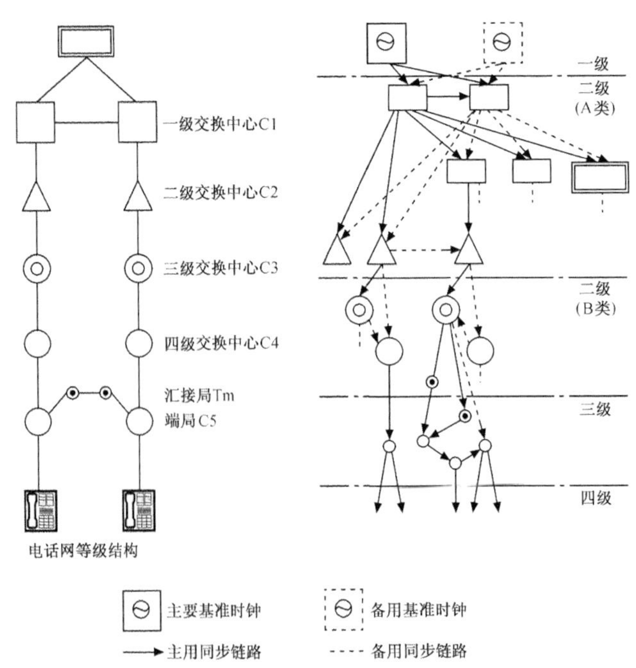

图 13-13　同步网与交换网对应关系示意图

（2）同步区的划分

我国通信网的规划与管理，除全国网管中心外，通常都是以省、自治区、直辖市为单位的行政区进行。为加强管理，同步网也按行政区划分为若干个同步区。同步区是全国同步网的子网，原则上可以作为一个独立的实体看待。除链接全国各级节点的同步信息链路外，在不同的同步区之间，按同步时钟等级也可以设置同步链路传递同步基准信息作为备用。在按省、自治区、直辖市形成的同步区内，设置二级时钟作为同步区的基准时钟源，并向下传送组成同步区的数字同步网。图 13-14 所示为同步网分区示意图。

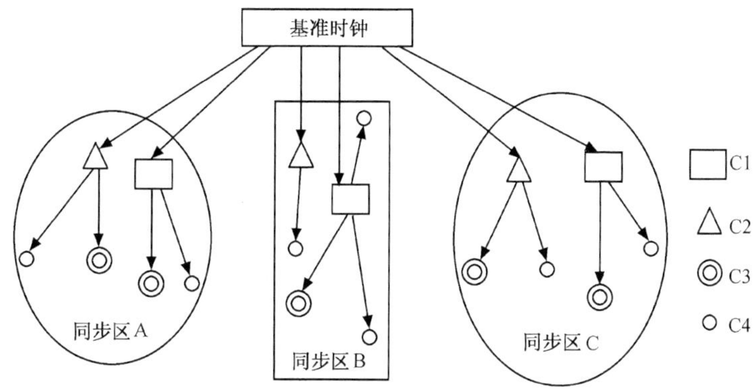

图 13-14　同步网分区示意图

2．我国数字同步网的特点与组网原则

（1）我国数字同步网的特点

由图 13-14 中可以看出，我国的数字同步网是一个“多基准钟，分区等级主从同步”的网路，并具有下述特点。

① 国家数字同步网在北京、武汉各设置了一个铯原子钟组作为高精度的基准时钟源，称为 PRC。

② 各省中心和自治区首府以上城市都设置可以接收 GPS 信号和 PRC 信号的地区基准时钟，称为 LPR。LPR 作为省、自治区内的二级基准时钟源。

③ 当 GPS 信号正常时，各省中心的二级时钟以 GPS 信号为主构成 LPR，作为省内同步区的基准时钟源。

④ 当 GPS 信号出现故障或降质时，各省的 LPR 则转为经地面数字电路跟踪北京或武汉的 PRC，实现全网同步。

⑤ 各省和自治区的二级基准时钟 LPR 均由通信楼综合定时供给系统（BITS）构成。该 BITS 接收上面传来的同步信号或 GPS 接收来的信号，经滤除抖动、瞬断及漂动，同步于该 BITS。BITS 可以为楼内需要同步的所有通信业务设备提供近于理想的同步时钟信号。

⑥ 局内同步时钟传输链路一般采用 PDH 2.048Mbit/s 链路，因为 PDH 传输系统对于 2.048Mbit/s 信号的传输具有定时透明和损伤小的特点，而成为局间同步时钟传输链路的首选。在缺乏 PDH 链路而 SDH 已具备传送同步时钟的条件下，可以采用 STM-N 线路码流传送同步时钟信号。

如图 13-15 所示，各省中心的 BITS 所产生的 LPR 为各省内同步区的二级基准时钟源，用于省中心以下各同步节点的参考基准。

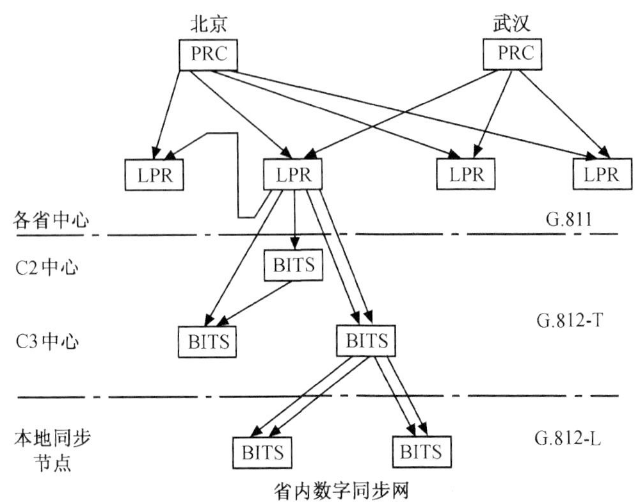

图 13-15　我国数字同步网基准时钟关系

（2）我国数字网的组网原则

考虑到地域和网路业务状况，我国在规划和设计数字同步网时，遵循如下原则。

① 在同步网内应避免出现同步定时信号传输环路。定时信号传输环路如图 13-16 所示。

图中，当 5 局和 8 局或者 5 局和 9 局的主用定时链路发生故障，倒换至备用定时链路（虚线）时，将在 5，8，9，7 和 10 局之间，或者在 5，9，7 和 10 局之间形成定时信号传输环路。定时环路的出现将使得环路内的定时时钟都脱离了上一级基准时钟的同步控制，影响时钟输出信号的准确度；并且环路内时钟形成自反馈，造成频率不稳。

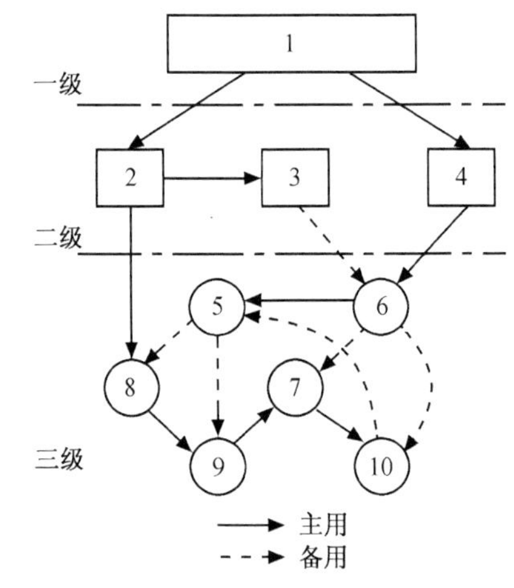

图 13-16　在同步网中出现定时信号传输环路情况

② 选择可用度高的传输系统传送同步定时信号，并尽量缩短传输链路的长度，以提高可靠性。

③ 主、备用定时信号的传输应设置在分散的路由上，以防止主、备传输链路同时出现故障。

④ 受控时钟应从其高一级设备或同级设备获取定时信号，而不能从下一级设备中获取。

⑤ 同步网中同步性能高低（即同步时钟的稳定度和准确度）的决定因素之一就是通路上介入的时钟同步设备的数量，因此应尽量减少。

思考题

1. 简述数字同步网在电信网中的作用。
2. 介绍数字通信网的几种主要同步方式，及它们的特点和用途。
3. 介绍我国数字同步网的特点与组网原则。

第 14 章 电信管理网

随着科学技术的进步，通信技术正处在快速发展之中。传统的通信手段注入了新的活力，新的通信手段与设施不断地加入，整个通信网的规模越来越大，结构越来越复杂。多种通信业务网之间互连越来越紧密，社会各方面对通信网络的依赖越来越大，要求也越来越高。通信网一旦发生拥塞或故障，将直接给公众带来不便，甚至对社会政治、经济等诸多方面造成严重的后果。保障通信网络的畅通与安全是对通信的基本要求。电信网对公众提供服务的优劣，一方面与电信网的基础设施有关，另一方面与电信网的管理密不可分。因此必须建设一个完整、先进和统一的网络管理系统。电信管理网实施对电信网络的全面有效的管理，从而提高网络的运行效率和对公众服务的质量。

14.1 电信网管理和电信管理网

1. 电信网管理的基本概念

（1）网路需要管理

电信网在建设时都要先期进行业务预测与网络规划。以最典型、规模最大、最完善的电话网为例，它是根据话务量的分布、局间话务量的流量与流向以及话务量与业务发展情况，在保证一定的服务质量的前提下进行网络的规划、设计、配置交换设备和传输设备等。在网络话务量不超过负荷设计值情况下，通信设备和网络能够正常高效地运行，为用户提供优质的通信服务。但当出现话务量超负荷或某部分机线设备重大故障等异常情况时，网络将不能有效地承载超量的负荷，造成通信服务质量的下降甚至中断。

上述情况的产生有以下几个因素。

网络内部因素：交换系统或传输系统故障，路由调度或维护工作失误等，都会引起网络负荷能力下降而异常增加迂回话务量，造成网络过负荷。

网络外部因素：发生诸如大型活动、节日庆典、股市行情异动、重要体育赛事等各种政治、文化及商务事件，使局部范围的话务量突增，大大超过设计负荷，网络不能有效地承载，呼损增加，无效拨号在网络中反复寻找路由，形成大量的虚假话务量，进而进一步加重网络负荷。若不采取措施控制，恶性循环，使得交换和传输设备的有效处理能力迅速下降，导致网络出现阻塞，甚至发生全网混乱。

自然因素：这主要是指突发自然灾害，造成交换或传输设施的损坏，而出现异常变动的话务负荷。

上述因素引起的网络负荷状态变化与实际完成接续的话务量变化的关系如图 14-1 所示。

图 14-1 中曲线第①段为话务负荷在设计范围内的正常情况，接通次数 Y 与呼入次数 X 成正比（接通率），$\frac{Y}{X}=1$；第②段为过负荷情况，此时话务量已达满负荷并开始超过设计值，接通率虽然还是正值，但开始减小，$\frac{Y}{X}<1$，此段是由于接续电路不足所引起的，因而这种状态称为“电路限制型”；第③段为话务量严重超过设计值，不仅接续电路不足，交换系统也因严重过负荷造成接续时延增加，大量接不通的无效呼叫使接通率剧烈下降，并随时间的延续而变得越来越严重。这种情况主要是因交换机内部处理能力限制所引起的，称为拥塞或阻塞，这种状态称为“交换限制型”，$\frac{Y}{X}<0$。

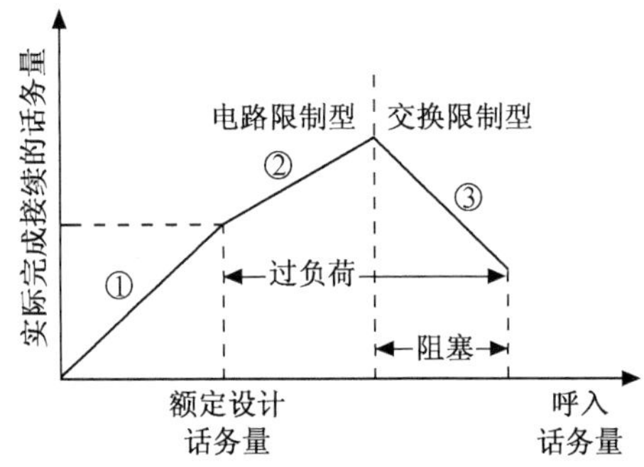

图 14-1　网络负荷状态与完成话务接续关系曲线

上述情况在数据传输、分组交换、移动通信等各类电信业务网中也会发生。

以上情况有些是可以预见的，并可以通过制定周密的计划、措施和通过实施管理来预防和化解；有些过负荷情况常常是突发性和无法预见的，这需要增加网络的实时管理功能，设置电信管理网络，及时发现异常情况并及时采取控制措施，对电信网实施综合、系统与实时的管理，以保证全网协调、有效与可靠地运行。这些充分说明，网络需要管理。

（2）网络管理的概念

① 网络管理的定义。电信网管理就是对电信网络的运行进行实时或近实时的监视与测量，及时发现异常情况，并在必要时采取调控措施和维护手段，以保证在任何情况下最大限度地保持交换、传输设备的正常运行和有效利用。

在本节的讨论中，网络管理没有涉及业务管理，在实际的网管系统中，除了对设备与网络的监测调控外，还应包括业务管理。

② 网络管理的目标。网络管理的目标是最大限度地利用电信网路资源，提高网络运行质量与效率，向用户提供高质量的通信服务。

③ 网络管理的原则。尽量利用一切可以利用的电路。由于不同的地区存在诸如不同时差、不同呼叫习惯以及不同的话务繁忙季节等因素，造成整个网络不同地区的业务量不平衡。这种情况下必须采取网管措施，将高负荷区的部分业务转移到较空闲的区域的电路上去。当某部分交换、传输设备发生故障时也应采取这种措施。

应尽量腾出可用电路给能够接通的呼叫。在话务负荷较重的情况下，应尽快释放那些不可以接通的无效呼叫，以便腾出电路给能够接通的呼叫，提高接通率。

对通过直达电路连接或串接电路最少的呼叫给予优先，以提高电路的利用率。

从控制交换机的拥塞入手来减轻网络的负担，防止拥塞的扩散。

④ 网络管理的任务。网络管理的任务，是把那些可能严重影响网络负荷能力和影响对用户服务的所有因素尽可能地识别出来，并采取相应的网管措施予以调控，防止异常情况的发生和减少故障的影响与损失。主要任务如下。

实时监视网络状态和负荷性能，收集和分析有关数据；

检测网络的异常情况并找出网络异常的原因；

针对网络的具体状态，采取网络控制或其他措施来纠正异常情况；

与其他网管中心协商有关网络管理和业务恢复问题；

就网络所出现的不正常情况与有关部门进行协商，并向上级单位报告；

对已发现或预见到的网络问题提供对策。

⑤ 网络管理的发展。

电信网的管理随着通信技术和电信网络的发展，经历了人工、分散管理方式和自动、集中管理方式的过程，目前正在建设并不断完善统一的电信管理网。

人工、分散管理方式技术手段落后，数据的采集分散有限，汇总统计速度慢，管理的系统性实时性差。

自动、集中管理方式利用了计算机及其网络来进行电信业务网络的管理。它将管理与控制集中在各业务网的一个或几个网管中心，数据采集由设在各局的监测系统完成，经计算机处理后通过数据传输链路送到管理中心汇总，管理中心根据网络状况及时下达调控指令。

电信管理网则进一步将不同业务网络的不同管理系统按照国际电联（ITU-T）的标准进行综合，使之最终成为一个统一的标准化的电信管理网。

（3）网络管理系统

① 传统网络管理结构。网络管理系统虽然引入了计算机和网络化管理，但仍然是在传统网络管理思想指导下，将整个电信网络分成不同的“专业业务网”。在此基础上，分别建立诸如接入网、信令网、交换网及传输网等不同网络的专业网管理系统，分别对各个专业网进行管理，如图 14-2 所示。

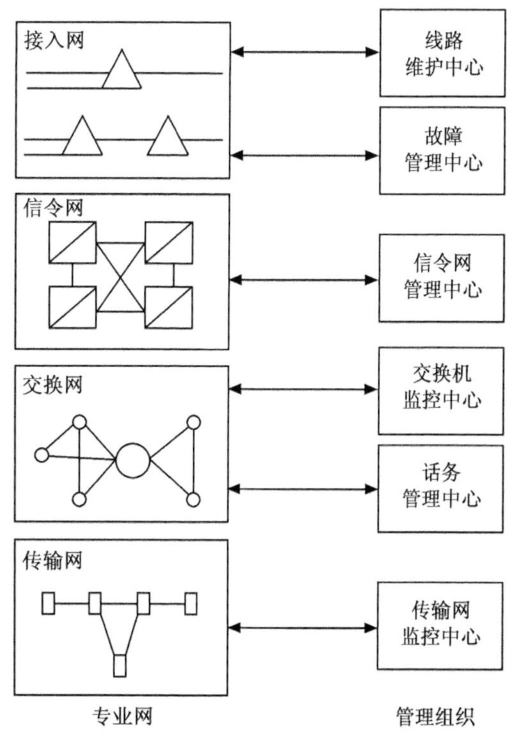

图 14-2　传统网络管理结构

这种管理结构是对不同的“专业网”设置不同的监控中心，对本专业网中的设备及运行状况实施监控与管理。在每个专业网管系统中，根据网络结构与规模，可设置不同级别的网络管理中心。如可按本地网为范围建立一个网管中心，负责该本地网的管理，该网管中心按它的管理范围和功能可称为本地网管中心；也可按一个省的长途网建立一个网管中心，负责省长途网的管理，这个网管中心称为省网管中心。

以我国典型的电话网络管理系统为例，该网管系统由全国网管中心、省网管中心和地市（本地网）网管维护中心三级构成。全国电话网络管理系统与电话网结构对应关系如图 14-3 所示。

② 网络管理中心的构成与功能。网络管理系统由若干级、多个管理中心和相应的传输链路组成。仍以电话交换网为例，网管中心的构成按其设备与功能可分为三个部分：计算机系统、显示告警设备和操作终端。各级中心除规模与权限不同外，基本组成结构是一样的。管理中心的构成如图 14-4 所示。

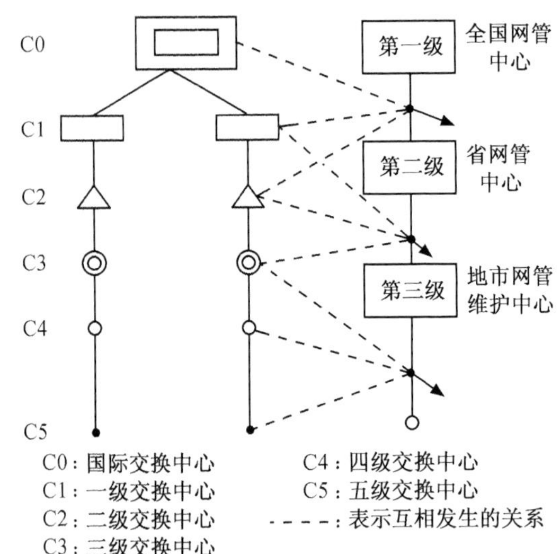

图 14-3　全国电话网络管理系统与电话网结构对应关系示意图

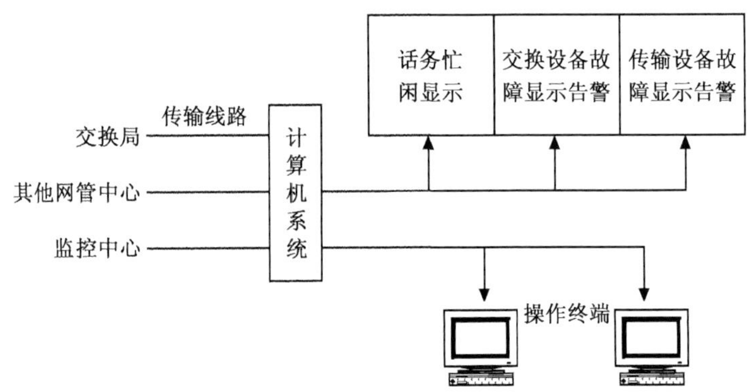

图 14-4　网管中心的构成

计算机系统是网管中心设备的核心，备有网路监测、控制的程序软件和数据库，存储了有关网路结构、路由数据、设备配置、交换局容量、迂回路由顺序等有关数据以及交换局和电路群负荷忙闲等级的门限值等。网管中心接收从其他网管中心、监控中心和所辖区域的各交换局送来的话务数据和设备利用数据（如交换局处理机占用率、各电路群的话务量、电路群中开放使用的电路数等），进行汇总、处理，与门限值比较，判断设备和电路群的忙闲等级。一方面将忙闲等级送给显示设备，显示出网路中各交换局、各路由的忙闲状况，以供管理人员直观地监视；另一方面将信息存储起来，按主管部门要求进行话务统计，制成各种汇总表，作为网路规划和电路调整的基础数据。

显示告警设备可显示出网中交换局和局间中继电路的负荷忙闲等级，传输设备、交换设备等发生重大故障时显示故障部位，并发出告警，以供管理人员监视。

操作终端由管理人员操作，当发生不正常情况或需要干预时，操作人员可以通过键盘操作跟踪，调查详细数据，分析产生不正常的原因，并在需要时对网路实行控制，输入调控指令。

③ 传统网管系统的缺陷及出路。由于传统的网管结构是对不同的专业网设置不同的监

控管理系统，并只对本专业网进行管理，即这些不同的网管系统往往属于不同的管理部门，缺乏统一的目标。另外这些专业网管系统是根据本网的设备条件、组织结构及网络规模等设计的专业管理系统，因而这些网管系统之间很难完全兼容与互通，造成各网的运行状态数据和管理信息不能共享。在各专业网的网络与业务互通日益密切与频繁的情况下，某个专业网中出现的故障或降质，有可能影响其他专业网络的性能。这种专业网管方式使得对整个网络故障的分析与处理有较大难度，导致故障的排除速度缓慢、效率低下，影响全网的协调运行。

为解决传统网络管理方法的缺陷，现代网络管理思想采用系统控制的观点，将整个电信网络看作是一个由一系列传送业务的相互连接的动态与系统构成的模型。网络管理的目标就是通过实时监测和控制各子系统资源，以确保端到端用户业务的质量。

电信网络管理的发展与电信网络及业务的发展息息相关。电信网络及业务向智能化、综合化、宽带化、个人化发展决定了电信网络管理也必然向标准化、综合化、智能化、自动化、分布式方向发展。

为了适应电信网络及业务当前和未来发展的需要，人们提出了电信管理网（TMN）的概念，同时也提出了电信网络管理的标准化和综合化的发展方向。

2．电信管理网的基本概念

（1）电信管理网的定义、目标与应用

电信网络管理的目标是最大限度地利用电信网络资源，提高网络的运行质量和效率，向用户提供良好的通信服务。而电信管理网（Telecommunications Management Network，TMN）正是为电信网络管理目标的实现提供了一套整体解决方案。

① TMN 的定义。按国际电信联盟（ITU-T）的 M.3010 建议所指，电信管理网（TMN）的基本概念是提供一个有组织的网络结构，以取得各种类型的操作系统（OS）之间，操作系统与电信设备之间的互连。它是采用商定的具有标准协议和信息的接口进行管理信息交换的体系结构。提出 TMN 体系结构的目的是支撑电信网和电信业务的规划、配置、安装、操作及组织。

这可以从两个方面理解：从理论和技术角度来看，TMN 就是一组原则和为实现原则中定义的目标而制定的一系列技术标准和规范；从逻辑和实施方面考虑，TMN 就是一个完整的独立的管理网络，是各种不同应用的管理系统按照 TMN 的标准接口互连而成的网络。这个网络在有限的节点上与电信网接口，与电信网是管与被管的关系，是管理网与被管理网的关系。这种关系如图 14-5 所示。

② TMN 的目标。在此再次强调，电信网络管理的目标是最大限度地利用电信网络资源，提高网络的运行质量和效率，向用户提供良好的电信服务。电信管理网是建立在基础电信网络和业务之上的管理网络，是实现各种电信网络与业务管理功能的载体。建设电信管理网的目的，就是要加强对电信网及电信业务的管理，实现运行、维护、经营、管理的科学化和自动化。

③ TMN 的应用范围。TMN 的应用可以涉及电信网及电信业务管理的许多方面，从业务预测到网络规划；从电信工程、系统安装到维护、网络组织；从业务控制和质量保证到电信企业的事物管理等，都是它的应用范围。TMN 可进行管理的比较典型的电信业务和电信设备如下。

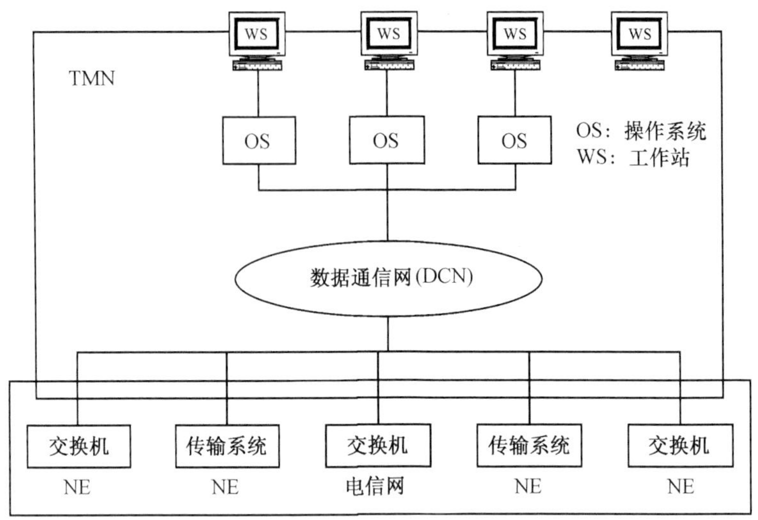

图 14-5　TMN 的组成及与电信网的总体关系

公用网和专用网（包括 ISDN、移动网、数据网、电话网、虚拟专用网及智能网等）；

TMN 本身；

各种传输终端设备（复用器、交叉连接、ADM 等）；

数字和模拟传输系统（电缆、光纤、无线、卫星等）；

各种交换设备（电话交换机、数据交换机、ATM 交换）；

承载业务及电信业务；

PBX 接入及用户终端；

ISDN 用户终端；

相关的电信支撑网（信令网、数字同步网）。

（2）电信管理网的组成

根据 ITU-T 的定义，TMN 是采用标准协议和信息接口将各类操作系统和电信设备互连起来进行信息交换，实现其管理功能的网络。它由操作系统（OS）、工作站（WS）、数据通信网（DCN）和代表通信设备的网络单元（NE）等组成，由此所定义的 TMN 组成如图 14-5 所示。

其中，操作系统和工作站构成了网络管理中心，对整个电信网进行管理；数据通信网可以是多种数字传输与交换网络，如 PSTN、PSPDN、DDN 及 SDH 等，它为 TMN 提供网管数据信息的传输通道；网络单元是指网络中的通信设备，如交换、传输、交叉连接、复用等设备，是被管理的对象。

当然 TMN 的构成还可以从其应用角度来描述：TMN 是将电信网上运行的专业网的网络管理系统互连起来，构成一个统一的综合网络管理系统，即把多种专业网如电话网、移动通信网、分组交换网、宽带网、接入网、智能网等不同的网络和业务的管理都纳入到统一的 TMN 管理范畴。而这些网络的网管系统都可作为 TMN 的子网。按子网划分的 TMN 的组成如图 14-6 所示。

TMN 的组成结构还与它所管理的业务网和其网管系统的结构有关，如一般的业务网的网络分为骨干网、省内二级网和本地三级网。其网管系统也分为三级：全国网管系统、省级网管系统和本地网管系统。这三级网管系统以逐级汇接的方式连接为一树型的分级网管结构，如图 14-7 所示。

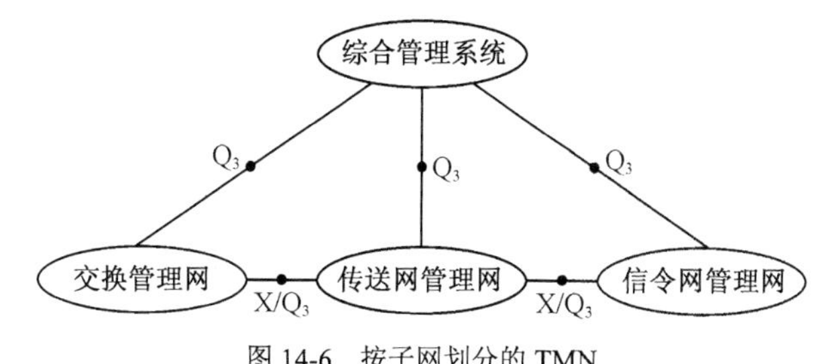

图 14-6　按子网划分的 TMN

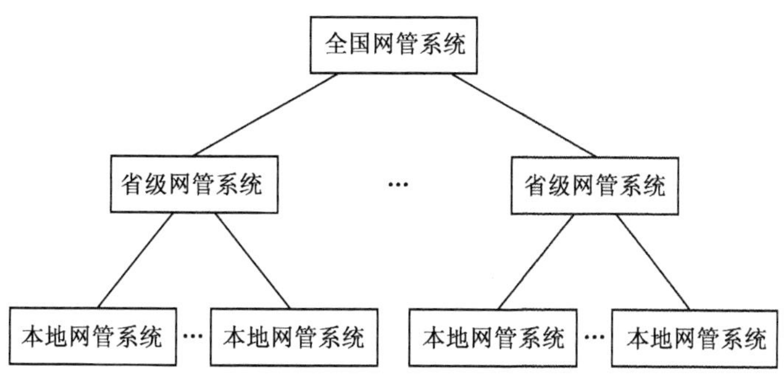

图 14-7　TMN 的分级网管结构

（3）TMN 的功能

TMN 的功能可以分为一般功能和应用功能两个方面。TMN 的一般功能有传递、存储、安全、恢复、处理和用户终端支持等，它是实现应用功能的基础，是对应用功能的支持。TMN 的应用功能是指它为电信网及电信业务提供的一系列的管理功能。管理应用功能有以下五类。

① 性能管理。性能管理分为性能监测、性能分析和性能控制。

性能监测是指通过对网络中的设备进行测试，来获取关于网络运行状态的各种性能参数。对于不同类型的网络，可以监测各种不同的性能参数，如对交换网可监测接通率、吞吐量、时间延迟等，对传输网可监测误码率、误码秒百分数、滑码率等。

性能分析是在对通信设备采集有关性能参数的基础上，创建性能统计日志，对网络或某一具体设备的性能进行分析，若存在性能异常，则产生性能告警并分析原因，同时对当前和以前的性能进行比较以预测未来的趋势。

性能控制是设置性能参数门限值，当实际的性能参数超出门限，则进入异常情况，从而采取措施来加以控制。

② 故障管理。故障管理可以分为故障检测、故障诊断定位和故障恢复。

故障检测指在对网络运行状态进行监视的过程中检测出故障信息,或者接收从其他管理功能域发来的故障通报，在检测到故障后，发出故障告警信息，并通知故障诊断和故障修复部分来进行处理。

故障诊断和定位的功能是首先启用一备份的设备来代替出故障的设备，然后再启动故障诊断系统对发生故障的部分进行测试和分析，以便能够确定故障的位置和故障的程度，启动故障恢复部分排除故障。在引入故障专家诊断系统之后，可提高故障诊断的准确性，更充分地发挥网络管理的功能和作用。

故障恢复是在确定故障的位置和性质以后，启用预先定义的控制命令来排除故障。这种修复过程适用于对软件故障的处理；对于硬件故障，需要维修人员去更换故障管理系统指定设备中的硬件。

③ 配置管理。配置管理是网络管理的一项基本功能。它对网络中的通信设备和设施进行控制时，需要利用配置管理功能来实现。例如，在性能管理中启动一些电路群来疏散过负荷部分的业务量，在故障管理中需要启用备用设备来代替已损坏的通信设备。

④ 计费管理。计费管理部分采集用户使用网络资源的信息，例如通话次数、通话时间、通话距离，然后一方面把这些信息存入用户账目日志以便用户查询，另一方面把这些信息传送到资费管理模块，以使资费管理部分根据预先确定的用户费率计算出费用。计费管理系统还支持费率调整、根据服务管理规则调整某一功能等。

⑤ 安全管理。安全管理的功能是保护网络资源，使之处于安全运行状态。安全保护是多方面的，例如有进网、应用软件访问、网络传输等安全保护。安全管理中一般要设置权限、口令、判断非法的条件等，对非法入侵进行防卫，以达到保护网络资源，保证网络安全正常运行的目的。

14.2 TMN 的结构

1. TMN 的功能结构

TMN 结构构成的目标是使运营者对网路事件反应所需的时间达到最短，优化管理信息流，充分考虑控制的区域分布，以及强化对业务运营的支撑力度和提高服务质量。

（1）逻辑分层结构

TMN 将电信网的管理划分为三个层面，即管理层次层面、管理功能层面和管理业务域层面。三个层面在逻辑上是一种三维的相互交叉的关系，可以表达为一种立体的逻辑分层体系结构，如图 14-8 所示。

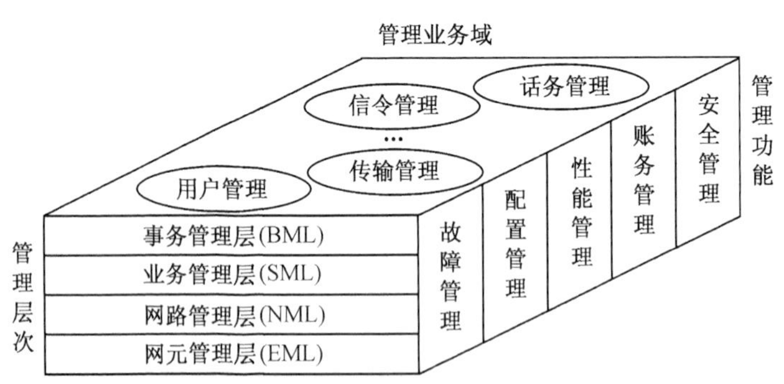

图 14-8 TMN 的逻辑分层结构

① 管理业务域层面。在逻辑分层结构中，被管理的对象构成了管理业务域层面。可以看到，包括交换网、传输网、信令网等所有业务网络和用户管理、接入管理等所有与网络应用有关的电信业务均在此层面上。

② 管理功能层面。管理功能即前述的 TMN 的基本应用功能，它对业务域所包含的所有业务网络与电信业务实施性能、配置、账务、故障和安全等五个方面的应用管理。

③ 管理层次层面。在管理应用功能对业务域进行管理中，TMN 采用分层概念将管理应

用功能划分为四个 层次：事务管理层、业务管理层、网路管理层、网元管理层。

TMN 管理层次层面的四个层次的主要功能如下。

事务管理由支撑整个企业决策的管理功能组成，如产生经济分析报告、质量分析报告、任务和目标的决定等。

业务管理包括业务提供、业务控制与监测以及与业务相关的计费处理，如电话交换业务、数据通信业务、移动通信业务等。

网路管理提供网上的管理功能，如网路话务监视与控制，网路保护路由的调度，中继路由质量的监测，对多个网元故障的综合分析、协调等。

网元管理包括操作一个或多个网元的功能，有交换机、复用器等设备的远端操作维护、设备软件、硬件的管理等。

（2）TMN 的功能结构

TMN 从逻辑上描述其内部的功能分布，定义了一组通用的功能模块，每一功能模块完成某一特定的功能，并定义一组可能发生信息交换的参考点，使得任意复杂的 TMN 通过各种功能块与参考点的连接与组合，实现其管理目标。这种功能块与参考点的连接、组合就构成了 TMN 的功能体系结构，如图 14-9 所示。

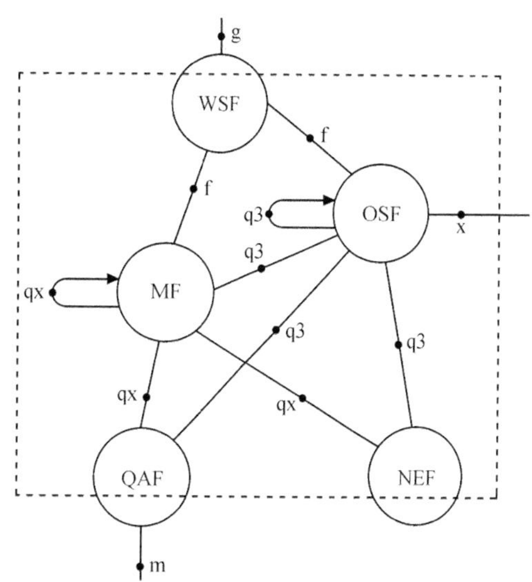

图 14-9　TMN 的功能模块与参考点

① TMN 的功能模块。TMN 中已定义的功能模块及各功能模块的基本功能如下。

a．操作系统功能（OSF）模块。OSF 可对与电信网管理、监视及控制有关的信息进行存储与处理，支持 TMN 对电信网和电信业务的规划与管理。对应 TMN 管理层次分层，OSF 又分为事务管理 OSF、业务管理 OSF、网络管理 OSF 和网元管理 OSF 四种不同类型的 OSF，为管理分层提供操作及系统功能支持。

b．中介功能（MF）模块。MF 模块提供一组网关和中继功能，使具有不同参考点的功能模块之间能够互相沟通，连接结构更加灵活。MF 除具有信息传送、协议转换、消息转换、地址映射、路由选择等功能外，还具有信息处理及对收到的信息进行存储、适配、过滤和压缩等功能。

c．网元功能（NEF）模块。网元是 TMN 中被管理的对象，它本身具有通信功能，这部分功能在 TMN 之外。NEF 能使网元与管理系统进行通信，传递管理所需的网元运行的参数及信息数据，并接受调控、管理信息。

d．工作站功能（WSF）模块。WSF 提供 TMN 与用户之间的交互能力，为用户及管理者提供一种解释 TMN 信息和实施管理操作的手段。

e．适配功能（QAF）模块。QAF 的功能是实现 TMN 网元与非 TMN 网元之间的连接，在 TMN 和非 TMN 参考点之间提供转换功能。

f．数据通信功能（DCF）模块。DCF 是在 TMN 功能模块间实现信息互换，即通过信息传递来实现各功能模块之间的通信。其功能体现在各功能模块之间的连接上。DCF 可由不同类型的承载通道（数据传输系统）来支持。

② TMN 的参考点。参考点是功能模块之间的分界点，它表示两个功能块之间进行信息交换的概念上的点。它有三种类型。

q：OSF，QAF，MF 和 NEF 之间的参考点。

f：WSF 和 OSF 之间以及 WSF 和 MF 之间的参考点。

x：不同 TMN 的 OSF 之间的参考点。

其中 q 参考点又可分为两类。

qx：MF 与其他功能块（NEF，QAF，MF）之间的参考点。

q3：OSF 与其他功能块（NEF，QAF，MF，OSF）之间的参考点。

另外还有两类非 TMN 参考点。

g：WSF 与用户之间的参考点。

m：QAF 与非 TMN 设备之间的参考点。

（3）TMN 的信息结构

TMN 的信息结构主要是用来描述功能块之间交换的信息的特性，它引入了管理者（Manager）和代理者（Agent）的概念。由于信息交换是面向事务处理的，因此信息交换中采用了面向目标的方法。TMN 的信息结构包括管理信息模型和管理信息交换两个方面。

简而言之，信息模型就是将各种网络设备资源定义为被管理的对象或目标，将实施管理所采取的控制操作，如对网络运行数据的采集、传送、处理及下达调控维护指令等定义为管理活动；管理信息交换则描述了在管理活动中，管理信息的产生系统（管理者）、转接与执行单元（代理者）、接受管理的网络资源（被管理者）及管理信息传递（管理操作与通知）之间的关系。

2．TMN 的物理结构

（1）TMN 基本物理结构

TMN 的基本物理结构定义：为实现 TMN 功能所需的各种物理模块及一组接口所组成的配置结构，如图 14-10 所示。

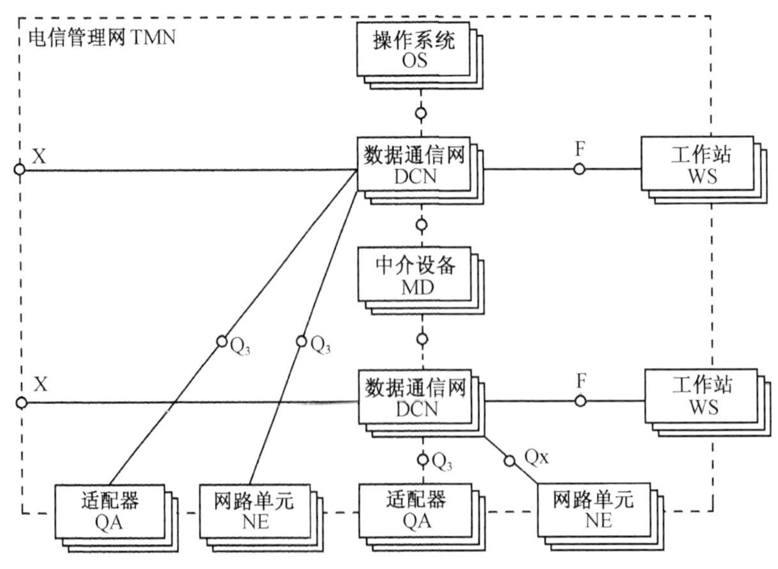

图 14-10　TMN 的基本物理结构

TMN 的物理结构是根据 ITU-T M.300 建议确定的。如图 14-10 所示，TMN 的物理模块与其功能结构中的功能模块基本上一一对应，但也不排除在实际网络中，一个物理模块包含多个功能模块，或者一个功能模块的功能分散在多个物理模块之中，其接口与参考点也呈对应关系。

（2）TMN 的物理模块及基本功能

① 网路单元（NE）。NE 是由执行 NEF 的电信设备（或者是其一部分）和支持设备组成。它为电信网用户提供相应的网路服务功能，如多路复用、交叉连接、交换等。

② 操作系统（OS）。OS 属于 TMN 构件，它处理用于监控电信网的管理信息，是执行 OSF 的系统，一般可采用小型机或工作站实现。用于性能监测、故障检测、配置管理的管理功能模块可以驻留在该系统上。

③ 中介设备（MD）。MD 是 TMN 的构件，是执行 MF 的设备。它主要用于完成 OS 与 NE 间的中介协调功能，完成在不同类型的接口之间进行管理信息的转换。

④ 工作站（WS）。WS 属于 TMN 的构件，是执行 WSF 的设备。它主要完成 f 参考点信息与 q 参考点显示格式之间的转换功能。它为网管中心操作人员进行各种业务操作提供进入 TMN 的入口，这些操作包括数据输入、命令输入以及监视操作信息等。

⑤ 适配器（QA）。QA 用以完成 TMN 操作系统或网络单元与非 TMN 接口的适配互连。

⑥ 数据通信网（DNC）。DNC 属于 TMN 构件，为 TMN 内各部件之间提供通信手段，是支持 DCF（数据通信功能）的通信网。它主要实现 OSI 参考模型的低三层功能，而不提供第 4～7 层功能。DCN 可以由不同类型的子网（如 X.25 或 DDN 等）互连而成。

（3）TMN 的接口

TMN 的功能模块通过参考点来区分。在物理结构中，功能模块演变为物理模块，参考点演变为接口，物理模块通过接口进行连接。由于管理系统之间，管理系统与网络单元之间的交互方式受接口的制约，因此只要有标准化的接口和协议，就能使各节点（物理模块）的互连互通具有可能性，管理应用就可以进行相互操作。

为了简化众多厂家设备互通问题，需要使 TMN 接口标准化，这是实现 TMN 的关键条件之一。图 14-10 所示的 TMN 基本物理结构中已显示了各种标准接口与功能模块之间的关系。TMN 中有 Q_3，Q_X，F，X，G 及 M 几种接口，下面简述。

① Q_3 接口。对应 q 参考点，它是 TMN 中 OS 和 NE 之间的接口。通过 Q_3，NE 向 OS 传送相关的信息，而 OS 对 NE 进行管理和控制。该接口连接较复杂的网元设备，支持 OSI 分层的全部七层功能，主要适用于诸如交换机、DXC（数字交叉连接设备）等较复杂的通信设备与由计算机系统组成的上层网管设备之间的接口。Q_3 是 TMN 中最重要的一个接口。

② Q_X 接口。对应 q 参考点，该接口是不完善的 Q_3 接口。实施中，很多产品采用 Q_X 接口作为向 Q_3 接口的过渡。

③ F 接口。对应 f 参考点，是 WS 与 OS，MD 之间的接口。它支持一组工作点与实现 OS 功能、MF 功能的物理模块的连接功能，能提供与 TMN 三大管理领域（业务、层次、功能）相关的人—机接口能力。通过此接口可实现用户与系统之间的信息交换。

④ X 接口。对应 x 参考点，提供 TMN 的 x 参考点处两个 TMN 之间 OS 到 OS 的连接功能，以及 TMN 与其他管理网络之间 OS 到 OS 的连接功能。

⑤ G 接口。对应 g 参考点，它是 TMN 中 WS 与用户之间的接口，存在于 TMN 之外，支持图形显示，多窗口显示菜单生成等技术。

⑥ M 接口。是 QA 与非 TMN 被管系统之间的接口，通过 M 接口能够利用 TMN 环境对非 MN 网元进行管理。

G，M 接口在图 14-10 中未标出，可参考图 14-9 中的 g，m 参考点。

3．TMN 的网络结构及设备配置

（1）TMN 的网络结构

TMN 网络结构是指那些不同管理业务的 OS 之间的互连形式，以及具有同一种管理业务的 OS 在不同的管理地域上的组网形式。因此，TMN 的网络组成结构可以从不同的角度来描述，对此已在本章“电信管理网的组成”中作了介绍，给出了：①按 ITU-T 的定义组成的 TMN 网络结构（见图 14-5）；②由不同业务管理子网组成的 TMN 网络结构（见图 14-8）；③按通信网等级结构组成的具有三级网管中心的 TMN 网络结构（见图 14-7）等形式的 TMN 网络结构，在此不再赘述。

（2）TMN 的设备配置

TMN 的设备配置是由 TMN 的物理结构而决定的。构成 TMN 的一般物理结构中有 OS、MD、WS、Q 适配器和网元 NE 五种组件。其中，OS、MD 和 WS 一般是由通用计算机来实现的。实现 OS 的计算机要求服务器具有高速处理能力和较强的 I/O 吞吐能力；实现 WS 的计算机，则侧重要求 F 接口功能的实现，负责人—机界面，尤其要求有较强的图形用户接口（GUI）方面的处理功能；实现 MD 的计算机则更强调其通信服务器的功能。Q 适配器与 NE 的接口是非 TMN 标准的，它是接口转换器件。NE 的主要功能是实现相应的电信业务，但有一部分应属于 TMN 范畴，这一部分主要是 TMN 的接口部分硬件和实现代理者功能的软件。另外，TMN 的设备还应包括那些为了构成 TMN 专用的 DCN 所需的网络互连设备。

（3）TMN 的数据通信网（DCN）

TMN 是收集、处理、传递和存储有关电信网维护、操作和管理信息的一种综合手段，是为电信主管部门管理电信网起支撑作用的网络。TMN 可以提供一系列的管理功能，并为各种类型的操作系统通过标准接口传送信息，还能为操作系统与电信网各部分之间通过标准接口提供通信联系。

由如图 14-5 所示的 TMN 与电信网的总体关系可以看出，DCN 在电信管理网中是网管系统与网路单元之间传递信息的一个公共网路传输平台。DCN 负责管理信息的传递，具有选路、转接和互通的功能。在 TMN 中，DCN 位于 OS 之下，与各个 QA，NE 以及 MD 相互连接。DCN 涉及 OSI 参考模型的下三层功能，即物理层、数据链路层和网络层。

具体的 DCN 可以由一系列的相互连接的独立子网共同构成。例如，可以利用现有的电话网、分组数据网以及数字数据网等。

14.3　我国电信管理网络发展状况

1．概况

目前，我国电信网络的组成按专业划分可分为传输网、固定电话交换网、移动电话交换网、数字数据网（DDN）、分组交换网、数字同步网、No.7 信令网及电信管理网等。这些不

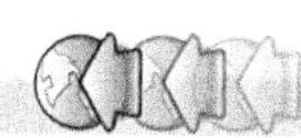

同的专业网路也都有各自不同的网路管理系统，并对各自专业网的网路运行和业务服务都起一定的管理和监控的作用。

我国在发展建设通信网的过程中，逐步建立了多专业网的网管系统。

（1）固定电话交换网网路管理系统

固定电话交换网网路管理系统分为长途电话网路管理系统和本地电话网的网路管理与集中监控系统，分别进行长话的话务管理、本地电话网的网路管理和交换机的集中维护与操作。它们互连后逐级汇接形成全国、省级和本地三级网管中心结构。

（2）传输网的监控管理系统

传输网的监控管理系统的目标是对数字传输设备进行集中的监控与管理，根据我国 PDH 与 SDH 两类传输系统并存，且这两类传输系统在技术和管理内容、管理方式、管理手段上有着较大差异的情况，对这两类传输体系分别建立了两类网管系统，PDH 体系的监控与网管系统和 SDH 体系的监控与网管系统。

（3）No.7 信令网的监控系统

No.7 信令网的监控系统由全国中心和省中心两级构成，旨在对全国 No.7 信令网进行集中监测与控制，在网管中心系统上实现对 No.7 信令网的故障管理、性能管理和安全管理等。

（4）数字同步网的网管系统

数字同步网的网管系统由全国、省级和本地三级网管中心构成，对数字同步网的正常运行起着重要支撑作用。它对同步网中的设备及运行状况进行监控，通过对同步链路和同步时钟的监控与管理，保证同步网的性能和可靠性。

（5）数字数据网（DDN）的网管系统

DDN 的管理网分为全国网管控制中心和省网管控制中心两级，分别负责全国一级干线和本省 DDN 传输网的管理和控制，并经过统一的网管，实现对各厂家网管系统的接口与兼容。

（6）移动电话的网管系统

移动电话的网管系统分为全国网管系统、省级网管系统和操作维护中心系统（OMC）三级结构，分别完成对全国移动网运行状态的监控；对最高层的网路协调；监控全省移动网的运行状态并完成对话务数据的收集处理；对辖区内移动交换设备和基站设备进行集中监控测试；修改局数据并完成故障的修复等。

随着电信新技术的不断出现与应用，新的业务网与网管系统也相应建立。为提高我国电信网路的管理水平，逐步建立并不断完善电信管理网（TMN），我国通信主管部门和标准机构制定了一系列的标准体系和规范，在进一步完善专业管理网路的过程中，积极稳妥地向具有综合管理功能的 TMN 目标过渡。

2．TMN 应用举例——固定电话交换网的网路管理系统

（1）长途电话网路管理系统

1996 年我国原邮电部电信总局软件中心按照 TMN 的概念开发了一套长途电话网路管理系统。这套系统的管理范围是我国公用电话网 C3 以上长途网。该系统的主要功能是话务管理，是属于 TMN 网路管理层的操作系统（OS）。

① 话务管理的主要任务。话务管理的目标就是要使网路达到尽可能高的呼叫接通率，提高网络的运行质量和效率，向用户提供良好的通信服务。因此，该网路管理系统话务管理

的主要任务如下。

a．监测网路运行状态；

b．收集全网话务流量、流向数据；

c．分析网路接通率，提供分析报告；

d．当网路出现过负荷和拥塞时，实施话务控制和网路控制。

长途电话网的网管系统分为两级，通过骨干 DNC 实现国家和省两级网管中心的广域网连接，形成一个统一的管理网络，其网路结构如图 14-11 所示。该系统在北京设置一个国家网络管理中心，在全国各省会城市和直辖市设省级网管中心，实现对全国长途自动网 400 多个交换系统的监视与控制。管理系统与交换机的连接通过接口实现。随着管理体制和网路等级结构的改变，将来也可向长途一级网过渡。

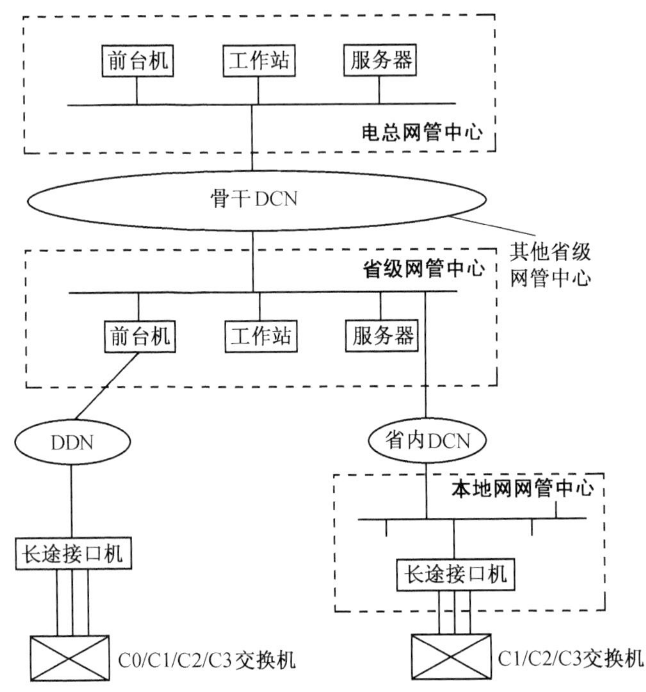

图 14-11　长途电话网网管系统结构示意图

② 话务系统可实现的管理功能。

a．告警管理：实时地监测长途电话网路和交换设备的重大故障并告警显示，形成统计报表；收集交换机的 E1 端口告警，对照交换电路静态数据库和传输链路静态数据库，确定传输故障的系统和区段。

b．性能管理：面向运行的话务网路管理，周期地（15min 或 1h）采集交换网的话务负荷、流量与流向数据，对每个周期的数据做门限处理，对严重的超门限数据（全阻、接通率为零）做进一步分析，找出重大的网路事件，并自动告警提示。通过话务数据分析，确定服务质量，必要时实施一定的话务控制措施，对重大的网路事件做话务疏通。

c．配置管理：该系统可提供对交换机局数据的管理功能，在网管中心可集中管理和实施交换机的目的码数据和路由数据的修改，集中实施电路资源的调度，通过工作人员的配合，提供对网路的调整功能。

d．网路管理系统本身的维护和管理

（2）本地电话网的网路管理和集中监控系统

本地电话网的网管和集中监控系统的主要功能是实现本地电话网网管和交换机的集中操作与维护。本地电话网的网路管理和集中监控系统应与长途电话网的网路管理系统的省级网管中心相连，以形成全国网管中心、省网管中心及本地网管中心三级结构逐级汇接的网路管理方式。

按电信主管部门颁布的《本地电话网网管与集中监控系统总体技术要求》，本地电话网网管系统应采用客户机/服务器（Client/Server）体系结构，系统通过计算机网络收集各专业监控系统的网管与告警数据，监测全网运行，合理安排路由，及时发现并解决网内的问题。

本地电话网管和集中监控系统应有的功能如下。

面向网元层的故障管理、性能管理、配置管理、计费管理和安全管理。在现行体制下应管理所有处于该本地网范围内的交换机，包括故障集中告警、故障定位、软件版本管理、配件管理、业务流程处理、派工单管理等。

本地网交换设备网络层管理功能，包括话务管理、局数据管理、路由数据管理。

交换监控系统是上层管理系统的基础，它向网络管理层和业务管理层提供接口和服务，如文件和命令转发、计费信息的转发、用户数据的创建与修改等。

3．向 TMN 目标演进

TMN 只解决电信网管理功能和结构划分的原则、接口的标准与规范，并不涉及网管和运行支持系统的任何具体功能的实施。

网管系统的实现途径是从网元管理到网络管理。综合的方式是先发展专业网的网管功能，然后在相应的管理层次上实现综合。综合网管的 OS 是一个与专业网管平行的 OS，它与各专业网管系统按标准的规范与接口交换管理信息，形成一个综合的管理界面，实质性的网络管理功能仍然在各专业网管系统上实现。因此，需要首先实现专业网络的网管功能，再利用 TMN 的原则实现各专业网的网管综合。

TMN 的核心目标是实现管理系统间以及管理系统与电信设备网元之间互连和相互控制操作，利用开放式分布处理技术对电信设备实现集中管理。各种电信设备网元以上的网管系统只要它是符合 TMN 的基本原则，遵守公认的标准协议和接口标准，能相互交换管理信息，都可以认为是 TMN 目标网的一部分。在各种专业网管系统之上的综合平台，也只能认为是 TMN 架构中的一个 OS，管理功能的实施仍然依赖于各专业网管的 OS。在这样的基础上，综合网管的 OS 的实现就较为简单，只解决那些需要综合处理的管理功能和综合的图形用户接口（GUI）界面。尽管 TMN 及相关标准对管理系统的结构及功能要求日渐明确，但是，从传统的管理应用向 TMN 标准应用的过渡不是短期的，而是一个逐步演进的过程。只有当各类电信设备及电信业务的管理系统都按照 TMN 的标准去发展时，才能最终演变为一个完整的符合国际标准的电信管理网——TMN。

思考题

1．什么是电信管理网？简述其主要功能。

2．画出 TMN 的物理结构，简述各物理模块的基本功能。

第五篇

展　望

广大公众对电信业务量的需求越来越大，对电信业务种类的要求越来越丰富，对通信的质量和便捷性要求越来越高，促使电信行业的竞争也越来越激烈。现代电信网正在向 IP 化、移动化、宽带化和融合化的方向快速发展。

第 15 章 电信发展与展望

信息技术的飞速发展以及信息技术在国民经济和社会生活各个领域的广泛应用，带来了人们生产、生活方式的巨大变化，推动了社会生产力的迅速提高。以信息技术应用程度为标志的信息化水平，成为一个国家综合国力的重要体现和国际竞争的制高点。加速推进我国国民经济和社会信息化，是缩短与发达国家差距、努力实现中华民族伟大复兴的一次重大历史机遇和挑战。

发展信息产业，包括全面振兴我国电信运营业、电子信息产品制造业和软件业，以及推进国民经济和社会信息化等重要内容。21 世纪电信业要实现跨越式发展，是贯彻执行国家“以信息化带动工业化”的伟大战略，实现我国社会生产力跨越式发展的基础和先决条件之一。

15.1 下一代电信网

近年来，我国电信网络发展迅速，取得了巨大成绩，综合通信能力明显增强。但是，随着产业界的融合趋势，电话网、计算机网、有线电视网趋于融合，网络面临的压力越来越大。网络面临着负荷在不断增大，业务需求也趋于多样化，运营商必须提供越来越多的多媒体业务才能吸引住用户，而这些新型的多样性业务，是目前 PSTN 和 PLMN 所难以提供的。

与此同时，飞速发展的数据网已经对 PSTN 和 PLMN 业务形成分流，并将逐渐成为承载话音业务的基石，运营商已经积累了丰富的 VoIP 运营经验，但 H.323 VoIP 只满足分组话音的基本需求，缺乏丰富的业务功能。

在这一发展背景下，基于软交换技术的下一代电信网（NGN）网络应运而生。NGN 又称为下一代网络，是电信史上的一块里程碑，它属于一种综合、开放的网络构架，提供话音、数据和多媒体等业务。

1. 下一代网络的特点

由于 IP 技术的迅速发展，传统电信网络将逐步成为分组骨干网的边缘部分。与此同时，为了支持新的多媒体商业应用，传统电信网络将越来越开放，并引入许多新的功能和物理部件。因此，有必要开发新的网络结构来反映这种新的网络环境，这种网络结构就是下一代网络（NGN）的基本框架。

NGN 是一个广义的概念， 它包含了正在发生的网络构建方式的多种变革。一般而言，下一代网络是可以提供包括话音、数据和多媒体等各种业务在内的综合开放的网络构架。NGN 有以下三大特征。

① 下一代网络的网络结构对话音和数据采用基于分组的传输模式，采用统一的协议。它把传统的交换机的功能模块分离成为独立的网络部件，它们通过标准的开放接口进行互连，部件化使得原有的电信网络逐步走向开放，运营商可以根据业务的需要，自由组合各部分的功能产品来组建新网络。部件间协议接口的标准化可以实现各种异构网的互通。

② NGN也是业务独立于网络的网络，通过业务与呼叫控制分离以及呼叫控制与承载分离实现相对独立的业务体系，允许业务和网络分别提供和独立发展，提供灵活有效的业务创建、业务应用和业务管理功能。支持不同带宽的、实时的或非实时的各种媒体业务使用，使得业务和应用的提供有较大的灵活性，从而满足用户不断发展更新的业务需求，也使得网络具有可持续发展的能力和竞争力。

③ NGN通过网关设备实现与现有网络，例如PSTN，ISDN和GSM等的互通。同时NGN也支持现有终端和IP智能终端，包括模拟电话、传真机、ISDN终端、移动电话、GPRS终端、SIP终端、H248终端、MGCP终端、通过PC的以太网电话、线缆调制解调器等。

2. 下一代网络的网络结构

电信网络从承载单一业务的独立网络向承载多种业务的统一的下一代网络的演变正成为不争的事实，运营商必须设法改变其现有网络的设计，以适应迅速增长的数据通信业务。这种改变的核心是利用分布式的体系结构，将语音和数据汇聚在同一个无缝网络中，通过将接入、呼叫控制和电信应用程序分离的层次结构，使运营商利用现有网络提供更灵活的适应性和更强的管理能力，这种网络结构就是下一代网络的基本框架。

与目前的IP长途电话类似，当前NGN核心技术仍然是分组话音及其控制信令，但NGN旨在真正将语音融合到数据网络中，在数据网络的统一平台上构筑电信级的话音大网，与以节省长途费用为主要目的的IP电话有本质区别。NGN的一个核心思想是媒体与业务分离、媒体与控制分离，从而使媒体层的设备不需要知道业务逻辑和控制智能，以降低媒体层设备的成本，并使网络具备可扩展性和快速部署新业务的能力。

如图15-1所示，下一代网络在功能上可分为如下四层。

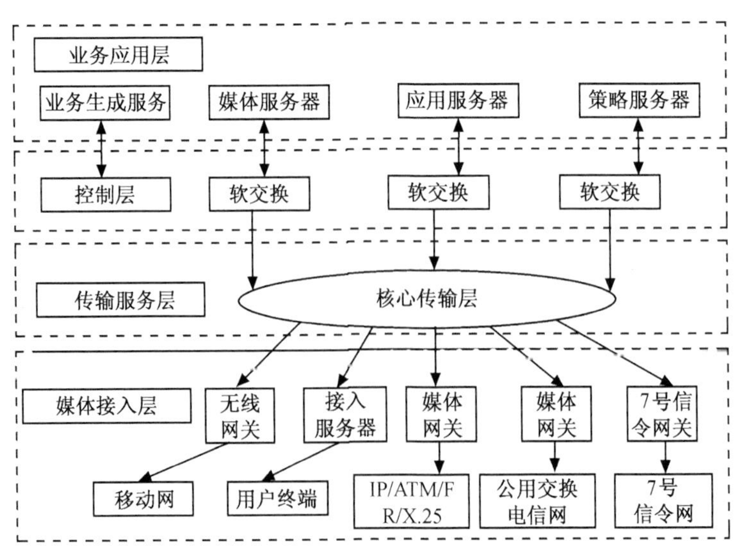

图15-1 下一代网络的分层结构

① 媒体接入层：各种媒体网关专职提供传统终端的接入和与传统网络接口的功能，实现 TDM 与分组之间的转换。

② 传输服务层：为控制信息和媒体流提供承载通道，使有服务质量保证的电话业务及宽带业务和应用成为可能。

③ 控制层：提供呼叫控制和连接控制功能，实现各种信令协议的互通和转换。

④ 业务应用层：提供增值业务逻辑、业务开发平台和第三方可编程接口。

从技术特点来看 NGN 有以下优势。

① 组网优势：NGN 的分层组网特点，使得运营商几乎不用考虑过多的网络规划，仅需根据业务的发展情况，来考虑各接入节点的部署。在组大网上，无论是容量，维护的方便程度，还是组网效率，NGN 与 PSTN 相比也有明显的优势。

② 电信级的硬件平台：NGN 的业务处理部分工作在通用的电信级的硬件平台上，运营商可以通过采购性能更优越的硬件平台，来获得处理能力的提高。同样，在这个平台上，摩尔定律所带来的处理性能的持续增长，也将使整个通信产业获益。

正在逐步市场化的电信运营商，也正在以市场化的成本模型来核算网络经营的效益。成本的降低，意味着收益的增加。因此，新技术的采用，首先考虑的就是对运营商运营成本的影响。NGN 技术的出现，对运营商主要的吸引力也是对运营成本的降低。这种降低，主要表现在设备采购成本，业务提供成本，以及维护成本的降低。开放的网络体系，标准的构件接口，工业标准的处理系统，将吸引越来越多的供应商加入进来。尽可能标准的构件以及更多的选择，使得运营商可以直接获得采购上的受益。NGN 的综合业务提供，能使运营商通过单一的网络提供话音、数据、多媒体等业务。而在此之前，运营商建设独立的电话网，数据网，电视网才能实现相同的应用。网络的融合极大地减少了对业务网络的投资。同时这种融合，也使运营商只需对单一的网络进行维护，降低网络维护的开支。

在 NGN 的架构里，各构件间的协议标准化，彻底打破了通信大厂对技术、业务的垄断。那些专注于呼叫处理和增值业务的小型供应商得到极大的活动空间和创造力的释放，最终实现业务提供市场的极度繁荣。在可以预见的将来，业务将成为掌握在运营商手里的基本元素，并且真正实现业务的按需提供。传统网络下，受制于供应商、复杂的软件或者硬件升级才能获得新的、增强业务的局面将一去不返。NGN 架构的先天特点也使得运营商能最大限度地发挥其网络潜能，话音、数据和多媒体的融合，也将创造出更多有吸引力的业务。

网络融合是通信技术发展的主要趋势之一。即使从网络的新陈代谢来看，新的网络形态的出现也是不可避免的。迅速发展的数据业务，在增长上已经远远高于话音业务的增长。数据业务从量上超越话音业务近在咫尺。以数据业务的观点重新定义新的网络系统，是满足未来网络持续发展的需要。代表新的定义的 NGN 技术正是这场变革的技术体现。网络融合，话音、数据、多媒体业务的融合，将给用户带来空前的数字体验。从 PSTN 到 NGN 的演变已经是所有电信运营商，特别是传统电信运营商，首要关注的重要发展。

不同的运营商，由于有不同的技术背景和网络状况，对 NGN 的前景有各自不同的考虑。比如，有些运营商，拥有规模庞大的 PSTN 网络，每年的维护、扩容开支都维持在一个很高的水平，而原来的设备供应商，已经完全停止了传统交换机的开发，备件的供应，新的业务，系统的售后服务提供都出现了价格上涨，而服务下降的威胁。这时，通过渐进的、有规划的网络演进步骤，将 PSTN 网，平滑的演变到 NGN 就是一个比较好的出路。又比如，新的运营商进入到这个领域内，由于没有网络包袱，可以迅速低成本地展开新的业务及服务。这时传统运营商往往处于不利的局面，从竞争驱动的角度来看，市场的开放，也推动了运营商采用新的技术来提供服务。此外，有些传统运营商从降低成本的角度考虑，通过新技术减少设备的机房面积，从而将减少位于市中心的交换机楼面积，在节省费用的同时，又能为运营商带来一定收益。

15.2 支撑 NGN 的九大关键技术

下一代网络（NGN）是一个基于 IP 的全新通信网络，可以承载语音、数据、多媒体等种类丰富的业务。它是建立在单一的包交换网络基础上，应用软交换技术、各种应用服务器及媒体网关技术建立起来的一种分布式的、电信级的、端到端的统一网络。NGN 汇聚了固定、移动、宽带等多种网络，致力于和PSTN（公共交换电话网）及移动网的完美互通。同时，NGN 提供了一个开放式的体系架构，便于新业务的快速开发和部署。

NGN 的九大支撑技术：IPv6、光纤高速传输、光交换与智能光网、宽带接入、城域网、软交换、3G和后 3G 移动通信系统、IP 终端、网络安全。

1．IPv6

作为网络协议，NGN 将基于 IPv6。IPv6 相对于 IPv4 的主要优势是：扩大了地址空间、提高了网络的整体吞吐量、服务质量得到很大改善、安全性有了更好的保证、支持即插即用和移动性、更好地实现了多播功能。

2．光纤高速传输技术

NGN 需要更高的速率、更大的容量，但到目前为止能够看到的，并能实现的最理想传送媒介仍然是光。因为只有利用光谱才能带给充裕的带宽。光纤高速传输技术现正沿着扩大单一波长传输容量、超长距离传输和密集波分复用(DWDM)系统三个方向在发展。单一光纤的传输容量自 1980 年～2000 年增加了大约 1 万倍。目前已做到 40Gb/s，预计几年后将再增加 16 倍，达到 6.4Tb/s。超长距离实现了 1.28T（128x10G）无再生传送 8000km。波分复用实验室最高水平已做到 273 个波长，每波长 40Gb/s（日本NEC）。

3．光交换与智能光网

光有高速传输是不够的，NGN 需要更加灵活、更加有效的光传送网。组网技术现正从具有分插复用和交叉连接功能的光联网向利用光交换机构成的智能光网发展，从环形网向网状网发展，从光—电—光交换向全光交换发展。智能光网能在容量灵活性、成本有效性、网络可扩展性、业务灵活性、用户自助性、覆盖性和可靠性等方面比点到点传输系统和光联网带来更多的好处。

4．宽带接入

NGN 必须要有宽带接入技术的支持，因为只有接入网的带宽瓶颈被打开，各种宽带服务与应用才能开展起来，网络容量的潜力才能真正发挥。这方面的技术五花八门，主要有以下四种技术，一是基于高速数字用户线（VDSL）；二是基于以太网无源光网（EPON）的光纤到家（FTTH）；三是自由空间光系统（FSO）；四是无线局域网（WLAN）。

5．城域网

城域网也是 NGN 中不可忽视的一部分。城域网的解决方案十分活跃，有基于 SONET/SDH/SDH 的、基于 ATM 的、也有基于以太网或 WDM 的，以及MPLS和 RPR(弹性分组环技术)等。

这里需要一提的是弹性分组环(RPR)和城域光网(MON)。弹性分组环是面向数据(特别是以太网)的一种光环新技术，它利用了大部分数据业务的实时性不如话音那样强的事实，使用双环工作的方式。RPR 与媒介无关，可扩展，采用分布式的管理、拥塞控制与保护机制，具备分服务等级的能力。能比 SONET/SDH 更有效地分配带宽和处理数据，从而降低运营商及其企业客户的成本。使运营商在城域网内通过以太网运行电信级的业务成为可能。城域光网是代表发展方向的城域网技术，其目的是把光网在成本与网络效率方面的好处带给最终用户。城域光网是一个扩展性非常好并能适应未来的透明、灵活、可靠的多业务平台，能提供动态的、基于标准的多协议支持，同时具备高效的配置能力、生存能力和综合网络管理的能力。

6．软交换

为了把控制功能(包括服务控制功能和网络资源控制功能)与传送功能完全分开，NGN 需要使用软交换技术。软交换的概念基于新的网络分层模型(接入与传送层、媒体层、控制层与网络服务层)概念，从而对各种功能作不同程度的集成，把它们分离开来，通过各种接口协议，使业务提供者可以非常灵活地将业务传送协议和控制协议结合起来，实现业务融合和业务转移，非常适用于不同网络并存互通的需要，也适用于从话音网向多业务多媒体网的演进。

7．3G 和后 3G 移动通信系统

3G 定位于多媒体 IP 业务，传输容量更大，灵活性更高，并将引入新的商业模式，目前正处在走向大规模商用的关键时刻。制定 3G 标准的 3GPP 组织于 2000 年 5 月已经决定以 IPv6 为基础构筑下一代移动网，使 IPv6 成为 3G 必须遵循的标准。包括 4G 在内的后 3G 系统将定位于宽带多媒体业务，使用更高的频带，使传输容量再上一个台阶。在不同网络间可无缝提供服务，网络可以自行组织，终端可以重新配置和随身佩带，是一个包括卫星通信在内的端到端 IP 系统，与其他技术共享一个 IP 核心网。它们都是支持 NGN 的基础设施。

8．IP 终端

随着政府上网、企业上网、个人上网、汽车上网、设备上网、家电上网等的普及，必须要开发相应的 IP 终端来与之适配。许多公司现正在从固定电话机开始开发基于 IP 的用户设备，包括汽车的仪表板、建筑物的空调系统以及家用电器，从音响设备和电冰箱到调光开关和电咖啡壶。所有这些设备都将挂在网上，可以通过家庭 LAN 或个人网(PAN)接入或从远端 PC 机接入。

9．网络安全技术

网络安全与信息安全是休戚相关的，网络不安全，就谈不上信息安全。现在，除了常用

的防火墙、代理服务器、安全过滤、用户证书、授权、访问控制、数据加密、安全审计和故障恢复等安全技术外，今后还要采取更多的措施来加强网络的安全。例如，针对现有路由器、交换机、边界网关协议(BGP)、域名系统(DNS)所存在的安全弱点提出解决办法；迅速采用强安全性的网络协议(特别是 IPv6)；对关键的网元、网站、数据中心设置真正的冗余、分集和保护；实时全面地观察了解整个网络的情况，对传送的信息内容负有责任，不盲目传递病毒或攻击；严格控制新技术和新系统，在找到和克服安全弱点之前不允许把它们匆忙推向市场。

总之，电信运营商能通过 NGN 构筑一个统一的、高效的、低成本、提供综合业务的网络。目前的电信行业正在市场和技术的驱动下逐渐向 NGN 演变，NGN 是当前电信网的未来。

15.3　电信网技术的发展趋势与挑战

从战略层面看，电信网将会迈入以融合化、宽带化、泛在化和绿色化为主要特征的新的发展历程，运营业和制造业将重返寡头垄断。

站在 21 世纪第二个十年的起点上，电信业的发展趋势是什么？最关键的是宏观形势不同。经济发展依然是主要的社会发展目标，但需要更多地考虑高质量的发展，更全面地考虑整个社会和环境的和谐发展。

电信业将更多地面临来自 ICP/IT 和终端公司的严峻挑战，传统电信商业模式已经失效，流量增长与业务收入的量收差越来越扩大，我国的电信收入增长速度已经跌落到国家 GDP 增长率的一半，电话普及率已经趋近 90%，居民电信消费水平也接近 GDP 的 8%，后两者均高于世界平均水平，继续快速发展增长的空间开始受限。

就电信网本身的业务发展看，以 P2P 和视频业务为核心的互联网流量正成为最大的带宽驱动力，未来 5 年我国干线网的带宽需要增加 10～15 倍。这个巨大的带宽发展趋势给未来网络的发展带来极大压力，需要在技术、成本和环境等方面采用一系列创新技术来应对这一变化。

1．核心网：IMS 带来全方位的挑战

核心网的总体发展趋势是扁平化、分布化和融合化。目前中国电信已经准备大规模采用IP多媒体子系统（IP Multimedia Subsystem，简称为 IMS）进一步实现向下一代网络的转型。

引入 IMS 最根本的驱动力，首先在于加强对 IP 网络和 IP 环境下多媒体业务的管控能力，这是目前唯一较为成熟的可管可控手段；其次，引入 IMS 便于创新商业模式，探索和开发基于应用环境、消耗资源、相应价格三要素的灵活多样的新商业模式；此外，引入 IMS 为各种新业务和融合业务提供了机遇，包括移动和固定网融合（FMC）、ICT 融合，乃至信息、通信和传感技术的融合；再有，引入 IMS 可简化网络和扩展业务，减少网络的初始投资和运营成本；最后，从长远看，以 IMS 为核心的融合网络架构的建设，将促进电信运营商从管道运营商向全业务综合信息服务提供商的全面转型，最终有可能全面替代现有 TDM 网络和软交换网络。

IMS 的引入将在各个层面上引入挑战。在技术上，包括 SIP 信令的安全、PSTN 及相关增值业务的继承问题等；在终端上，需要统一的客户端规范，并实现互操作和业务互通；在组织结构和流程上，需要重新开发和规范部门间的业务流程接口及责任；在运营上，由于

IMS 流量跨越不同网络，需要跨技术领域、跨部门的协调，管理重点也将从网元转向用户应用和业务。简言之，IMS 的引入将带来全方位的挑战，绝不仅仅是技术挑战。

2．IP 承载网：构建下一代互联网

IP 承载网作为互联网的承载层面正在不断向着更大容量、更高速率、更健壮和承载全业务的方向发展。

向下一代互联网过渡。下一代互联网是业界为解决现有互联网的地址瓶颈、服务质量、安全和管控等问题而提出的面向未来发展的各种设想和思路。IPv6 协议尽管并不能概括其全貌，但是已经成为其核心内容并形成了一个完整成熟的标准体系。

这其中最关键也是最紧迫的是地址问题。目前全球可供分配的 IPv4 地址数量不到 2 亿，正以 7 个/s 地址的速度递减，预计未来（5～12）个月，全国各个省份的 IPv4 地址资源即将先后枯竭。可能不得不采用私有 IP 地址应付危机，而大规模采用私有 IP 地址导致的网络复杂性不利于国家安全管控，也不利于互联网业务的顺利发展，同时还将面临二次改造的后续代价。

向 IPv6 的过渡已经迫在眉睫，必须引起业界的高度关注并采取紧急行动，否则将贻误我国互联网的发展及可能的战略机遇。

① 过渡面临的挑战。向 IPv6 的过渡面临着诸多挑战，主要体现在以下几方面：首先，政府各部门的认识不统一，产业链群龙无首，缺乏过渡的第一推动力和协调组织者；其次，应用和内容商不积极是最大短板，这是由于过渡的主要驱动力不是市场应用所致；此外，终端厂商也表现不积极；再有，运营商本身认识也不坚定，都不想冒风险，怕吃亏；最后，科技界的专家、学者对现有 IPv6 过渡方案的有限作用不满，但又无法就长远演进方向达成一致意见和提出有效靠谱的解决方案。可以预见，从 IPv4 向 IPv6 的过渡过程将会比较漫长而痛苦。

② 互联网的挑战和思考。首先，互联网的“接入收费＋业务免费”的商业模式已经难以长久持续。同时，产业链关系也正在失去均衡，由于利润分配的失衡，使得搭建网络的运营商入不敷出，而互联网应用商获取了更多的经济收益。产业链的利益在向上层转移，运营商逐渐边缘化。其次，互联网缺乏可管可控可扩可信能力。可管可控可扩可信能力是商用网的基本特征，而源于学术界的互联网并不具备这些特征，它怎样在商业环境里长久生存和良性发展？再有，在安全性方面，互联网对用户是透明的，而用户对互联网却不透明，造成网络犯罪成本低，防范和执法成本过高。互联网安全事件的增长速度，已远远超过用户的增长速度。最后，很多技术问题归根到底是网络体系架构问题。现有无序的体系架构从设计的第一天起，就注定了网络行为的不确定性，即路由、流量、传输性能的不确定，而行为不确定的网络是难以支持 QoS、扩展性、安全性、可管可控可信任等一系列电信级网络的基本要求的。为此，从长远看，必须对互联网的体系结构进行变革。目前已有不少创新的思路和方案，但离成熟和实用都还有很远的距离。

3．移动网：LTE 与移动互联网的兴起

移动网发展的主要方向是宽带化、扁平化、分布化。目前公认的新一代移动网的主要技术体制是 LTE，而应用上主要是移动互联网。

发展 LTE 的驱动力和挑战。宽带化是所有移动技术发展的方向，LTE 是业界公认的

宽带移动通信共同的发展方向。目前 LTE 的驱动力主要是技术和竞争因素，而不是业务应用。

技术上的竞争体现为性能竞争的需要，首先在速率和延时上，LTE 要优于 3.5G，期望下行峰值速率达 100Mbit/s；其次，LTE 具有灵活有效的频谱效率，其频谱效率是 HSPA 的 3 倍，频带可灵活选择 5MHz、10MHz、15MHz、20MHz；再有，引入 LTE 可降低单位比特的成本，预计 5 年后有可能将单位传输比特的成本降低 90%；最后，业界引入 LTE 的一个重要愿望是实现全球统一的融合的宽带无线标准，从而利用规模经济效应，降低网络建设和运营成本。

LTE 虽然具有较高的系统性能，但也面临着诸多挑战：首先，LTE 的引入主要顾及了频谱效率的改进，但在一定程度上损失了功率效率和覆盖能力，而移动网的最大优势恰恰在于覆盖，LTE 的覆盖能力比较差，特别在语音方面，其覆盖面积远小于 3G；其次，LTE 无线资源调度技术高度复杂，需要在时、频、空、码、用户、小区等 6 个维度实现资源的自适应调度，其调度效率和复杂性可见一斑；此外，LTE 缺乏应用和商务模式，终端复杂，频段和模式过多，还要支持后向兼容，支持 WCDMA、GSM、CDMA，实现 MIMO，一个具备规模商用价值的终端需要支持 6～10 个频段和 3～4 个模式，导致大功耗和高成本，需要依托新一代芯片技术的支撑，才能真正实现大规模的有效益应用。

移动互联网的特征与发展。移动互联网是互联网发展的新阶段，是互联网向移动终端的延伸、扩展和功能增强。不仅是用户数和终端数的扩展，同时还使得运营商具有一定控制力。移动互联网应用具有小屏幕、弱能力、鉴权、计费、位置信息、呈现/漫游等一系列新特点。

作为一种新型互联网应用，移动互联网的流量增速很快，比固网快 3.2 倍，收入比重也开始上升。2010 年上半年，美国三大运营商的 ARPU 中移动数据收入占 30%，这仅仅是开始。造成这一特殊现象的原因有三个：首先，新型终端(智能手机、平板电脑等)使得移动数据应用更方便快捷，这些终端的快速大量普及，刺激流量攀升，提升 ARPU 值，提高了用户忠诚度，预计智能终端普及率将从 2009 年的 16%上升到 2014 年的 37%，而收入将从 29%上升到 75%；其次，大量新应用的快速普及，特别是应用商店、社交网应用的剧增，反过来进一步驱动数据流量的剧增；第三，随着高速宽带移动网络（3.5G、WiMAX、LTE）的部署，使得移动宽带体验越来越接近于固网宽带体验，从而进一步推动流量攀升。

作为互联网的新阶段也同样面临着传统互联网所面临的一系列挑战。最基本的挑战是流量增加的速度远高于业务收入增加的速度，必须有效解决这一难题，才能维系良性和可持续发展。有三条解决思路：第一，设法增加业务收入，采用新的商业模式，获取新的用户，增加客户价值，简化业务提供和购买；第二，设法减少成本，包括网络资源最佳化、频谱资源最佳化、客户服务资源成本最小化等；第三，尽量让客户满意，包括但不限于聚焦客户，改进服务质量和用户体验，采用灵活、个性化、可控、简单、透明的价格体系等。

此外，移动互联网还将面临由于智能手机引入所带来的流量激增和信令溢出/连接数据增的压力，特别是大量小流量高频次信令将产生对网络的巨大冲击，智能手机的信令是普通手机的 15 倍，iPhone 用户仅占 AT&T 用户总数的 3%，但消耗的带宽却高达 40%。网内的数据流量 3 年内激增了 50 倍，网络多次出现拥塞或局部瘫痪。

上述挑战是目前移动互联网发展过程中所出现和认识到的问题，随着其规模的快速扩大和应用的继续扩展，还可能面临更多的挑战。

4．传送网：100Gbit/s 成为主流

100Gbit/s 高速光纤系统的发展。根据电信规划部门预测，未来 5 年我国干线网流量的年增长率依然会高达 60%～70%，这意味着 5 年后的干线网络带宽要求将是当前的 10 倍～15 倍，显然 40Gbit/s 速率难以满足需要。随着干线网络架构扁平化，40Gbit/s 市场窗口被压缩，100Gbit/s 的需求在 2012 年后逐渐成为主导，2015 年前后可能开始规模应用，并成为干线网的主导传输速率。

目前，100Gbit/s 系统尚未成熟，面临着一系列技术挑战，最核心的挑战是要在现有传送网 10Gbit/s 速率基础网络架构上容纳 100Gbit/s 系统。为此，要求光信噪比（OSNR）、极化模色散（PMD）容限、频谱效率必须改进 10 倍，同时色度色散（CD）容限必须改进 100 倍才行。目前在技术上已经有一系列应对措施，包括相干检测、软判决前向纠错技术等，关键是必须在性价比合理的前提下实现。

在发展策略上，尽管 40Gbit/s 市场窗口压缩，但仍无法从 40Gbit/s 直接跨越到 100Gbit/s。业界将长期面临 10/40/100Gbit/s 共存的局面，需综合考虑这三者的协调发展、引入节奏和长远架构。在未来干线网上，可能需要建立 2 个传送平台：第一个平台为近期 10/40Gbit/s 直接检测平台，此平台可以实现后向兼容；在未来适当时间建立第二个平台，即中长期 40/100Gbit/s 相干检测平台，实现低成本、大容量、长距离的快速直达传输通道。

干线网的透明化趋势。业务和应用是五花八门和日新月异的，所用协议也是多种多样。作为传送网需要能有效适配和映射这些主要的协议，显然传送网的透明性成为运营商应付这种局面的重要手段。为此，ITU 在 10 年前就开发了光传送网（OTN）标准体系。这种技术体制相对 SDH 而言，最主要的优势在于支持客户信号的透明传送，能维持比特透明（即能维持整个客户信号的完整性）、定时透明（即以异步映射方式传递输入定时）和延时透明（即若干客户信号映射进 OTN 体系经长距离传输后其定时关系不变）。对于当前面临的未来发展不确定的复杂形势，这种透明性有利于维持基础设施的长期稳定性。

OTN 的主要不足之处，是缺乏细带宽粒度上的性能监测和故障管理能力，对于速率要求不高的网络应用场景经济性不佳，因而需要与现有其他制式结合应用。

OTN 的长远发展目标是能够真正实现光层联网的全光网。随着 IP 业务量的持续大幅度攀升，目前的基于光/电/光变换的光交叉设备将不能满足发展的需要。而基于光/光/光的全光交叉设备或可重构的光分插复用器（ROADM）开始受到业界的重视，这种全光节点可以彻底消除光/电/光设备导致的带宽瓶颈，保证网络容量的持续扩展性；省去了昂贵的光/电转换设备，大幅度降低建网成本和运营维护成本；实现对客户层信号的完全透明，支持不同格式或协议的信号；简化和加快了高速电路的指配和业务提供速度；提供了灵活高效的组网能力和对付物理层大故障的快速恢复能力。

最后，真正实现全光网络，还必须克服一些技术挑战。例如怎样实现光域性能监视？怎样在均衡好的网状网中快速动态实施波长选路？怎样突破光缆色散非线性损伤对于网络覆盖的限制？凡此种种，尤其是网络必须动态灵活调度的容量需求不足，导致全光网的发展受阻，在世界上仅有极少的应用案例。相信随着网络容量的持续高速发展，网络业务质量要求的不断提升，全光网的应用将会在未来 5 年～10 年中逐步进入实际应用阶段，最终逐步形成一个大容量、高度灵活、动态、可靠的传送网的核心部分。

从点到点传输走向动态传送联网。普通的点到点波分复用通信系统尽管有巨大的传输容量，但只提供了原始的传输带宽，需要有灵活的网络节点才能实现高效的灵活组网能力，引入自动交换光网络（ASON），使光联网从静态光联网走向动态交换光网络，可以带来诸多好处：简化了网络结构，优化了网络资源分配，降低了建网初始成本；实现了规划、业务指配和维护的自动化，不仅降低了运维成本，而且可以避免资源搁浅；具备快速网络和业务的保护恢复能力，使网络在出现问题时仍能维持一定水准的业务；具有快速业务提供和拓展能力，便于引入新的业务类型，使传统的传送网向业务网方向演进。

中国电信在一些城域网上成功部署和应用了 ASON 技术，取得了很好的效果，还在干线网上建了两个重叠的 ASON 网络平面。但总体上，应用的力度和范围还十分有限，主要受到具体国情、客户要求和市场策略的约束，使得一个好技术不能发挥更大的作用和效益。

5．接入网：FTTH 的规模化部署

接入网是全网的带宽瓶颈，迄今铜缆依然绝对主导，光缆仅有 0.45 亿纤芯千米，是铜缆的 1/10。接入网的主要问题包括运维成本高，局所多，耗电大，环境恶劣、故障多、维护人员多、业务提供复杂、新应用少、带宽资源管控能力缺失，等等。

接入网的一般发展趋势是宽带化、光纤化及光纤到户（FTTH）的规模化。采用光纤接入（FTTx）已成为接入网未来的主要选择，FTTx 主要包括光纤到节点（FTTN)、光纤到楼（FTTB）、光纤到路边（FTTC）、FTTH。

近年来，FTTH 的综合建设成本逐渐降低。FTTH 带宽高，透明性好，技术寿命长，可避免后续二次改造代价。FTTH 的维护简单，成本低，有助降低全网的运维成本，而且 FTTH 是所有接入技术中耗电最小、最理想的绿色网络技术。

据此，可制定出我国接入网的未来发展策略：城市新建区域应该以 FTTH 为主导模式；在城市改造区域，FTTH 将逐步成为主导模式，对于铜缆距离短于 500m 的情况，可以以 FTTB+VDSL2 模式为主；对于农村地区，则依然以更经济的 FTTN 为主。

然而，实施 FTTH 绝不是单凭热情就可以一蹴而就，而是将面临以下一系列挑战。

政策层面：需要制定国家宽带发展战略，将 FTTH 发展提高到国家战略层面，实施配套优惠政策，才能有效驱动 FTTH 的发展，单纯市场行为可能需要十分漫长的过渡时间。

市场层面：需要从源头上消除三网融合的体制障碍，释放和促进业务需求，特别是高清/三维电视业务的需求，才能提供应用层面需求的有力驱动。

成本问题：尽管 FTTH 的成本已经达到规模应用的触发点，但是相对其他技术而言，依然是网络大规模部署的主要障碍，特别是有源设备部分还需要继续降价。

终端问题：需要多样化、系列化和标准化的终端，从而降低成本，简化安装和维护，适应多种应用场景。

施工维护：需要灵活乃至自动化的施工安装（铺缆、穿管等）、自动开通、资源管理等，以适应规模敷设和维护的要求。

应用填充：需要大力推广以视频为核心的各种高带宽应用，特别是高清电视业务应用来填充带宽需求。

综合考虑社会转型、技术进步和新的竞争形势后，从战略层面看，电信网将会迈入以融合化、宽带化、泛在化和绿色化为主要特征的新的发展历程。而且，由于行业生存和发展空间的受限，运营业和制造业将重返寡头垄断。此外，从产业链的定位和公司的固有基因特征看，未来的电信运营商将继续以管道为主，当然需要将管道业务做精做细做活，做

成智能管道，同时还将提供综合业务平台并兼营其他转型业务，主要是信息服务和娱ICP 和终端商则将主导互联网应用业务，制造业则将继续重组兼并向服务业领域和其在新领域延伸。

思考题

1．画出 NGN 的结构框架图，说明各层的功能。
2．分别简述支持 NGN 的九大关键技术。
3．论述电信网发展趋势及面临的挑战。

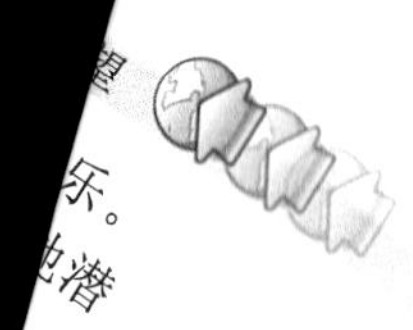

参 考 文 献

[1] [illegible]青华等．现代通信技术．北京：人民邮电出版社，2009

[2] 乔桂红等．光纤通信．北京：人民邮电出版社，2009

[3] 彭英等．现代通信技术概论．北京：人民邮电出版社，2010

[4] 张玉艳等．第三代移动通信．北京：人民邮电出版社，2009

[5] 王承恕．通信网基础．北京：人民邮电出版社，1999

[6] 谢希仁．计算机网络．大连：大连理工大学出版社，2000

[7] 朱洪波等．无线接入网．北京：人民邮电出版社，2000

[8] 唐纯贞等．微波中继通信设备（数字部分）．北京：电子工业出版社，1994

[9] 杨大成．Cdma2000 1x 移动通信系统．北京：机械工业出版社，2003

[10] 万晓榆．下一代网络技术与应用．北京：人民邮电出版社，2003

[11] 易睿得．LTE 系统原理及应用．北京：电子工业出版社，2012